“十四五”普通高等教育本科部委级规划教材

烟草试验设计与数据处理

ancao Shiyan Sheji Yu
Shuju Chuli

李瑞丽◎主编

中国纺织出版社有限公司

图书在版编目（CIP）数据

烟草试验设计与数据处理 / 李瑞丽主编 . --北京：中国纺织出版社有限公司，2024. 3

“十四五”普通高等教育本科部委级规划教材

ISBN 978-7-5229-1437-4

Ⅰ. ①烟⋯ Ⅱ. ①李⋯ Ⅲ. ①烟草工业—科学研究—数据处理—高等学校—教材 Ⅳ. ①TS4

中国国家版本馆 CIP 数据核字（2024）第 043026 号

责任编辑：毕仕林 国 帅 责任校对：王蕙莹

责任印制：王艳丽

中国纺织出版社有限公司出版发行

地址：北京市朝阳区百子湾东里 A407 号楼 邮政编码：100124

销售电话：010—67004422 传真：010—87155801

http://www.c-textilep.com

中国纺织出版社天猫旗舰店

官方微博 http://weibo.com/2119887771

三河市宏盛印务有限公司印刷 各地新华书店经销

2024 年 3 月第 1 版第 1 次印刷

开本：787×1092 1/16 印张：16.25

字数：380 千字 定价：68.00 元

本书编委会

主　编：李瑞丽（郑州轻工业大学）

副主编：李文伟（河南中烟工业有限责任公司）

赵海娟（河南中烟工业有限责任公司）

张　果（郑州轻工业大学）

参　编（按姓氏笔画排序）：

王建民（郑州轻工业大学）

尹冬辰（郑州轻工业大学）

闫双辉（陕西中烟工业有限责任公司）

张峻松（郑州轻工业大学）

岳先领（黑龙江烟草工业有限责任公司）

郜　明（江苏中烟工业有限责任公司）

梁　淼（郑州轻工业大学）

前　言

我们的工作、生活都与数据息息相关，数据的价值得到了前所未有的重视。数据处理、数据分析已成为各行业突破发展瓶颈的有效手段。烟草工程、烟草学专业的学生将来无论是从事科学研究、产品研发、工艺优化、过程质量管理，还是农业生产、相关的技术服务、销售推广等工作，都会面临各种影响因素及大量相关数据。我们只有听懂“数据说的话”，才能透过纷繁复杂的表象清楚地认识事物的本质，为科学研究、生产实践、服务推广提供清晰、正确的参考和指引。

为了考察不同因素对试验效果的影响、为了找出最优的工艺条件等各种各样的试验目的和需求，我们需要收集相关数据、探寻研究对象之间的关联和变化规律。数据的收集离不开试验设计，试验设计决定了数据收集的科学性和有效性。试验方案设计科学合理，则会事半功倍，既能满足试验研究要求，达到正确指导实际生产、科学研究的目的，又能最大限度地减少试验次数、缩短试验周期、降低试验成本。反之，如果试验方案设计不合理，则会事倍功半，试验可能达不到预期的目的，还可能在人力、物力、财力等方面造成浪费。

烟草试验设计与数据处理是一门实用性、综合性强的课程。通过科学合理的试验设计获取正确、有效的试验数据，通过数据分析、数据处理探寻客观规律，解决实际问题，两者相辅相成，密不可分。在党的二十大报告中，习近平总书记指出：“培养什么人、怎样培养人、为谁培养人是教育的根本问题。”本书根据新工科教育培养应用型复合人才的目标要求，结合教学实践、行业发展和相关资料，共编写 7 章内容和有关思政元素。其中，前 4 章介绍了试验数据的基础知识及常用的几种试验数据处理方法，包括数据梳理、数据表示方法、试验误差分析、方差分析、回归分析等；后 3 章介绍了试验设计的基本知识和常用的试验设计方法，包括正交试验设计方法、均匀试验设计方法等。

由于笔者水平有限，本书难免有不足之处，如有不妥，恳请广大读者批评指正。

编　者

2023 年 12 月

目　　录

烟草试验设计与数据处理

1　数据处理基础知识

烟草数据处理，既有数据处理方法的共同特征，也有基于烟草行业的应用特色．在数据处理中，基础知识的储备是理解数据处理方法的基本前提．结合本书涉及的数据处理方法及烟草数据处理实际情况，简要介绍总体与样本、随机事件与概率、随机变量及分布、常用统计量、数据的表示方法等相关基础知识，为数据处理方法原理及应用的学习提供基础．

1.1　基本概念

1.1.1　总体与样本的概念

总体：研究对象的全体；个体：构成总体的每个单元；样本：从总体中抽取 n 个个体，称为总体的一个样本；样本容量：样本中个体的数目 n 称为样本容量．

例如，某卷烟制造企业某班生产卷烟 1800 箱，则该班所产卷烟的全体（1800 箱）就是总体，每一箱为个体，随机抽取的 10 箱即为该总体的一个样本，样本容量则为 10.

任何一个总体，均可用一个随机变量来代表，人们常把总体和它对应的随机变量等同起来．

1.1.2　随机事件与概率

必然事件：在一定条件下必然发生的事件；不可能事件：在一定条件下必然不会发生的事件；随机事件：在一定条件下可能发生也可能不发生的事件，通常用大写字母 A，B，…表示；概率：随机事件发生的可能性的大小，如 $P(\mathrm{A})=p$ 即表示随机事件 A 发生的概率为 p.

对每次试验，随机事件的发生与否具有偶然性；但对随机事件，发生的可能性大小是固定的，是其本身的固有属性，可通过大量重复试验来认识支配这些偶然性的某种必然规律即概率的大小．

对必然事件，以 U 表示，则 $P(\mathrm{U})=1$；对不可能事件，以 V 表示，则 $P(\mathrm{V})=0$；对随机事件，以 A 表示，则 $0<P(\mathrm{A})<1$.

例如，检验某批卷烟产品的卷制质量时，对于某一样品，可能“合格”，可能“不合格”，即“产品合格”这一事件是否发生带有偶然性．对“产品合格”这一随机事件来说，发生的可能性大小是确定的．把一批产品的检验结果综合在一起，就会发现“产品合格”的概率大小是固定的，不随检查人员的变化而变化．

1.1.3　随机变量与分布

随机变量：表示随机事件的变量．如用随机变量表示产品抽检这一随机事件，从一批产品中随机抽取20个样品进行检验，抽得不合格样品的个数用ξ表示，则ξ就是一个随机变量，它的可能取值为$\{0, 1, 2, \cdots, 20\}$．

随机变量有连续型随机变量和离散型随机变量．其中，连续型随机变量的取值通常是计量型数据，离散型随机变量的取值通常是计数型数据．

计量型数据：可以连续取值的数据，在有限的区间内可以无限取值的数据，如烟草加工过程中需要控制的水分、温度、流量等工艺参数，卷烟重量、吸阻等卷制质量指标等．大部分质量特性数据都属于计量型数据．

计数型数据：不能连续取值、只能间断取值的数据，在有限的区间内只能取有限的数值，如成品卷烟件数、烟支空头支数．计数型数据又分为计件型数据和计点型数据．

全面掌握一个随机变量的变化规律，不仅需要了解随机变量的可能取值，更要了解随机变量各可能取值的概率，即随机变量的概率分布．常用的连续型随机变量的分布有正态分布、χ^2分布、t分布和F分布等，离散型随机变量的分布有二项分布、泊松分布．下面介绍连续型随机变量分布．

（1）正态分布

随机变量ξ的分布密度函数为

$$P(x)=\frac{1}{\sigma\sqrt{2\pi}}\mathrm{e}^{-\frac{(x-\mu)^2}{2\sigma^2}}\qquad(-\infty<x<+\infty), \tag{1-1}$$

称随机变量ξ服从参数为μ，σ的正态分布，记为$\xi\sim N(\mu, \sigma^2)$．其中，μ为位置参数，表示正态分布密度函数曲线（又称高斯曲线或“钟形”曲线）对称轴的位置；σ为形状参数，反映“钟形”曲线的形状是细高还是扁平，即随机变量的离散程度是小还是大．

正态分布函数$F(t)$为

$$F(t)=P(\xi\leqslant t)=\frac{1}{\sigma\sqrt{2\pi}}\int_{-\infty}^{t}\mathrm{e}^{-\frac{(x-\mu)^2}{2\sigma^2}}\mathrm{d}x\qquad(-\infty<t<+\infty). \tag{1-2}$$

当$\mu=0$，$\sigma=1$时，则称随机变量ξ服从标准正态分布，记为$\xi\sim N(0, 1)$．此时，其分布函数$\Phi(t)$为

$$\Phi(t)=P(\xi\leqslant t)=\frac{1}{\sqrt{2\pi}}\int_{-\infty}^{t}\mathrm{e}^{-\frac{t^2}{2}}\mathrm{d}x\qquad(-\infty<t<+\infty). \tag{1-3}$$

利用式（1-2）可将一般正态分布转化为标准正态分布：

$$F(x)=\varphi\left(\frac{x-\mu}{\sigma}\right). \tag{1-4}$$

如果$(\xi_1, \xi_2, \cdots, \xi_n)$为来自正态总体$N(\mu, \sigma^2)$的一个样本，那么样本的均值$\bar{\xi}=\frac{1}{n}\sum_{i=1}^{n}\xi_i$服从参数为$\mu$，$\frac{\sigma^2}{n}$的正态分布，即

$$\bar{\xi}\sim N\left(\mu, \frac{\sigma^2}{n}\right). \tag{1-5}$$

令统计量$u=\dfrac{\bar{\xi}-\mu}{\sqrt{\dfrac{\sigma^2}{n}}}$，则

$$u=\frac{\bar{\xi}-\mu}{\sqrt{\frac{\sigma^2}{n}}}\sim N(0,\ 1). \tag{1-6}$$

(2) χ^2 分布

如果 $(\xi_1,\ \xi_2,\ \cdots,\ \xi_n)$ 为来自正态总体 $N(\mu,\ \sigma^2)$ 的一个样本，那么统计量 $\chi^2=\frac{(n-1)S^2}{\sigma^2}$ 服从自由度为 $f=(n-1)$ 的 χ^2 分布，即

$$\chi^2=\frac{(n-1)S^2}{\sigma^2}\sim\chi^2_{n-1}. \tag{1-7}$$

式中，n 为样本容量，S^2 为样本方差，σ^2 为总体方差．其中，样本方差 S^2 和样本均值 $\bar{\xi}$ 的计算公式分别为

$$S^2=\frac{\sum_{i=1}^{n}(\xi_i-\bar{\xi})^2}{n-1},\quad \bar{\xi}=\frac{1}{n}\sum_{i=1}^{n}\xi_i. \tag{1-8}$$

则其分布密度函数为

$$P(x)=\begin{cases}0 & (x\leqslant 0),\\ \dfrac{1}{2^{\frac{n-1}{2}}\Gamma\left(\frac{n-1}{2}\right)}x^{\left(\frac{n-1}{2}-1\right)}\mathrm{e}^{-\frac{x}{2}} & (x>0).\end{cases} \tag{1-9}$$

其中，

$$\Gamma(t)=\int_0^{\infty}x^{t-1}\mathrm{e}^{-x}\mathrm{d}x. \tag{1-10}$$

χ^2 分布密度曲线与自由度 f 密切相关，且呈非对称分布．

(3) t 分布

如果 $(\xi_1,\ \xi_2,\ \cdots,\ \xi_n)$ 为来自正态总体 $N(\mu,\ \sigma^2)$ 的一个样本，那么统计量 $t=\frac{\bar{\xi}-\mu}{\sqrt{\frac{S^2}{n}}}$ 服从自由度为 $f=(n-1)$ 的 t 分布，即

$$t=\frac{\bar{\xi}-\mu}{\sqrt{\frac{S^2}{n}}}\sim t_{n-1}. \tag{1-11}$$

其中，样本方差 S^2 和样本均值 $\bar{\xi}$ 的计算见式 (1-8).

其分布密度函数为

$$P(x)=\frac{\Gamma\left(\frac{n}{2}\right)}{\sqrt{(n-1)\pi}\,\Gamma\left(\frac{n-1}{2}\right)}\left(1+\frac{x^2}{n-1}\right)^{-\frac{n}{2}}\quad(-\infty<x<+\infty). \tag{1-12}$$

t 分布密度曲线与自由度 f 密切相关，且呈对称分布，对称轴为 $x=0$.

(4) F 分布

如果 $(\xi_1, \xi_2, \cdots, \xi_n)$ 为来自正态总体 $N(\mu_1, \sigma_1^2)$ 的一个样本，$(\eta_1, \eta_2, \cdots, \eta_n)$ 为来自正态总体 $N(\mu_2, \sigma_2^2)$ 的一个样本，那么，统计量 $F = \dfrac{S_1^2/\sigma_1^2}{S_2^2/\sigma_2^2}$ 服从自由度为 $(f_1 = n_1 - 1, f_2 = n_2 - 1)$ 的 F 分布，即

$$F = \frac{S_1^2/\sigma_1^2}{S_2^2/\sigma_2^2} \sim F_{(n_1-1,\ n_2-1)}. \tag{1-13}$$

其中，样本方差 S^2 的计算见式 (1-8).

其分布密度函数曲线与自由度 f_1、f_2 密切相关，且呈非对称分布 .

1.1.4 常用统计量

为了研究总体的某些性质，需对所取得的样本值做一些运算，即构建样本的函数，这种函数称为统计量 . 在统计分析中，常用的反映数据分布集中程度的统计量有平均值、四分位数等；反映数据分布离散程度的统计量有标准偏差、相对标准偏差、极差、方差等 .

(1) 平均值

平均值常用来描述一组数据的平均状态或集中位置 . 在生产实践中，经常将多次试验的平均值作为其真值的近似值 . 设一个样本的样本值或 组试验值为 $x_1, x_2, \cdots, x_n$，则算术平均值为

$$\bar{x} = \frac{\sum_{i=1}^{n} x_i}{n}. \tag{1-14}$$

加权平均值为

$$\bar{x}_W = \frac{w_1 x_1 + w_2 x_2 + \cdots + w_n x_n}{w_1 + w_2 + \cdots + w_n} = \frac{\sum_{i=1}^{n} w_i x_i}{\sum_{i=1}^{n} w_i}. \tag{1-15}$$

式中，x_i 为第 i 个试验值，n 为样本容量，w_i 为第 i 个试验值对应的权 .

加权平均值的可靠性在很大程度上取决于实践经验 . 试验值的权重是相对值，权重的确定除了依据实践经验外，还可根据以下方法确定 .

①当试验次数较多时，权重可由试验值 x_i 在总测量次数中出现的频率 n_i/n 来表示 .

②如果试验值来源于相同试验条件下的不同组的测量结果，此时加权平均值计算式中的 x_i 表示各组的平均值，w_i 表示每组的试验次数 . 如某批样品由 3 组人员测烟支圆周，第 1 组测 10 个样品，均值 24. 22mm；第 2 组测 6 个样品，均值 24. 18mm；第 3 组测 8 个样品，均值 24. 25mm. 则该批样品烟支圆周的均值为 (24. 22×10+24. 18×6+24. 25×8)/(10+6+8) = 24. 22mm.

③根据权重与绝对误差成反比来确定权重的值 . 如某批样品由两组试验人员测烟气 pH，结果分别为 6. 71±0. 08、6. 68±0. 05，则该批样品的烟气 pH 均值为 $[(1/0.08^2) \times 6.71 + (1/0.05^2) \times 6.68]/(1/0.08^2 + 1/0.05^2) = 6.688$.

(2) 四分位数

四分位数是指一组数据从小到大排列后按数据个数等分为四部分，处于分割点位置的数

值．其中，处于25%分割点位置的数值称为下四分位数，处于75%分割点位置的数值称为上四分位数，处于50%分割点位置的数值称为中位数．当数据服从正态分布时，中位数与算术平均值基本相同，不服从正态分布时，则中位数与算术平均值并不一致．

平均值和四分位数都是反映试验数据集中程度或集中位置的统计量．

（3）标准偏差

标准偏差（Standard deviation），又称标准差，常用来衡量一组数据的离散程度，试验条件相同的情况下，数据离散程度越大，说明试验的精密度越差．生产实践或科学研究中，常用标准偏差、样本方差、相对标准偏差来表征试验数据的离散程度．设一个样本的样本值或一组试验值为 x_1，x_2，…，x_n，则标准偏差为

$$SD = \sqrt{\frac{\sum_{i=1}^{n}(x_i - \bar{x})^2}{n-1}}. \tag{1-16}$$

式中，x_i 为第 i 个试验值，n 为样本容量，$\bar{x}$ 为 i 个试验值的平均值．

相对标准偏差（Relative standard deviation），又称变异系数（Coefficient of variation），是指标准偏差与测量值算术平均值之比，表达式为

$$RSD = CV = \frac{SD}{\bar{x}} \times 100\%. \tag{1-17}$$

值得注意的是，当两组数据的均值相等且单位相同时，可利用标准偏差、样本方差来比较两组数据的离散程度．如果两组数据不满足均值相等且单位相同的前提条件，则需用相对标准偏差即变异系数来比较两组数据的离散程度．对于质量特性指标，试验数据离散程度越大，说明质量波动越大，稳定性越差．

（4）极差

极差是指一组数据中最大值和最小值的差，也是反映数据离散程度的指标之一．设一个样本的样本值或一组试验值为 x_1，x_2，…，x_n，则极差为

$$R = \max\{x_1, x_2, \cdots, x_n\} - \min\{x_1, x_2, \cdots, x_n\}. \tag{1-18}$$

式中，$\max\{x_1, x_2, \cdots, x_n\}$、$\min\{x_1, x_2, \cdots, x_n\}$ 分别为该组数据的最大值和最小值．

极差只取数据组两端的值，不能反映数据组内部情况，且受样本容量影响较大，样本容量大，极差相应地也会大．但极差计算简便，用于反映对称型分布的数据离散程度相对更为快速便捷．

1.2　数据的表示方法

1.2.1　列表法

列表法就是将试验数据整理成表格．与试验数据的描述性堆砌相比，以表格形式呈现的试验数据更一目了然、清晰易懂．而且，利用统计软件分析处理试验数据时，将数据整理成符合软件要求的表格形式是数据处理前的最基本要求．

试验数据列表通常由表序、表名、表头和数据资料构成，有时不便在表中列出或针对表格需特别说明的内容可在表下方加附注，如指标注释、文献来源等（表 1-1）．根据实际需要，数据列表可以是试验数据记录表，也可以是在原始试验数据基础上的计算结果．表格设计应合理简明，便于理解和数据处理使用．

表 1-1　17mm 圆周卷烟烟气部分有机酸及常规成分的逐口释放量

样品信息	棕榈酸	亚油酸	油酸	亚麻酸	硬脂酸	焦油	烟碱
25%+第 1 口	6.94	8.10	3.38	11.27	2.92	0.78	0.06
25%+第 2 口	11.84	12.16	5.29	21.40	3.90	1.07	0.11
25%+第 3 口	11.97	12.04	5.31	20.83	4.00	1.43	0.14
25%+第 4 口	12.59	13.63	5.86	24.51	4.10	1.47	0.14
25%+第 5 口	10.37	11.03	4.63	18.54	3.60	1.52	0.14
平均值	10.74	11.39	4.90	19.31	3.70	1.25	0.12
RSD/%	21.19	18.11	19.43	25.77	12.85	25.58	31.80

注　①表中有机酸的单位均为 lg/支；②表中焦油、烟碱的单位均为 mg/支；③样品信息指滤嘴通风率和抽吸口数序号；④数据资料源于“不同圆周、不同滤嘴通风率卷烟主流烟气酸性成分的逐口释放”．

1.2.2　图示法

图示法就是将试验数据以图的形式呈现．图示法可以更为直观地比较数据的变化特征，也可以为后续的数据处理提供基础和依据．在试验数据处理中，图形的种类有很多，如散点图、折线图、柱形图、雷达图、饼图、面积图以及组合图（如折线和柱形图的组合）等．试验数据做图通常包括图序、图名、坐标和图形资料，有时会根据需要在图下方加附注，如指标注释等．同一组试验数据可采用多种不同的图形来表示，根据实际需要选择最合适的图形．

（1）散点图

通过散点图可以观察两个变量之间的关系．如图 1-1 所示，吸光度与目标物浓度呈线性正相关关系，即吸光度随目标物浓度增大呈线性增大趋势．如图 1-2 所示，Y 与 X 之间呈非线性的相关关系，通过观察散点图，可为构建两者之间的数学模型打下基础．

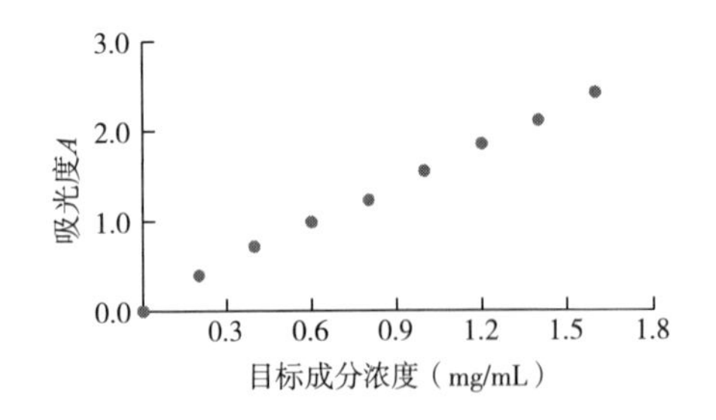

图 1-1　目标成分浓度与吸光度的散点图

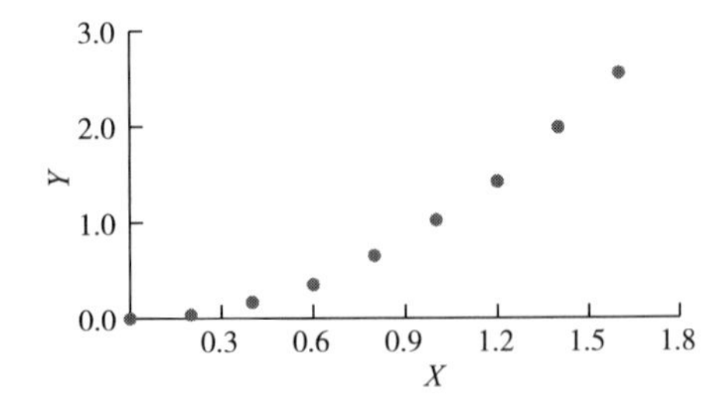

图 1-2　Y 与 X 的散点图（抛物线状）

（2）线图

线图是试验数据处理中常用的图形，通过线图可以反映变量的变化规律．单线图用来表示一个变量随另一个变量的动态变化：如图 1-3 为散点的趋势线图，吸光度随目标成分浓度增加而增加（$y = 1.469x + 0.077$，$R^2 = 0.998$）；图 1-4 为折线图，其中中支 1 圆周为 20mm，中支 2 圆周为 22mm.

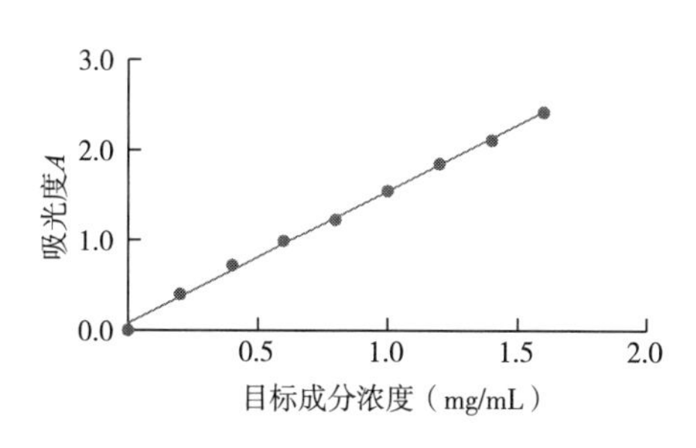

图 1-3　吸光度与目标成分浓度的关系

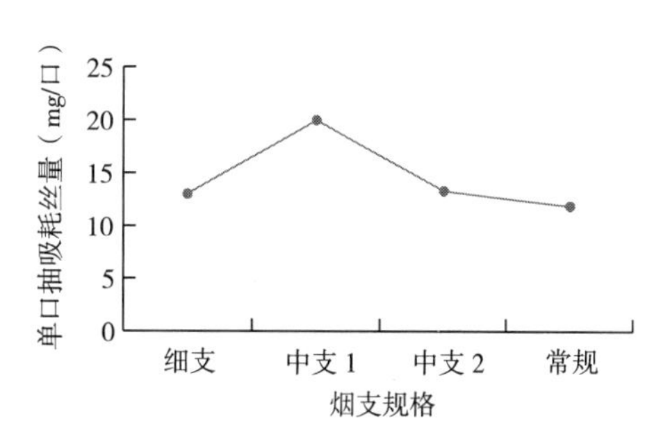

图 1-4　单口抽吸耗丝量与烟支规格的关系

复合线图用来表示多个变量随某个变量的动态变化，如图 1-5 反映的是两种不同抽吸模式下抽吸第一口、第二口时的温度随时间的动态变化.

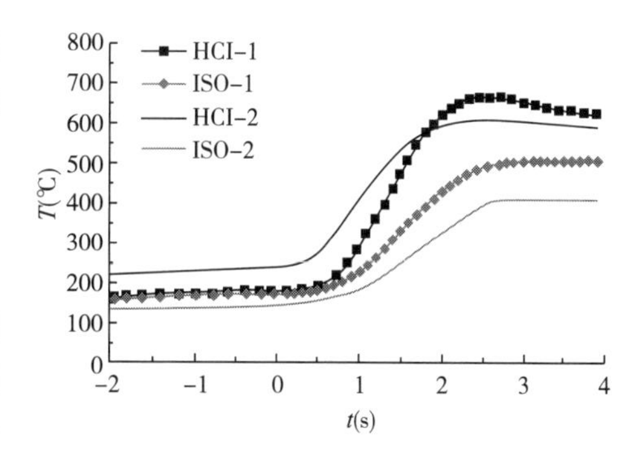

图 1-5　ISO 和 HCI 抽吸模式下抽吸第一口和第二口时的温度变化

（3）柱形图

柱形图以等宽柱的高度表示指标值的大小，柱形图转置后以条形图的形式呈现．柱形图有单柱形图（图 1-6）和复合柱形图（图 1-7）．图 1-6 显示不同成品卷烟烟气 pH 之间的差别；图 1-7 不仅显示了不同移栽方式下烟叶填充值的对比，还显示了同一移栽方式下不同部位烟叶填充值的变化趋势．

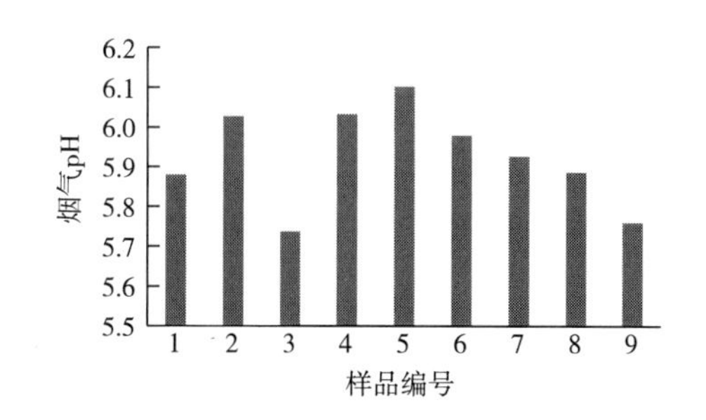

图 1-6　不同卷烟烟气 pH 对比分析

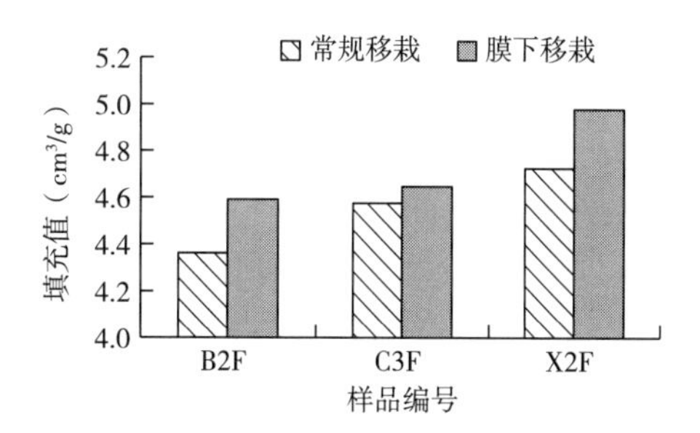

图 1-7　不同移栽模式下各部位烟叶填充值

（4）饼图

饼图又称圆形图，可以直观地表示各组成部分所占的比例．如图 1-8 表示某卷烟厂生产车间不同污染源黄斑烟在所有黄斑烟样品中所占的比例，可非常直观地看出，造成黄斑烟的主要原因是 B 类污染源，换言之，针对 B 类污染源进行重点防范是降低黄斑烟的有效途径．

（5）雷达图

雷达图又称星图，根据变量个数、变量取值呈不规则的多边形．如图 1-9 所示的感官质量雷达图，既可表示两种香基模块在改善卷烟感官质量方面的差异，也可表示某种香基模块在卷烟加香中的主要作用．

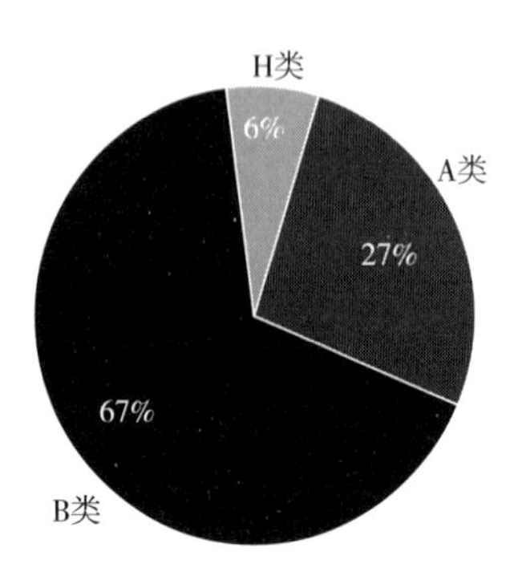

图 1-8　黄斑烟不同污染物来源分布

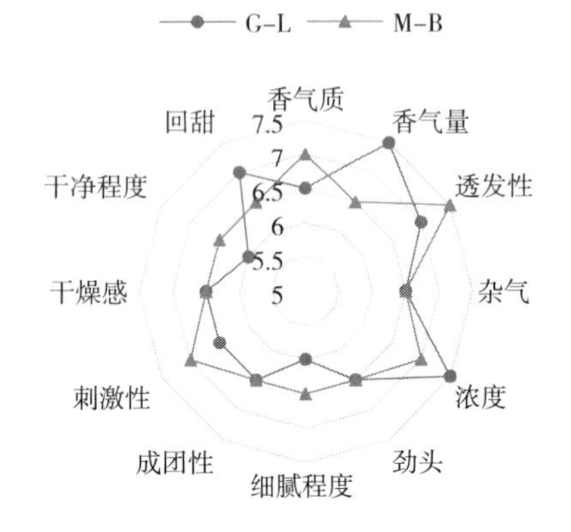

图 1-9　两种香基模块感官作用对比

思考与练习

①什么是计量型数据？什么是计数型数据？试举例说明．

②任意事件发生的概率分布范围是什么？随机事件发生的概率分布范围是什么？

③常用的连续型随机变量的分布有哪几种？离散型随机变量的分布有哪几种？

2 试验数据误差分析

在实际生产、科学研究中，受试验人员、仪器设备、试验材料、试验方法、环境条件等诸多因素的影响，获得的试验结果与客观真实值并不一致，这种不一致通常以误差的形式来呈现．误差越小，试验数据的准确可靠程度越高，可用性越好；误差越大，试验数据的准确可靠程度越低，可用性越差．任何测量都是有误差的，误差是普遍客观存在的，随着人们对测量误差认识的不断深入和技术能力水平的不断提升，误差可能被逐渐减小，但始终不能被消除．当然，我们认识误差、研究误差的目的从来也不是要使误差为零，而是在力所能及的范围内尽可能地减小误差或是把误差控制在要求的限度范围内．

2.1 误差的基本知识

思政元素——
可靠数据是实践的基础

2.1.1 误差的基本概念

误差是指测量值与真实值之间的差异．

真实值是指在一定条件下，被测对象所呈现的客观大小或真实数值，是客观存在的固有属性．一般来说，真实值是未知的，但从相对意义上来讲，真实值又是已知的．换句话说，真实值在一定条件下客观存在，但又很难确切给出具体数值大小．

真实值一般分为理论真值、约定真值和相对真值．理论真值，顾名思义，理论角度的真值，如平面四边形内角之和为 360°；约定真值通常指国家设立的标准或基准值，如 ^{12}C 的相对原子质量为 12；相对真值是指高精度仪器所测的数据，用以代替真值，如高精密度仪器多次试验值的平均值．

2.1.2 误差的表示方法

误差可以用绝对误差、相对误差、标准误差等形式来表示．

(1) 绝对误差

绝对误差（Absolute error）是测量值与真实值之差，即

$$AE_i = x_i - x_0. \tag{2-1}$$

式中，AE_i 为绝对误差；x_i 为测量值；x_0 为真实值．

绝对误差具有与测量指标相同的单位，表示测量值偏离真实值的程度，方向可正可负．在实际问题中，由于真实值很难得到，常以多次测量的算术平均值来代替真实值，测量值与算术平均值之差称为偏差（deviation），或残余误差、残差，偏差与误差在概念上是有区别的，偏差的表达式为

$$d_i = x_i - \bar{x}. \tag{2-2}$$

式中，d_i 为绝对偏差；x_i 为测量值；$\bar{x}$ 为算术平均值．

值得注意的是，实际工作中不能用偏差之和来表示一组分析结果的精密度，因为一组数据各单次测量偏差的加和为零．通常用各次测量偏差的绝对值的平均值即平均偏差（又称算术平均偏差）来表示分析结果的精密度，即

$$\bar{d} = \frac{|d_1| + |d_2| + \cdots + |d_n|}{n}. \tag{2-3}$$

式中，$\bar{d}$ 为平均偏差；d_n 为第 n 个测量值的绝对偏差；n 为测量值个数．

（2）相对误差

相对误差（Relative error）是绝对误差与真值之比的绝对值，即

$$RE_i = \left| \frac{x_i - x_0}{x_0} \right| \times 100\%. \tag{2-4}$$

式中，RE_i 为相对误差；x_i 为测量值；x_0 为真实值．

相对误差没有单位，常以百分数来表示．有时候为了区别于分析数据中的百分含量，会采用千分数来表示．

相对偏差（Relative deviation）是偏差与算数平均值之比的绝对值，即

$$RD_i = \left| \frac{x_i - \bar{x}}{\bar{x}} \right| \times 100\%. \tag{2-5}$$

式中，RD_i 为相对偏差；x_i 为测量值；$\bar{x}$ 为算术平均值．

（3）标准误差

标准误差（Standard error）又称均方根误差，是测量值与真实值之差的平方的算术平均值的平方根，表达式为

$$\sigma = \sqrt{\frac{\sum_{i=1}^{n}(x_i - x_0)^2}{n}}. \tag{2-6}$$

式中，σ 为标准误差；x_i 为测量值；x_0 为真实值；n 为测量值个数．

标准偏差（Standard deviation）是测量值与算术平均值之差的平方和与测定值中具有独立偏差的个数即自由度之比，即

$$S = \sqrt{\frac{\sum_{i=1}^{n}(x_i - \bar{x})^2}{n - 1}}. \tag{2-7}$$

式中，S 为标准偏差；x_i 为测量值；$\bar{x}$ 为算术平均值；n 为测量值个数．

2.1.3 误差分类

按误差性质不同，可将误差划分为随机误差、系统误差和过失误差．

（1）随机误差

随机误差又称偶然误差，是在一定试验条件下，由一些无法控制的不确定的偶然因素引起的、以不可预知的方式变化着的误差．如环境温湿度的微小变化引起被测样品的微小变化

或是检测仪器的微小变化、试验人员在操作过程中的微小差别以及其他不确定因素引起的误差．由于这些偶然因素的不确定性和不可控性，随机误差是无法消除或避免的．

随机误差的出现可大可小、可正可负，没有规律性，也无法消除．但大量重复试验，会发现随机误差可能遵循一定的统计规律，有望通过统计方法估计其变化规律及分布，采取相应的措施减小其对测量结果的影响．随机误差大多服从正态分布，即绝对值小的随机误差比绝对值大的随机误差出现的频率更高；绝对值相等的随机误差，其正、负误差出现的次数近似相等；在一定条件下，误差的绝对值在一定的限度范围内．当试验次数无限多时，由于随机误差正值、负值相互抵消，误差的平均值无限趋近于零，也就是说，多次测量值均值的随机误差比单次测量值的随机误差要小．通过增加平行试验次数，可以减小随机误差．

（2）系统误差

系统误差是在一定试验条件下，由某个或某些因素引起的、以可预知的方式产生变化的误差．产生系统误差的原因是多方面的，可能是由仪器不准引起的，如仪器没有调零、砝码不准、刻度不均匀、仪器噪声过大等；可能是人为因素造成的，如观察颜色偏深或浅、读取刻度读数不规范的习惯；也可能来自试验方法本身的不完善，如干扰成分的影响等．

当试验条件确定时，如果存在系统误差，那系统误差就是一个客观上的恒定值，同一条件下重复测定，则重复出现．所以，系统误差不能通过多次试验被发现，也不能通过取多次测量值的平均值而减小．系统误差对测量结果的影响具有单向性，即其大小、符号在同一试验条件下是恒定的，对测定结果的影响要么都是偏高的，要么都是偏低的，且偏高或偏低的程度也是固定的．所以，如果充分认识产生系统误差的原因，便可采取措施进行校正或设法消除．换言之，系统误差具有可校正性．

（3）过失误差

过失误差是一种显然与事实不符的误差，也称“粗大误差”．是否存在过失误差是衡量该测量结果是否可用的重要标准之一．过失误差会造成测量结果明显扭曲，所以也称“异常值”，没有剔除过失误差的测量结果是不能用的，因为它会导致错误的结论．在数据梳理过程中，可按照统计学中的判断准则予以剔除，避免过失误差影响测量结果．判别过失误差的准则有拉依达准则（3σ 准则）、罗曼诺夫斯基准则、狄克松准则、格鲁布斯准则等．其中，3σ 准则是最常用的，但不适于测量次数较少的情况，当测量次数较少时（$n \leqslant 10$），罗曼诺夫斯基准则更为适用．

过失误差可能是由于某些突发性的因素引起的，如实验人员一时粗心大意造成的测量方法选择错误、读数错误、记录错误或操作失误等．所以，只要实验人员严格认真规范操作，过失误差是完全可以避免的．在误差理论中，过失误差原则上是不允许存在的误差．

综上，引起各类误差的原因不同，各类误差表现出的性质也各不相同（表 2-1）．随机误差可减小不可消除，系统误差可校正可消除，过失误差则是可完全避免．

表 2-1　不同性质误差的比较

指标	随机误差	系统误差	过失误差
原因	偶然因素	可控因素	粗心大意
大小	时大时小	恒定不变（重现性）	—

续表

指标	随机误差	系统误差	过失误差
方向	时正时负	恒定不变（单向性）	—
影响	试验结果的重复性（精密度）	试验结果的准确性（准确度）	—
校正	增加平行试验次数可减少 不可避免，不可消除	发现引起系统误差的原因， 可予以校正、消除	可完全避免

2.1.4 误差来源

在实际测量的过程中，产生误差的因素是多种多样的，主要来自人员、机器、材料、方法、环境等五个方面．各制造企业在提升产品质量的控制能力中，通常从这五个方面查找原因，以期减小或消除影响，提升产品质量稳定性．

（1）人员因素

由于人员主观因素如固有习惯、技术熟练程度、生理和心理因素等引起的误差，称为人员误差．即使是用同一台仪器在同一条件下进行重复测量，得到的结果也可能并不相同．如卷烟产品抽检过程中发现相同原料、材料、同一机台不同班组（操作人员）生产的成品卷烟，吸阻、硬度、通风率等卷制质量指标存在一定波动差异，即人员操作习惯、技术水平引起的误差带入了成品卷烟质量指标测定结果中．

（2）机器因素

机器设备因素引起的误差包括的范围很广，如在设计测量仪器时采用近似原理造成的测量原理误差、组成仪器零部件的制造误差与安装误差所引入的固定误差、仪器出厂时标定不准确所带来的标定误差、读数分辨力有限造成的读数误差、数字式仪器的量化误差、仪器内部噪声引起的误差、元器件老化与疲劳及环境变化造成的稳定性误差、仪器响应滞后引起的动态误差等．如制丝加料环节，在总体精度准确控制的前提下，理论上单位质量物料的料液施加量是恒定的，在实际生产过程中，由于料液流量调控的滞后性，会引起实时加料过程中的动态误差，造成物料施加料液量存在波动．再如卷烟卷制环节，相同原料、相同材料的条件下，不同机型加工卷烟的吸阻、硬度等质量指标数据存在不同程度的差异，仪器因素引起的误差带入成品卷烟测量结果，相同机型不同机台之间也有类似现象存在．

（3）材料因素

材料因素误差是由试验过程中试剂、材料的微小变化给测量结果带来的．如在烟草原料常规化学成分的测定分析过程中，所使用的萃取溶剂之间的差异，也会引起测量数据偏离真实值；利用色谱技术分析烟用香精香料组成成分的试验中，同一型号的色谱柱由于材料的微小差异，也会引起分析结果偏离真实值．

（4）方法因素

方法因素带来的误差是由于测量方法不完善、采用近似理论公式等原因引起的．如滤棒加工过程中，与滤棒硬度密切相关的三乙酸甘油酯添加量指标，相同样品条件下，利用干湿棒法的测定结果与气相色谱法的测定结果存在不同程度的偏差；再如圆形周长计算过程中，测量直径计算圆形周长，由于 π 通常只能取近似值，那么圆周的结果就会引入误差．

（5）环境因素

通常测量仪器在规定的环境温湿度等条件下所具有的误差称为基本误差，由于各种环境因素如温度、湿度、大气压力等与规定的标准不一致也会引起误差．成品卷烟主流烟气成分如焦油、烟碱、CO 等指标数据，在云南地区的检测结果与在中原地区的检测结果存在明显差异，这主要是受海拔因素的影响．目前，在全国范围内抽检样品时，通常利用校正系数将云南高海拔地区检测的主流烟气指标数据加以校正，以校正数据与其他抽检样品进行对比分析．

2.1.5 误差分析的目的

不同时期及不同科技发展水平下，分析误差、研究误差的内容虽有差异，但误差始终是普遍存在的．研究误差的目的从来都不是为了让误差归零，而是为了尽可能地避免系统误差、过失误差，尽可能地减小随机误差，提高测量的精确度，将误差降低到最小或控制在某一限度范围内．误差分析的目的主要有以下几个方面．

（1）认识误差的规律，正确地处理数据

既然误差普遍存在，所有的测量结果都会受到误差的影响，那么只有客观地认识误差的变化规律或分布特点，才能更充分地挖掘数据的有效信息，在一定条件下获得与真实值更为接近的测量结果．

（2）合理地评价测量结果

测量结果可用真实值和误差之和来表示，误差越小，测量结果越接近于真实值，测量数据的质量及使用价值就越高；反之，误差越大，测量结果反映真实值的水平就越低，测量数据的质量及使用价值也就越低．例如，在实际生产或科研中，正确分析仪器误差是非常重要的，尤其是医疗诊断仪器的误差，如果误差过大，数据反映真实情况的水平过低，则数据的使用价值就低，依据该数据很可能会导致误判，进而引起治疗过度或不足的问题．

（3）合理进行试验设计

通过分析误差和认识误差，利用合理的试验设计和数据处理方法，在控制试验经济成本和时间成本的情况下，获取预期的试验结果．

2.2 试验数据的评价

2.2.1 精密度

测量精密度是指在一定条件下，多次平行试验测量结果之间的一致性程度，或者说是试验结果的重复性、再现性．从误差分析的角度看，精密度反映的是测量结果的随机误差的大小．实际生产或科学研究中，常用标准偏差（*SD*）或相对标准偏差（*RSD*）来表示试验结果的精密度．

2.2.2 正确度

测量正确度是在一定条件下，测量数据与真实值的接近程度．从误差分析的角度看，正确度反映的是测量结果是否存在系统误差．常用绝对误差（*AE*）或相对误差（*RE*）来表示试验结果的正确度．

2.2.3 精密度与正确度的关系

精密度越高，则多次平行试验的测量结果越接近，也就是随机误差越小．但随机误差小，系统误差不一定小，或者说，精密度高，正确度不一定高．正确度越高，则测量结果与真实值之间的差异就越小，也就是系统误差小或者无．但系统误差小，随机误差不一定小，或者说，正确度高，精密度不一定高．

以打靶为例，可形象地说明测量结果精密度与正确度的关系，假设靶心位置为真实值，则精密度高的情况如图 2-1 中（a）（c）所示，其中图 2-1（a）表示测量结果随机误差小，但系统误差较大．正确度高的情况如图 2-1 中（b）（c）所示，其中图 2-1（b）表示测量结果系统误差小或无，但随机误差比较大．显然，在实际生产和科研中，期望的测量结果应如图 2-1 中（c）所示，此时测量结果的随机误差小，系统误差小或无，精密度和正确度都高．在有些文献中，采用精确度表征精密度和正确度的综合，精确度高说明随机误差、系统误差都很小．

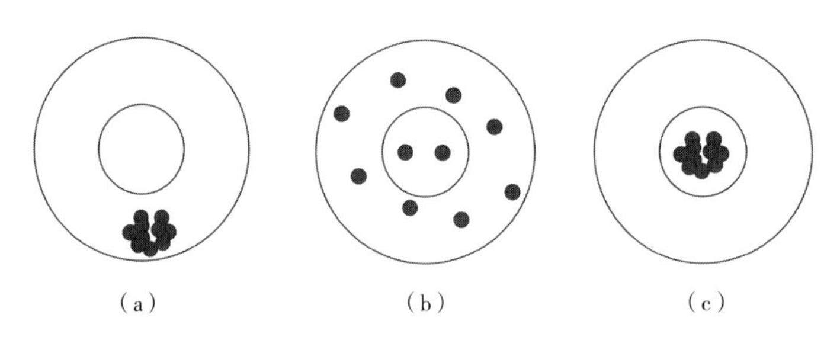

图 2-1　精密度、正确度的关系图

2.3 统计假设检验

2.3.1 假设检验

2.3.1.1 问题的提出

例 2-1　滤棒成型机正常工作时，滤棒圆周服从正态分布，根据长期积累的经验已知其标准差 $\sigma=2$mm，而额定标准为 24.0mm，为了检验滤棒成型机工作是否正常，随机抽取 20 根滤棒，测得圆周（mm）分别为 23.9、24.1、24.3、24.5、24.0、24.2、24.4、24.6、24.8、24.2、23.8、23.9、24.0、23.7、24.3、24.5、24.7、24.2、24.4、23.8. 请问成型机工作是否正常？

首先把生产实际问题转化为数学问题，然后找合适的统计方法解决数学问题，从而指导实际生产．在这里，我们已知成型机加工滤棒圆周这一变量服从正态分布，那么所谓的工作正常，即圆周均值 $a_0 = 24.0$. 因此，问题就转化为判断总体均值 a 是否等于 $a_0 = 24.0$.

假设成型机工作正常，记为 H_0，H_0 为假设的符号．则：

$$H_0: a = a_0 = 24.0.$$

这样判断成型机工作正常与否的实际问题就转化为根据抽检的 20 个样品检测数据检验假设 H_0 是否成立的数学问题．

先对总体的未知参数做某种假设，然后由样本构造适当的统计量，再根据样本提供的信息对所做假设的合理性进行检验，判断所研究的总体的情况，将这一方法称为“假设检验”.

2.3.1.2 假设检验的基本思想

假设检验的基本思想是“小概率反证法”，即“小概率事件在一次试验中几乎是不可能出现的”. 我们提出假设 H_0，且先假设 H_0 为正确的，在此假设下，某事件 A 发生的概率很小，经一次试验后，如果 A 出现了，就是小概率事件发生了．由于小概率事件在一次试验中几乎是不可能出现的，而现在出现了，就不能不使人怀疑 H_0 的正确性，因此，否定 H_0. 反之，如果 A 不出现，一般就肯定 H_0 或保留 H_0.

例如，箱子中有 100 个球，知道有黑球和白球，但不知道黑球、白球各是多少个．现提出假设 H_0：“其中 99 个是白球”. 暂设 H_0 正确，从箱中任取一球，取到黑球的概率为 0.01，即小概率事件．如果抽得了一黑球，那就会使人怀疑 H_0 的正确性，或者说怀疑白球的个数不是 99.

值得注意的是，“小概率事件”没有绝对的标准，要根据具体情况而定．通常把概率不超过 0.05 的事件视为小概率事件，有时把概率不超过 0.01 的事件视为小概率事件．

2.3.1.3 假设检验的两类错误

假设检验的判断结果并不是十分肯定的结论，而是根据概率原理做出的合理的推断，因而是有可能存在错误的．错误有两种，一种是原假设本来是真，而做出了拒绝判断，这称为第一种错误或“弃真”错误；另一种是原假设本来不真，而做出了接受的判断，这称为第二种错误或“取伪”错误．增加样本量是降低假设检验误判概率的重要途径，但样本量的增加，也就意味着人力、财力、时间等方面投入加大，势必造成试验成本的增加．没有限制地增加样本量是不符合实际的，这也是抽样调查存在的意义．值得注意的是，根据概率统计推断，犯第一种错误或第二种错误的概率都非常小，因此统计假设检验的方法在实际生产、科学研究中应用广泛．

2.3.2 方差的检验

在实际生产、科学研究中，常用方差度量试验数据精密度的好坏，试验数据精密度反映随机误差的大小．试验数据方差的检验也是对试验数据随机误差的检验，用于判断不同试验方法或不同测量结果的随机误差的差异程度．

2.3.2.1 χ^2 检验

设（x_1，x_2，⋯，x_n）为来自正态总体 $N(\mu, \sigma^2)$ 的一个样本，n 为样本容量，则统计量

$$\chi^2 = \frac{(n-1)S^2}{\sigma^2}, \tag{2-8}$$

服从自由度为 $n-1$ 的 χ^2 分布．对于给定的显著性水平（或小概率）α，首先，由 χ^2 分布

表查出自由度$f=n-1$对应的临界值．其次，通过样本值计算χ_0^2．最后，比较χ_0^2和χ^2临界值，判断方差之间是否有显著差异．

①双侧（尾）检验时，即检验假设$H_0: \sigma^2=\sigma_0^2$，当H_0成立时，有：

$$\chi^2=\frac{(n-1)S^2}{\sigma_0^2}\sim\chi^2_{(n-1)}.$$

可由χ^2分布表查出自由度$f=n-1$对应的两个临界值$\chi^2_{\left(1-\frac{\alpha}{2}\right),f}$和$\chi^2_{\frac{\alpha}{2},f}$，得

$$P\left(\chi^2\geqslant\chi^2_{\frac{\alpha}{2},f}\right)=\frac{\alpha}{2}, \quad (2-9)$$

$$P\left[\chi^2\leqslant\chi^2_{\left(1-\frac{\alpha}{2}\right),f}\right]=\frac{\alpha}{2}, \quad (2-10)$$

即$\left[\chi^2\geqslant\chi^2_{\frac{\alpha}{2},f}\text{或}\chi^2\leqslant\chi^2_{\left(1-\frac{\alpha}{2}\right),f}\right]$为小概率事件，若$\chi_0^2\geqslant\chi^2_{\frac{\alpha}{2},f}$或$\chi_0^2\leqslant\chi^2_{\left(1-\frac{\alpha}{2}\right),f}$，则拒绝$H_0$，说明样本的总体方差与原总体方差有显著差异；若$\chi^2_{\left(1-\frac{\alpha}{2}\right),f}<\chi_0^2<\chi^2_{\frac{\alpha}{2},f}$，则接受$H_0$，即说明样本的总体方差与原总体方差无显著差异．

②左侧（尾）检验时，可由χ^2分布表查出自由度$f=n-1$对应的临界值$\chi^2_{(1-\alpha),f}$，得

$$P(\chi^2\leqslant\chi^2_{(1-\alpha),f})=\alpha, \quad (2-11)$$

即$\{\chi^2\leqslant\chi^2_{(1-\alpha),f}\}$为小概率事件，若样本值计算统计量的值$\chi_0^2\leqslant\chi^2_{(1-\alpha),f}$，则拒绝$H_0$，判断样本总体方差与原总体方差相比显著减小；若样本值计算统计量的值$\chi_0^2>\chi^2_{(1-\alpha),f}$，则接受$H_0$，判断样本的总体方差与原总体方差相比无显著减小．

③右侧（尾）检验时，可由χ^2分布表查出自由度$f=n-1$对应的临界值$\chi^2_{\alpha,f}$，得

$$P(\chi^2\geqslant\chi^2_{\alpha,f})=\alpha, \quad (2-12)$$

即$\{\chi^2\geqslant\chi^2_{\alpha,f}\}$为小概率事件，若样本值计算统计量的值$\chi_0^2\geqslant\chi^2_{\alpha,f}$，则拒绝$H_0$，判断样本的总体方差与原总体方差相比显著增大；若样本值计算统计量的值$\chi_0^2<\chi^2_{\alpha,f}$，则接受$H_0$，判断样本的总体方差与原总体方差相比无显著增大．

值得注意的是，如果只需判断某个参数与额定值两者之间有无显著差异，不关心参数相对于额定值是增大或减小，则采用双侧（尾）检验．如果问题焦点是与某额定值相比参数是增大或减小，则采用单侧（尾）检验．判断某个参数与额定值相比是否显著减小时，采用单侧（尾）检验中的左侧（尾）检验；判断某个参数与额定值相比是否显著增大时，采用单侧（尾）检验中的右侧（尾）检验．双侧检验与单侧（左侧、右侧）检验的区别与联系如图 2-2 所示，图示对其他检验方法也有参考作用．

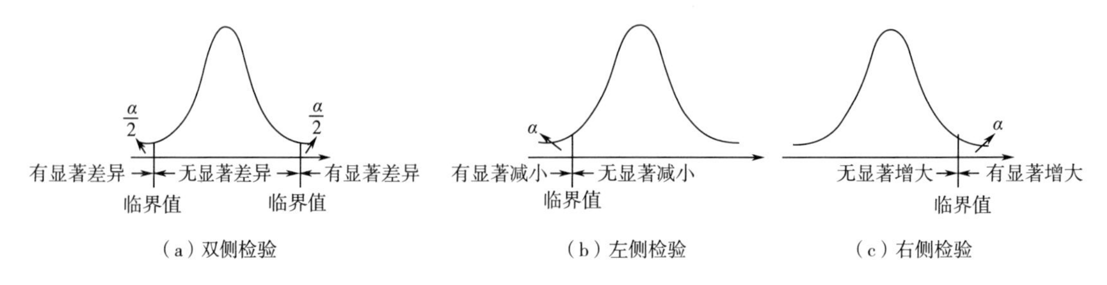

图 2-2　双侧检验、左侧检验、右侧检验示意图

利用服从χ^2分布的统计量进行检验的方法称为χ^2检验法，其主要步骤为：

A. 提出假设；

B. 构造服从χ^2分布的χ^2统计量；

C. 在给定显著性水平（或信度）α，自由度$f = n - 1$的条件下，由χ^2分布表查临界值χ^2_{cri}；

D. 由样本值计算统计量值χ^2_0；

E. 通过将χ^2_0与χ^2_{cri}进行比较，做出判断．

χ^2检验适用于一个正态总体方差的检验，即在研究对象的总体方差已知的情况下，对试验数据的随机误差或精密度进行检验．

例 2-2 采用 AA3 连续流动分析仪测定烟草中的钾含量，正常情况下测定标准差$\sigma = 0.3$［%（质量分数）］．仪器维修后，采用该仪器测定同一烟草样品钾含量［%（质量分数）］，10 次测定结果分别为 2.45、2.52、2.39、2.54、2.56、2.40、2.42、2.41、2.38、2.45.

问：AA3 连续流动仪经过维修后，检测稳定性是不是有了显著变化（$\alpha = 0.05$）？

解 测量结果“稳定性”反映的是随机误差的大小，由题意可知，问题焦点在于由样本推算的总体方差与原总体方差是否有显著差异，因此采用χ^2双侧检验法．提出假设H_0：$\sigma^2 = \sigma_0^2$，当H_0成立时，有

$$\chi^2 = \frac{(n-1)S^2}{\sigma_0^2} \sim \chi^2_{(n-1)},\quad \bar{x} = \frac{\sum_{i=1}^{n} x_i}{n} = \frac{24.52}{10} = 2.452,$$

$$S^2 = \frac{\sum_{i=1}^{n}(x_i - \bar{x})^2}{n-1} = 0.00428,\ \chi_0^2 = \frac{(n-1)S^2}{\sigma_0^2} = \frac{9 \times 0.00428}{0.3^2} = 0.428.$$

根据题意，$n = 10$，自由度$f = n - 1 = 9$，$\alpha = 0.05$，查附录 1，则临界值

$$\chi^2_{\left(1-\frac{\alpha}{2}\right),f} = \chi^2_{0.975,9} = 2.700,\quad \chi^2_{\frac{\alpha}{2},f} = \chi^2_{0.025,9} = 19.023.$$

若χ_0^2落在了临界值$\left[\chi^2_{\left(1-\frac{\alpha}{2}\right),f}, \chi^2_{\frac{\alpha}{2},f}\right]$，即（2.700，19.023）之外，则拒绝原假设H_0，说明样本的总体方差与原总体方差之间有显著差异，即连续流动仪维修后，检测稳定性有显著变化．

拓展延伸 进一步分析仪器维修后，检测稳定性是显著提高还是显著降低．则需采用单侧检验（左侧或右侧检验）.

以左侧检验为例：

$$\chi_0^2 = 0.428.$$

根据题意，$n = 10$，自由度$f = n - 1 = 9$，$\alpha = 0.05$，查附录 1，则临界值

$$\chi^2_{(1-\alpha),f} = \chi^2_{0.95,9} = 3.325,\ \chi^2_{\alpha,f} = \chi^2_{0.05,9} = 16.919.$$

显然，$\chi_0^2 < \chi^2_{(1-\alpha),f}$，说明样本的总体方差与原总体方差相比显著减小，即连续流动仪维修后，检测稳定性显著提高．

2.3.2.2 F 检验

设总体$\varepsilon \sim N(\mu_1, \sigma_1^2)$和$\eta \sim N(\mu_2, \sigma_2^2)$是两个相互独立的正态总体．（$\varepsilon_1$，$\varepsilon_2$，…，$\varepsilon_{n_1}$）和（$\eta_1$，$\eta_2$，…，$\eta_{n_2}$）分别为来自总体$N(\mu_1, \sigma_1^2)$和$N(\mu_2, \sigma_2^2)$的样本．则统计量

$$F = \frac{S_1^2}{\sigma_1^2} \bigg/ \frac{S_2^2}{\sigma_2^2} \tag{2-13}$$

服从第一自由度 $f_1 = n_1 - 1$，第二自由度 $f_2 = n_2 - 1$ 的 F 分布．对于给定的显著性水平（或小概率）α：首先，由 F 分布表查出对应的临界值；其次，通过样本值计算统计量 F 的值 F_0；最后，比较 F_0 和 F 临界值，判断两个正态总体的方差之间是否有显著差异．

①双侧（尾）检验时，即检验假设：$H_0: \sigma_1^2 = \sigma_2^2$，当 H_0 成立时，有：

$$F = \frac{S_1^2}{S_2^2} \sim F_{(n_1-1,\ n_2-1)}.$$

可由 F 分布表（附录 2）查出第一自由度 $f_1 = n_1 - 1$，第二自由度 $f_2 = n_2 - 1$ 对应的两个临界值 $F_{\left(1-\frac{\alpha}{2}\right),\ (f_1,\ f_2)}$ 和 $F_{\frac{\alpha}{2},\ (f_1,\ f_2)}$，得

$$P\left[F \geqslant F_{\frac{\alpha}{2},\ (f_1,\ f_2)}\right] = \frac{\alpha}{2}, \tag{2-14}$$

$$P\left[F \leqslant F_{\left(1-\frac{\alpha}{2}\right),\ (f_1,\ f_2)}\right] = \frac{\alpha}{2}, \tag{2-15}$$

即 $\left\{F \geqslant F_{\frac{\alpha}{2},\ (f_1,\ f_2)}\ 或\ F \leqslant F_{\left(1-\frac{\alpha}{2}\right),\ (f_1,\ f_2)}\right\}$ 为小概率事件．若 $F \geqslant F_{\frac{\alpha}{2},\ (f_1,\ f_2)}$ 或 $F \leqslant F_{\left(1-\frac{\alpha}{2}\right),\ (f_1,\ f_2)}$，则拒绝 H_0，说明两个正态总体的方差之间有显著差异；若 $F_{\left(1-\frac{\alpha}{2}\right),\ (f_1,\ f_2)} < F_0 < F_{\frac{\alpha}{2},\ (f_1,\ f_2)}$，则接受 H_0，说明两个正态总体的方差之间无显著差异．

②左侧（尾）检验时，可由 F 分布表查出第一自由度 $f_1 = n_1 - 1$，第二自由度 $f_2 = n_2 - 1$ 对应的临界值 $F_{(1-\alpha),\ (f_1,\ f_2)}$，得

$$P(F \leqslant F_{(1-\alpha),\ (f_1,\ f_2)}) = \alpha, \tag{2-16}$$

即 $\{F \leqslant F_{(1-\alpha),\ (f_1,\ f_2)}\}$ 为小概率事件．若 $F < 1$，且样本值计算统计量的值 $F_0 \leqslant F_{(1-\alpha),\ (f_1,\ f_2)}$，则拒绝 H_0，判断第 1 个正态总体的方差与第 2 个正态总体的方差相比显著减小；若样本值计算统计量的值 $F_0 > F_{(1-\alpha),\ (f_1,\ f_2)}$，则接受 H_0，判断第 1 个正态总体的方差与第 2 个正态总体的方差相比无显著减小．

③右侧（尾）检验时，可由 F 分布表查出第一自由度 $f_1 = n_1 - 1$，第二自由度 $f_2 = n_2 - 1$ 对应的临界值 $F_{\alpha,\ (f_1,\ f_2)}$，得

$$P(F \geqslant F_{\alpha,\ (f_1,\ f_2)}) = \alpha, \tag{2-17}$$

即 $\{F \geqslant F_{\alpha,\ (f_1,\ f_2)}\}$ 为小概率事件．若 $F > 1$，且样本值计算统计量的值 $F_0 < F_{\alpha,\ (f_1,\ f_2)}$，则拒绝 H_0，判断第 1 个正态总体的方差与第 2 个正态总体的方差相比显著增大；若样本值计算统计量的值 $F_0 > F_{\alpha,\ (f_1,\ f_2)}$，则接受 H_0，判断第 1 个正态总体的方差与第 2 个正态总体的方差相比无显著减小．

利用服从 F 分布的统计量进行检验的方法称为 F 检验法．其主要步骤为：

A. 提出假设；

B. 构造服从 F 分布的 F 统计量；

C. 在给定显著性水平（或信度）α，第一自由度 $f_1 = n_1 - 1$，第二自由度 $f_2 = n_2 - 1$ 的条件下，由 F 分布表查 F 临界值；

D. 由样本值计算统计量值 F_0；

E. 通过将 F_0 与 F 临界值进行比较，做出判断.

F 检验适用于两个不同正态总体间方差的检验. 换句话说，两组不同的试验数据或两种不同方法之间精密度的对比都可采用 F 检验法.

例 2-3 分别采用连续流动法和原子吸收法测定烟草中的钾含量［%（质量分数）］，测定结果如下：

连续流动法：2.45、2.52、2.39、2.54、2.56、2.40、2.42、2.41、2.38、2.45；

原子吸收法：2.43、2.58、2.34、2.56、2.49、2.46、2.51、2.47、2.36、2.48.

问：两种检测方法的精密度是否有显著差异（$\alpha=0.05$）？与连续流动法相比，原子吸收法的精密度是否有显著提高（$\alpha=0.05$）？

解 ①根据题意，判断两种检测方法的精密度是否有显著差异，采用 F 检验法的双侧检验. 首先，提出假设 H_0：$\sigma_1^2=\sigma_2^2$，则统计量

$$F=\frac{S_1^2}{S_2^2}\sim F_{(n_1-1,\ n_2-1)}.$$

依题意，$\alpha=0.05$，$n_1=10$，$n_2=10$，则

$$\bar{x}_1=\frac{\sum_{i=1}^{n_1}x_{1i}}{n_1}=\frac{24.52}{10}=2.452\quad S_1^2=\frac{\sum_{i=1}^{n_1}(x_{1i}-\bar{x}_1)^2}{n_1-1}=0.00428,$$

$$\bar{x}_2=\frac{\sum_{i=1}^{n_2}x_{2i}}{n_2}=\frac{24.68}{10}=2.468\quad S_2^2=\frac{\sum_{i=1}^{n_2}(x_{2i}-\bar{x}_2)^2}{n_2-1}=0.00588,$$

$$F_0=\frac{S_1^2}{S_2^2}=\frac{0.00428}{0.00588}=0.728.$$

根据题意，第 1 自由度 $f_1=n_1-1=10-1=9$，第 2 自由度 $f_2=n_2-1=10-1=9$. 可由 F 分布表（附录 2）对应的两个临界值

$$F_{\left(1-\frac{\alpha}{2}\right),\ (f_1,\ f_2)}=F_{0.975,\ (9,\ 9)}=0.248,$$

$$F_{\frac{\alpha}{2},\ (f_1,\ f_2)}=F_{0.025,\ (9,\ 9)}=4.03.$$

可以得出：$F_{\left(1-\frac{\alpha}{2}\right),\ (f_1,\ f_2)}<F_0<F_{\frac{\alpha}{2},\ (f_1,\ f_2)}$，则接受 H_0，说明两个正态总体的方差之间无显著差异，即两种检测方法的精密度无显著差异.

②依题意，判断原子吸收法是否比连续流动法精密度更高，采用 F 检验法的单侧（左侧）检验，检验原子吸收法比连续流动法的测定结果方差是否有显著减小.

由 $F_0=0.728$，查 F 分布表得 $F_{(1-\alpha),\ (f_1,\ f_2)}=F_{0.95,\ (9,\ 9)}=0.315$，则

$$F_0>F_{(1-\alpha),\ (f_1,\ f_2)},$$

判断原子吸收法的精密度与连续流动法的精密度相比没有显著提高.

2.3.3 均值的检验

对试验数据均值的检验，实际上就是对系统误差的检验. 由系统误差的性质可知，相同

条件下的多次重复试验是不能发现系统误差的．只有通过改变条件，结合均值检验，才能发现试验结果有无系统误差．发现系统误差，分析产生系统误差的原因，以便及时消除或减小系统误差对试验结果的影响，提高试验结果的正确度．

2.3.3.1　u 检验

设（ε_1，ε_2，…，ε_n）为来自正态总体 N（μ，σ^2）的一个样本，n 为样本容量，则统计量

$$u=\frac{\bar{\varepsilon}-\mu}{\sqrt{\frac{\sigma^2}{n}}}, \tag{2-18}$$

服从标准正态分布 $N(0,\ 1)$．对于给定的显著性水平（或小概率）α：首先，由标准正态分布表查出对应的临界值 u_{cri}；其次，通过样本值计算 u_0；最后，比较 u_0 和 u_{cri}，判断均值之间是否有显著差异．

①双侧（尾）检验时，即检验假设 $H_0:\mu=\mu_0$，当 H_0 成立时，有：

$$u=\frac{\bar{\varepsilon}-\mu_0}{\sqrt{\frac{\sigma^2}{n}}}\sim N(0,\ 1).$$

可由标准正态分布表（附录3）查出对应的临界值 $u_{\frac{\alpha}{2}}$，得

$$P\left(|u|\geqslant u_{\frac{\alpha}{2}}\right)=\alpha, \tag{2-19}$$

即 $\left\{|u|\geqslant u_{\frac{\alpha}{2}}\right\}$ 为小概率事件．样本值计算统计量的值 u_0，如果 $u_0\geqslant u_{\frac{\alpha}{2}}$ 或 $u_0\leqslant -u_{\frac{\alpha}{2}}$，则拒绝 H_0，说明样本的总体均值与原总体均值有显著差异；如果 $-u_{\frac{\alpha}{2}}<u_0<u_{\frac{\alpha}{2}}$，则接受 H_0，即说明样本的总体均值与原总体均值无显著差异．

②左侧（尾）检验时，可由标准正态分布表（附录3）查出对应的临界值 u_α，得

$$P(|u|\geqslant u_\alpha)=\alpha, \tag{2-20}$$

即 $\{|u|\geqslant u_\alpha\}$ 为小概率事件．若样本值计算统计量的值 $u_0<0$，$|u_0|\geqslant u_\alpha$，则拒绝 H_0，判断样本的总体均值与原总体均值相比显著减小；若样本值计算统计量的值 $|u_0|<u_\alpha$，则接受 H_0，判断样本的总体均值与原总体均值相比无显著减小．

③右侧（尾）检验时，可由标准正态分布表（附录3）查出对应的临界值 u_α，得

$$P(|u|\geqslant u_\alpha)=\alpha, \tag{2-21}$$

即 $\{|u|\geqslant u_\alpha\}$ 为小概率事件．若样本值计算统计量的值 $u_0>0$，$|u_0|\geqslant u_\alpha$，则拒绝 H_0，判断样本的总体均值与原总体均值相比显著增大；若样本值计算统计量的值 $|u_0|<u_\alpha$，则接受 H_0，判断样本的总体均值与原总体均值相比无显著增大．

利用服从标准正态分布的统计量进行检验的方法称为 u 检验法，又称正态检验法．其主要步骤为：

A. 提出假设；

B. 构造服从标准正态分布的 u 统计量；

C. 在给定显著性水平（或信度）α，由标准正态分布表查临界值 u_{cri}；

D. 由样本值计算统计量值 u_0；

E. 通过将 u_0 与 u_{cri} 进行比较，做出判断.

u 检验适用于正态分布的总体方差已知的情况下对样本的总体均值检验. 一个正态总体，方差已知的情况下，可采用 u 检验法检验样本的总体均值与原总体均值是否有显著差异以及与原总体均值相比样本均值是显著增大还是显著减小.

自然界中绝大部分变量都服从或近似服从正态分布. 在实际生产、科学研究中，当样本容量足够大（$n > 30$）时，可近似认为服从正态分布.

例 2-4 烘箱法分析烟草含水率的优势是准确度高，通过长期试验积累，已知烘箱法分析烟草含水率的测量结果的标准差为 0.2%. 由于烘箱法分析耗时较长，时效性较差，生产过程实时监测时须采用新型快速水分仪，为判断快速水分仪的检测可靠性，用其测定了含水率为 12.5%的标准样品，多次平行测定结果（%）分别为 12.8、12.6、12.7、12.5、12.7、12.8、12.4、12.8、12.5.

试检验：快速水分仪的测量结果与标准样品含水率是否有显著差异（$\alpha=0.05$）？快速水分仪的测量结果与标准样品含水率相比是否显著偏大或偏小（$\alpha=0.05$）？

解 ①根据题意，总体方差已知，检验样本的总体均值与原总体均值之间是否有显著差异，采用 u 检验法的双侧检验. 首先，提出假设 $H_0: \mu = \mu_0$，则统计量

$$u = \frac{\bar{\varepsilon} - \mu_0}{\sqrt{\frac{\sigma^2}{n}}} \sim N(0, 1).$$

根据题意，$\mu_0 = 12.5$，$\sigma = 0.2$，$n = 9$：

$$\bar{\varepsilon} = \frac{\sum_{i=1}^{n} \varepsilon_i}{n} = 12.64,$$

$$u_0 = \frac{\bar{\varepsilon} - \mu_0}{\sqrt{\frac{\sigma^2}{n}}} = \frac{12.64 - 12.5}{\sqrt{\frac{0.04}{9}}} = 2.1,$$

$\alpha = 0.05$，由标准正态分布表（附录 3）查对应的临界值 $u_{\frac{\alpha}{2}} = u_{0.025} = 1.96$.

$$|u_0| > u_{\frac{\alpha}{2}},$$

则拒绝 H_0，判断样本的总体均值与原总体均值有显著差异，即快速水分仪的测量结果与标准样品含水率有显著差异.

②根据题意，总体方差已知，检验样本的总体均值与原总体均值相比是否有显著偏大或偏小，采用 u 检验法的单侧检验. 由 $u_0 > 0$ 可知，则采用右侧检验，检验与标准含水率相比，快速分析仪测量结果是否有显著偏大.

$$u_0 = 2.1, \quad u_\alpha = u_{0.05} = 1.645,$$

$$|u_0| > u_\alpha,$$

判断样本的总体均值与原总体均值相比显著增大，即快速水分仪的测量结果与标准样品含水率相比显著增大.

拓展延伸 若 $\alpha = 0.01$，则 $u_{\frac{\alpha}{2}} = u_{0.005} = 2.576$，$u_\alpha = u_{0.01} = 2.326$，则

明显地，

$$|u_0| < u_{\frac{\alpha}{2}},$$

则判断样本的总体均值与原总体均值无显著差异，即快速水分仪的测量结果与标准样品含水率无显著差异.

明显地，

$$u_0 > 0，且 |u_0| < u_\alpha,$$

则判断样本的总体均值与原总体均值相比无显著增大，即快速水分仪的测量结果与标准样品含水率相比无显著增大.

值得注意的是，显著性水平 α 取值不同，临界值相应地也会不同，最终判断结果可能会不一样，因此实际问题中，显著性水平 α 取值视具体情况而定.

2.3.3.2　t 检验

（1）一个正态总体均值的检验

设（ε_1，ε_2，…，ε_n）为来自正态总体 N（μ，σ^2）的一个样本，n 为样本容量，则统计量

$$t = \frac{\bar{\varepsilon} - \mu}{\sqrt{\frac{S^2}{n}}}, \tag{2-22}$$

服从自由度 $f = n - 1$ 的 t 分布. 对于给定的显著性水平（或小概率）α，首先，由 t 分布表查出对应的临界值 t_{cri}. 其次，通过样本值计算 t_0. 最后，比较 t_0 和 t_{cri}，给出检验判断的结论（判断均值之间是否有显著差异）.

①双侧（尾）检验时，即检验假设 H_0：$\mu = \mu_0$，当 H_0 成立时，有

$$t = \frac{\bar{\varepsilon} - \mu_0}{\sqrt{\frac{S^2}{n}}} \sim t_{(n-1)}.$$

可由 t 分布表（附录4）查出对应的临界值 $t_{\frac{\alpha}{2}}$，得

$$P\left(|t| \geqslant t_{\frac{\alpha}{2}}\right) = \alpha, \tag{2-23}$$

即 $\left\{|t| \geqslant t_{\frac{\alpha}{2}}\right\}$ 为小概率事件. 样本值计算统计量的值 t_0，则若 $t_0 \geqslant t_{\frac{\alpha}{2}}$ 或 $t_0 \leqslant -t_{\frac{\alpha}{2}}$，则拒绝 H_0，说明样本的总体均值与原总体均值有显著差异；若 $-t_{\frac{\alpha}{2}} < t_0 < t_{\frac{\alpha}{2}}$，则接受 H_0，即说明样本的总体均值与原总体均值无显著差异.

②左侧（尾）检验时，可由 t 分布表（附录4）查出对应的临界值 t_α，得

$$P(|t| \geqslant t_\alpha) = \alpha, \tag{2-24}$$

即 $\{|t| \geqslant t_\alpha\}$ 为小概率事件. 若样本值计算统计量的值 $t_0 < 0$，$|t_0| \geqslant t_\alpha$，则拒绝 H_0，判断样本的总体均值与原总体均值相比显著减小；若样本值计算统计量的值 $|t_0| < t_\alpha$，则接受 H_0，判断样本的总体均值与原总体均值相比无显著减小.

③右侧（尾）检验时，可由标准正态分布表查出对应的临界值 t_α，得

$$P(|t| \geqslant t_\alpha) = \alpha, \tag{2-25}$$

即 $\{|t| \geqslant t_\alpha\}$ 为小概率事件. 若样本值计算统计量的值 $t_0 > 0$，$|t_0| \geqslant t_\alpha$，则拒绝 H_0，判

断样本的总体均值与原总体均值相比显著增大；若样本值计算统计量的值 $|t_0| < t_\alpha$，则接受 H_0，判断样本的总体均值与原总体均值相比无显著增大.

（2）两个正态总体均值的检验

设总体 $\varepsilon \sim N(\mu_1, \sigma_1^2)$ 和 $\eta \sim N(\mu_2, \sigma_2^2)$ 是两个相互独立的正态总体.（ε_1，ε_2，…，ε_{n_1}）和（η_1，η_2，…，η_{n_2}）分别为来自总体 $N(\mu_1, \sigma_1^2)$ 和 $N(\mu_2, \sigma_2^2)$ 的样本.

第一种情况，两个正态总体的方差 σ_1^2、σ_2^2 未知，且 $\sigma_1^2=\sigma_2^2$，则统计量

$$t = \frac{\bar{\varepsilon} - \bar{\eta}}{S}\sqrt{\frac{n_1 n_2}{n_1 + n_2}}, \tag{2-26}$$

统计量 t 服从自由度 $f=n_1+n_2-2$ 的 t 分布. 式（2-26）中，$\bar{\varepsilon}$ 为第 1 个样本的样本均值；$\bar{\eta}$ 为第 2 个样本的样本均值；n_1 为第 1 个样本的样本容量；n_2 为第 2 个样本的样本容量；S 为合并标准差，其计算公式为

$$S = \sqrt{\frac{(n_1 - 1)S_1^2 + (n_2 - 1)S_2^2}{n_1 + n_2 - 2}}. \tag{2-27}$$

第二种情况，两个正态总体的方差 σ_1^2、σ_2^2 未知，且 $\sigma_1^2 \neq \sigma_2^2$，则统计量

$$t = \frac{\bar{\varepsilon} - \bar{\eta}}{\sqrt{\dfrac{S_1^2}{n_1} + \dfrac{S_2^2}{n_2}}} \sim t_f. \tag{2-28}$$

其中，自由度 f 的计算公式见式（2-29）：

$$f = \frac{(S_1^2/n_1 + S_2^2/n_2)^2}{\dfrac{(S_1^2/n_1)^2}{n_1 + 1} + \dfrac{(S_2^2/n_2)^2}{n_2 + 1}} - 2, \tag{2-29}$$

即统计量 t 服从自由度为 f 的 t 分布. 式（2-29）中，$\bar{\varepsilon}$ 为第 1 个样本的样本均值；$\bar{\eta}$ 为第 2 个样本的样本均值；n_1 为第 1 个样本的样本容量；n_2 为第 2 个样本的样本容量；S_1^2 为第 1 个样本的样本方差；S_2^2 为第 2 个样本的样本方差.

对于给定的显著性水平（或小概率）α：首先，由 t 分布表查出对应的临界值；其次，通过样本值计算统计量 t 的值 t_0；最后，比较 t_0 和 t 临界值，给出检验判断的结论.

①双侧（尾）检验时，若样本值计算统计量 t 的值 $t_0 \geqslant t_{\frac{\alpha}{2}}$ 或 $t_0 \leqslant -t_{\frac{\alpha}{2}}$，则拒绝 H_0，说明第 1 个样本的总体均值与第 2 个样本的总体均值有显著差异；若 $-t_{\frac{\alpha}{2}} < t_0 < t_{\frac{\alpha}{2}}$，则接受 H_0，即说明第 1 个样本的总体均值与第 2 个样本的总体均值无显著差异.

②左侧（尾）检验时，若样本值计算统计量的值 $t_0 < 0$，$|t_0| \geqslant t_\alpha$，则拒绝 H_0，判断第 1 个样本的总体均值与第 2 个样本的总体均值相比显著减小；若样本值计算统计量的值 $|t_0| < t_\alpha$，则接受 H_0，判断第 1 个样本的总体均值与第 2 个样本的总体均值相比无显著减小.

③右侧（尾）检验时，若样本值计算统计量的值 $t_0 > 0$，$|t_0| \geqslant t_\alpha$，则拒绝 H_0，判断第 1 个样本的总体均值与第 2 个样本的总体均值相比显著增大；若样本值计算统计量的值 $|t_0| < t_\alpha$，则接受 H_0，判断第 1 个样本的总体均值与第 2 个样本的总体均值相比无显著增大.

利用服从 t 分布的统计量进行检验的方法称为 t 检验法. 其主要步骤为：

A. 提出假设;

B. 构造服从 t 分布的 t 统计量;

C. 在给定显著性水平（或信度）α，由 t 分布表查临界值 t_{cri}；

D. 由样本值计算统计量值 t_0;

E. 通过将 t_0 与 t_{cri} 进行比较，做出判断.

t 检验适用于正态分布的总体方差未知的情况下对样本的总体均值的检验. 以下 3 种情况均可采用 t 检验法进行检验:

一个正态总体，方差未知的情况下，可采用 t 检验法检验样本的总体均值与原总体均值是否有显著差异（双侧检验），也可检验与原总体均值相比样本均值是显著增大还是显著减小（单侧检验).

两个正态总体，方差未知但相等的情况下，可采用 t 检验法检验第 1 个正态总体的总体均值与第 2 个正态总体的总体均值是否有显著差异（双侧检验），也可检验与第 2 个正态总体的总体均值相比第 1 个正态总体的总体均值是显著增大还是显著减小（单侧检验).

两个正态总体，方差未知且不等的情况下，可采用 t 检验法检验第 1 个正态总体的总体均值与第 2 个正态总体的总体均值是否有显著差异（双侧检验），也可检验与第 2 个正态总体的总体均值相比第 1 个正态总体的总体均值是显著增大还是显著减小（单侧检验).

例 2-5 烘箱法分析烟草含水率的优势是准确度高，由于烘箱法分析耗时较长，时效性较差，生产过程实时监测时需采用新型快速水分仪，为判断快速水分仪的检测可靠性，用其测定了含水率为 12.5% 的标准样品，多次平行测定结果（%）分别为 12.8、12.6、12.7、12.5、12.7、12.8、12.4、12.8、12.5.

试检验：快速水分仪的测量结果与标准样品含水率是否有显著差异（$\alpha=0.05$）? 快速水分仪的测量结果与标准样品含水率相比是否显著偏大或偏小（$\alpha=0.05$）?

解 ①根据题意，总体方差未知，检验样本的总体均值与原总体均值之间是否有显著差异，采用 t 检验法的双侧检验. 首先，提出假设 H_0：$u=u_0$，则统计量

$$t=\frac{\bar{\varepsilon}-\mu_0}{\sqrt{\frac{S^2}{n}}}\sim t_{(n-1)}.$$

根据题意，$\mu_0=12.5$，$n=9$：

$$\bar{\varepsilon}=\frac{\sum_{i=1}^{n}\varepsilon_i}{n}=12.64,$$

$$S^2=\frac{\sum_{i=1}^{n}(\varepsilon_i-\bar{\varepsilon})^2}{n-1}=0.0228,$$

$$t_0=\frac{\bar{\varepsilon}-\mu_0}{\sqrt{\frac{S^2}{n}}}=\frac{12.64-12.5}{\sqrt{\frac{0.0228}{9}}}=2.783.$$

$\alpha=0.05$，自由度 $f=n-1=8$，由 t 分布表（附录 4）查对应的临界值 $t_{\frac{\alpha}{2},f}=t_{0.025,8}=2.306$.

$$|t_0| > t_{\frac{\alpha}{2}, f},$$

则拒绝 H_0，判断样本的总体均值与原总体均值有显著差异，即快速水分仪的测量结果与标准样品含水率有显著差异．这个判断结论与 u 检验的结果是一致的．

②根据题意，总体方差未知，检验样本的总体均值与原总体均值相比是否有显著偏大或偏小，采用 t 检验法的单侧检验．由 $t_0 > 0$ 可知，则采用右侧检验，$t_0 = 2.783$，$t_\alpha = t_{0.05} = 1.860$.

$$|t_0| > t_\alpha,$$

判断样本的总体均值与原总体均值相比显著增大，即快速水分仪的测量结果与标准样品含水率相比显著增大．

拓展延伸 若 $\alpha = 0.01$，则 $t_{\frac{\alpha}{2},f} = t_{0.005,8} = 3.355$，$t_{\alpha,f} = t_{0.01,8} = 2.896$，则 $t_0 = 2.783$.

明显地，

$$|t_0| < t_{\frac{\alpha}{2}, f},$$

则判断样本的总体均值与原总体均值无显著差异，即快速水分仪的测量结果与标准样品含水率无显著差异．

明显地，

$$t_0 > 0, \text{且} |t_0| < t_{\alpha, f},$$

则判断样本的总体均值与原总体均值相比无显著增大，即快速水分仪的测量结果与标准样品含水率相比无显著增大．

2.3.3.3 *秩和检验法*

前面介绍的 u 检验法和 t 检验法，都要求试验数据服从正态分布，虽然自然界绝大部分变量均服从或近似服从正态分布，但在实际生活和科学研究中，有些变量可能服从或近似服从其他统计分布，这时少了试验数据服从正态分布的前提，u 检验法和 t 检验法就不再适用了．

秩和检验法对试验数据的统计分布没有严格要求，可用于定量指标的检验，如检验两组试验数据之间是否存在系统误差；也可用于定性指标的检验，检验两种试验方法之间是否等效、是否存在系统误差等．

设有（ε_1，ε_2，…，ε_{n_1}）和（η_1，η_2，…，η_{n_2}）两个样本分别为来自两个相互独立的总体，n_1、n_2 分别是两个样本的容量，假定 $n_1 \leq n_2$. 用秩和检验法检验两个样本之间是否存在系统偏差的主要步骤如下：

①将（$n_1 + n_2$）个试验数据混合在一起，按从小到大的次数排列，每个试验数据在序列中的次序称为该试验数据的秩．

②计算属于第 1 个样本的数据的秩之和，即为第 1 个样本数据的秩和，记为 R_1.

③对于给定的显著性水平 α，由秩和临界值（附录 5）查 R_1 的上下限 T_2 和 T_1. 若 $R_1 > T_2$ 或 $R_1 < T_1$，则判断两个样本之间有显著差异，即存在系统误差．否则，若 $T_1 < R_1 < T_2$，则判断两个样本之间无显著差异，即无系统误差．

秩和检验法不要求 $n_1 = n_2$，不要求数据成对，而且计算简单，是一种方便有用的检验系统误差的方法．

值得注意的是，秩和检验法比较适于样本容量都不太大的两个样本之间的检验．在利用秩和检验法进行检验时，若出现几个数据相等的情况，则这几个数据的秩也应是相等的，且等于相应几个秩的算术平均值．

例 2-6 随机抽检甲班、乙班生产的同一牌号同一规格卷烟的单支重（mg），测量结果分别为：

甲班：0.85、0.82、0.91、0.86、0.90、0.92、0.88、0.87；

乙班：0.84、0.90、0.93、0.91、0.89、0.87、0.85、0.88、0.86、0.83.

已知甲班抽检结果无系统误差，试用秩和检验法检验乙班抽检结果是否有系统误差（α=0.05）?

解 首先，将两组数据混合从小到大排序，求各数据的秩，结果如表 2-2 所示．根据题意，$n_1=8$，$n_2=10$，$n=n_1+n_2=18$.

$$R_1 = 1+4.5+6.5+8.5+10.5+13.5+15.5+17=77.$$

对于显著性水平 $\alpha=0.05$，查秩和临界值 $T_2=95$，$T_1=57$，则有

$$T_1 < R_1 < T_2.$$

判断两个样本之间无显著差异，即乙班抽检结果无系统误差．

表 2-2 甲班、乙班抽检样品单支重数据的秩

秩	1	2	3	4.5	4.5	6.5	6.5	8.5	8.5	10.5	10.5	12	13.5	13.5	15.5	15.5	17	18
甲	0.82			0.85		0.86		0.87		0.88			0.90		0.91		0.92	
乙		0.83	0.84		0.85		0.86		0.87		0.88	0.89		0.90		0.91		0.93

2.3.4 异常值的检验

在对试验数据进行梳理的过程中，有时候会发现少数偏差较大的可疑数据，与其他数据存在明显差异，这些数据可能含有过失误差，通常称之为离群值或异常值，应予以剔除．没有剔除过失误差的测量结果是不能用的，因为它会导致错误的分析结论．但判别某个数据是否存在过失误差要非常慎重，不能随意地舍弃或修改与其他数据存在明显差异的可疑数据．

通常情况下，若在试验过程中发现有可疑数据，应停止试验，查找原因，并及时纠错．若在试验完成后发现有可疑数据，则应先分析产生可疑数据的原因，再决定对可疑数据是保留还是舍弃．如果不能找出产生可疑数据的原因，则可根据统计学的判别准则，决定可疑数据的去留．对于舍弃的异常数据，在报告中应说明舍弃该数据的原因，如由于试验过程中的某些因素引起的数据异常，或采用某判别准则，作为异常值被剔除．

检验异常值的统计方法或判别准则主要有拉依达（Paŭta）准则、罗曼诺夫斯基（Lomnaofski）准则、格拉布斯（Grubbs）准则、狄克逊（Dixon）准则等．

（1）拉依达（Paŭta）准则

拉依达（Paŭta）准则，又称 3σ 准则，是指可疑数据 x_i 与所有试验数据的算术平均值 $\bar{x}$ 的偏差的绝对值大于三倍（或两倍）的标准偏差，即：

$$|d_i| = |x_i - \bar{x}| > 3S \quad 或 \quad |d_i| = |x_i - \bar{x}| > 2S, \tag{2-30}$$

则判断 x_i 为异常值，予以剔除；否则，予以保留．

判断标准采用 3S 还是 2S，主要与显著性水平 α 有关 . $\alpha = 0.01$ 时，选用 3S；$\alpha = 0.05$ 时，选用 2S.

3σ 准则适用于样本容量比较大或要求不高的情况下，样本中异常值的检验 . 用 3S 作为判断标准，当样本容量 $n < 10$ 时，即使有异常值也不能剔除；用 2S 作为判断标准，当样本容量 $n < 5$ 时，即使有异常值也不能剔除 .

例 2–7 采用连续流动分析仪测定河南烤烟烟叶总糖含量（%），测定结果如下：23.48、25.42、22.99、23.98、23.69、20.38、26.13、25.67、25.07、24.45、25.88、23.77、24.65、25.68、27.87、23.52、24.59、26.24、25.78、24.39.

假设测定结果已消除系统误差，试判断测量结果中是否含有过失误差（$\alpha = 0.05$）?

解 依题意，$n = 20$，所有数据中，位于两端的最小值和最大值数据分别为 20.38、27.87，即 x_6、x_{15}. 采用拉依达准则进行检验 .

计算 $\bar{x}$ 和 S：

$$\bar{x} = \frac{\sum_{i=1}^{n} x_i}{n} = 24.682,$$

$$S = \sqrt{\frac{\sum_{i=1}^{n} (x_i - \bar{x})^2}{n - 1}} = 1.5662 S = 3.133,$$

所有数据中，x_6 与均值的偏差最大，因此先检验 x_6：

$$|d_6| = |x_6 - \bar{x}| = 4.302.$$

显然，

$$|d_6| > 2S,$$

因此按拉依达准则，给定显著性水平 $\alpha = 0.05$ 时，x_6 为异常值，予以剔除 .

继续检验：

$$\bar{x} = \frac{\sum_{i=1,\ i\neq 6}^{n} x_i}{n - 1} = 24.908,$$

$$S = \sqrt{\frac{\sum_{i=1,\ i\neq 6}^{n} (x_i - \bar{x})^2}{n - 2}} = 1.2282 S = 2.456.$$

剩余数据中，x_{15} 与均值的偏差最大，因此检验 x_{15}：

$$|d_{15}| = |x_{15} - \bar{x}| = 2.962.$$

显然，

$$|d_{15}| > 2S,$$

按拉依达准则，给定显著性水平 $\alpha = 0.05$ 时，x_{15} 为异常值，予以剔除 .

继续检验：

$$\bar{x} = \frac{\sum_{i=1,\ i\neq 6,\ i\neq 15}^{n} x_i}{n - 2} = 24.743,$$

$$S=\sqrt{\frac{\sum_{i=1,\ i\neq 6,\ i\neq 15}^{n}(x_i-\bar{x})^2}{n-3}}=1.0262S=2.051.$$

剩余数据中，x_3 与均值的偏差最大，检验 x_3：

$$|d_3|=|x_3-\bar{x}|=1.753,$$

$$|d_3|<2S.$$

按拉依达准则，给定显著性水平 $\alpha=0.05$ 时，x_3 不应剔除，予以保留．相应地，其他偏差相对较小的数据均应保留，即判断该组数据有 20.38、27.87 这两个异常值，建议剔除．

拓展延伸 给定显著性水平 $\alpha=0.01$ 时，依题意：$n=20$，计算 $\bar{x}$ 和 S：

$$\bar{x}=\frac{\sum_{i=1}^{n}x_i}{n}=24.682,$$

$$S=\sqrt{\frac{\sum_{i=1}^{n}(x_i-\bar{x})^2}{n-1}}=1.5663S=4.699.$$

所有数据中，x_6 与均值的偏差最大，因此先检验 x_6：

$$|d_6|=|x_6-\bar{x}|=4.302\quad |d_6|<3S.$$

因此，按拉依达准则，给定显著性水平 $\alpha=0.01$ 时，判断 x_6 不是异常值，予以保留．相应地，其他偏差相对较小的数据均应保留，即判断该组数据没有异常值．

（2）罗曼诺夫斯基（Lomnaofski）准则

罗曼诺夫斯基准则又称 t 分布检验准则，指可疑数据 x_j 与剔除可疑数据 x_j 后剩余数据的算术平均值的偏差的绝对值大于或等于 t 分布检验系数 $K_{(n,\ \alpha)}$，其中，n 为样本容量，α 为给定显著性水平，即

$$|d_j|=|x_j-\bar{x}|\geqslant K_{(n,\ \alpha)}S, \tag{2-31}$$

则判断 x_j 为异常值，予以剔除；否则，予以保留．

判断标准中，$K_{(n,\ \alpha)}$ 是 t 分布的检验系数临界值（附录 6），S 为除可疑数据 x_j 外剩余数据的标准偏差，即

$$\bar{x}=\frac{\sum_{i=1,\ i\neq j}^{n}x_i}{n-1}, \tag{2-32}$$

$$S=\sqrt{\frac{\sum_{i=1,\ i\neq j}^{n}(x_i-\bar{x})^2}{n-2}}. \tag{2-33}$$

例 2-8 试验数据与例 2-7 相同，假设测定结果已消除系统误差，试采用罗曼诺夫斯基准则判断测量结果中是否含有过失误差（$\alpha=0.05$）？

解 依题意，$n=20$，所有数据中，位于两端的数据分别为 20.38、27.87，即 x_6、x_{15}．采用罗曼诺夫斯基准则先检验 x_6．

计算 $\bar{x}$ 和 S：

$$\bar{x} = \frac{\sum_{i=1,\ i\neq 6}^{n} x_i}{n-1} = 24.908,$$

$$S = \sqrt{\frac{\sum_{i=1,\ i\neq 6}^{n} (x_i - \bar{x})^2}{n-2}} = 1.228 \quad |d_6| = |x_6 - \bar{x}| = 4.302.$$

由 t 分布的检验系数表（附录6）查临界值 $K_{(n,\ \alpha)} = K_{(20,\ 0.05)} = 3.16$，则判断标准

$$K_{(n,\ \alpha)}S = 3.16 \times 1.228 = 3.880,$$

显然，

$$|d_6| > K_{(n,\ \alpha)}S.$$

按罗曼诺夫斯基准则，给定显著性水平 $\alpha = 0.05$ 时，x_6 为异常值，予以剔除 .

剩余数据中，x_{15} 偏差较大，因此继续检验 x_{15}：

$$\bar{x} = \frac{\sum_{i=1,\ i\neq 6,\ i\neq 15}^{n} x_i}{n} = 24.743,$$

$$S = \sqrt{\frac{\sum_{i=1,\ i\neq 6,\ i\neq 15}^{n} (x_i - \bar{x})^2}{n-1}} = 1.026 \quad |d_{15}| = |x_{15} - \bar{x}| = 2.962.$$

则判断标准：

$$K_{(n,\ \alpha)}S = 3.16 \times 1.026 = 3.242,$$

$$|d_{15}| < K_{(n,\ \alpha)}S.$$

按罗曼诺夫斯基准则，给定显著性水平 $\alpha = 0.05$ 时，x_{15} 不应剔除，予以保留 . 相应地，其他偏差相对较小的数据均保留，即判断该组数据有 20.38 这一个异常值，建议剔除 .

拓展延伸 给定显著性水平 $\alpha = 0.01$ 时，依题意：$n = 20$，计算 $\bar{x}$ 和 S：

$$\bar{x} = \frac{\sum_{i=1,\ i\neq 6}^{n} x_i}{n-1} = 24.908,$$

$$S = \sqrt{\frac{\sum_{i=1,\ i\neq 6}^{n} (x_i - \bar{x})^2}{n-2}} = 1.228 \quad |d_6| = |x_6 - \bar{x}| = 4.302.$$

由 t 分布的检验系数表（附录6）查临界值 $K_{(n,\ \alpha)} = K_{(20,\ 0.01)} = 2.95$，则判断标准：

$$K_{(n,\ \alpha)}S = 2.95 \times 1.228 = 3.623,$$

$$|d_6| > K_{(n,\ \alpha)}S.$$

按罗曼诺夫斯基准则，给定显著性水平 $\alpha = 0.01$ 时，x_6 为异常值，予以剔除 .

剩余数据中，x_{15} 偏差较大，因此继续检验 x_{15}：

$$\bar{x} = \frac{\sum_{i=1,\ i\neq 6,\ i\neq 15}^{n} x_i}{n} = 24.743,$$

$$S = \sqrt{\frac{\sum_{i=1,\ i \neq 6,\ i \neq 15}^{n} (x_i - \bar{x})^2}{n-1}} = 1.026 \left| d_{15} \right| = \left| x_{15} - \bar{x} \right| = 2.962.$$

则判断标准：

$$K_{(n,\ \alpha)} S = 2.95 \times 1.026 = 3.027,$$

$$\left| d_{15} \right| < K_{(n,\ \alpha)} S.$$

按罗曼诺夫斯基准则，给定显著性水平 $\alpha = 0.01$ 时，x_{15} 不应剔除，予以保留．相应地，其他偏差相对较小的数据均保留，即判断该组数据有 20.38 这一个异常值，建议剔除．

在本例中，采用罗曼诺夫斯基准则进行检验，$\alpha = 0.05$、$\alpha = 0.01$ 两种情况下的检验结果是一致的．

（3）格拉布斯（Grubbs）准则

格拉布斯准则是指可疑数据 x_i 与所有试验数据的算术平均值 $\bar{x}$ 的偏差的绝对值大于格拉布斯临界值，即

$$\left| d_i \right| = \left| x_i - \bar{x} \right| > G_{(\alpha,\ n)}, \tag{2-34}$$

则判断 x_i 为异常值，予以剔除；否则，予以保留．

判断标准 $G_{(\alpha,\ n)}$ 是格拉布斯临界值，可由格拉布斯检验临界值 $G_{(\alpha,\ n)}$ 表（附录 7）查得，其大小主要与显著性水平 α 及样本容量 n 有关．

利用格拉布斯准则也可检验样本中的数据偏小或偏大的问题，即检验两端数据（x_1、x_n）．检验两端数据时，也先检验与其相邻的内侧数据（x_2、x_{n-1}），如果相邻的内侧数据经检验该被舍弃，那么相应一端的数据也应被舍弃．如经检验 x_2 该被舍弃，则相应的 x_1 也应被舍弃．需要注意的是，检验某内侧数据时，计算均值 $\bar{x}$ 应不包括相应外侧数据．

例 2-9 试验数据与例 2-7 相同，假设测定结果已消除系统误差，试采用格拉布斯准则判断测量结果中是否含有过失误差（$\alpha=0.05$）？

解 依题意，$n = 20$，所有数据中，位于两端的数据分别为 20.38、27.87，即有 x_6、x_{15}．采用格拉布斯准则检验．

计算 $\bar{x}$ 和 S：

$$\bar{x} = \frac{\sum_{i=1}^{n} x_i}{n} = 24.682,$$

$$S = \sqrt{\frac{\sum_{i=1}^{n} (x_i - \bar{x})^2}{n-1}} = 1.566.$$

所有数据中，x_6 与均值的偏差最大，因此先检验 x_6：

$$\left| d_6 \right| = \left| x_6 - \bar{x} \right| = 4.302.$$

由格拉布斯检验临界值表（附录 7）查临界值 $G_{(\alpha,\ n)} = G_{(0.05,\ 20)} = 2.557$，则判断标准

$$G_{(\alpha,\ n)} S = 2.557 \times 1.566 = 4.004,$$

$$\left| d_6 \right| > G_{(\alpha,\ n)} S.$$

按格拉布斯准则，给定显著性水平 $\alpha = 0.05$ 时，x_6 为异常值，建议剔除．

继续检验：

$$\bar{x}=\frac{\sum_{i=1,\ i\neq 6}^{n}x_i}{n-1}=24.908\quad S=\sqrt{\frac{\sum_{i=1,\ i\neq 6}^{n}(x_i-\bar{x})^2}{n-2}}=1.228.$$

剩余数据中，x_{15} 与均值的偏差最大，所以检验 x_{15}：

$$|d_{15}|=|x_{15}-\bar{x}|=2.962.$$

则判断标准：

$$G_{(\alpha,\ n)}S=2.557\times 1.228=3.140,$$

$$|d_{15}|<G_{(\alpha,\ n)}S.$$

按格拉布斯准则，给定显著性水平 $\alpha=0.05$ 时，x_{15} 不应剔除，予以保留．相应地，其他偏差相对较小的数据均保留，即判断该组数据有 20.38 这一个异常值，建议剔除．

拓展延伸　给定显著性水平 $\alpha=0.01$ 时，依题意：$n=20$，计算 $\bar{x}$ 和 S：

$$\bar{x}=\frac{\sum_{i=1}^{n}x_i}{n}=24.682,$$

$$S=\sqrt{\frac{\sum_{i=1}^{n}(x_i-\bar{x})^2}{n-1}}=1.566.$$

所有数据中，x_6 与均值的偏差最大，因此先检验 x_6.

$$|d_6|=|x_6-\bar{x}|=4.302.$$

由格拉布斯检验临界值表（附录 7）查临界值 $G_{(\alpha,\ n)}=K_{(0.01,\ 20)}=2.884$，则判断标准：

$$G_{(\alpha,\ n)}S=2.884\times 1.566=4.516,$$

$$|d_6|<G_{(\alpha,\ n)}S.$$

按格拉布斯准则，给定显著性水平 $\alpha=0.01$ 时，x_6 不应剔除，予以保留．相应地，其他偏差相对较小的数据均保留，即判断该组数据没有异常值．

（4）狄克逊（Dixon）准则

狄克逊准则单侧检验是指先将 n 个试验数据从小到大排列（$x_1\leqslant x_2\leqslant\cdots\leqslant x_{n-1}\leqslant x_n$），若有异常值，必然出现在两端（即 x_1 或 x_n），根据公式（表 2-3）计算统计量 D 或 D'．由狄克逊准则单侧临界值表（附录 8）查得临界值 $D_{1-\alpha}(n)$，检验高端值时，$D>D_{1-\alpha}(n)$，判断 x_n 为异常值；检验低端值时，$D'>D_{1-\alpha}(n)$，则判断 x_1 为异常值．否则，判断没有异常值．

表 2-3　统计量 D、D' 的计算公式

n	检验高端异常值（D）	检验低端异常值（D'）
3~7	$D=\frac{x_n-x_{n-1}}{x_n-x_1}$	$D'=\frac{x_2-x_1}{x_n-x_1}$
8~10	$D=\frac{x_n-x_{n-1}}{x_n-x_2}$	$D'=\frac{x_2-x_1}{x_{n-1}-x_1}$

续表

n	检验高端异常值（D）	检验低端异常值（D'）
11~13	$D=\frac{x_n-x_{n-2}}{x_n-x_2}$	$D'=\frac{x_3-x_1}{x_{n-1}-x_1}$
14~30	$D=\frac{x_n-x_{n-2}}{x_n-x_3}$	$D'=\frac{x_3-x_1}{x_{n-2}-x_1}$

狄克逊准则双侧检验是先将 n 个试验数据从小到大排列（$x_1 \leqslant x_2 \leqslant \cdots \leqslant x_{n-1} \leqslant x_n$），根据公式（表 2-2）计算统计量 D 或 D'. 由狄克逊准则双侧临界值表（附录 8）查得对应临界值 $\widetilde{D}_{1-\alpha}(n)$. 当 $D>D'$，$D>\widetilde{D}_{1-\alpha}(n)$ 时，则判断 x_n 为异常值；当 $D'>D$，$D'>\widetilde{D}_{1-\alpha}(n)$ 时，则判断 x_1 为异常值；否则，判断没有异常值.

例 2-10 试验数据与例 2-7 相同，假设测定结果已消除系统误差，试采用狄克逊准则判断测量结果中是否含有过失误差（$\alpha=0.05$）？

解 依题意，$n=20$，将所有数据从小到大依次，排序结果见表 2-4. 由表 2-4 可知，与均值偏差较大的有 x_6、x_{15}.

表 2-4 试验数据排序结果

次序号	测量值编号	测量值	次序号	测量值编号	测量值
X1	x_6	20.38	X11	x_{13}	24.65
X2	x_3	22.99	X12	x_9	25.07
X3	x_1	23.48	X13	x_2	25.42
X4	x_{16}	23.52	X14	x_8	25.67
X5	x_5	23.69	X15	x_{14}	25.68
X6	x_{12}	23.77	X16	x_{19}	25.78
X7	x_4	23.98	X17	x_{11}	25.88
X8	x_{20}	24.39	X18	x_7	26.13
X9	x_{10}	24.45	X19	x_{18}	26.24
X10	x_{17}	24.59	X20	x_{15}	27.87

采用狄克逊准则进行检验，计算 D 和 D'：

$$D=\frac{x_n-x_{n-2}}{x_n-x_3}=\frac{X_{20}-X_{18}}{X_{20}-X_3}=\frac{27.87-26.13}{27.87-23.48}=0.396,$$

$$D'=\frac{x_3-x_1}{x_{n-2}-x_1}=\frac{X_3-X_1}{X_{18}-X_1}=\frac{23.48-20.38}{26.13-20.38}=0.539.$$

给定显著性水平 $\alpha=0.05$，由狄克逊准则双侧临界值表（附录 8）中查得：

$$\widetilde{D}_{1-\alpha}(n)=\widetilde{D}_{1-0.05}(20)=\widetilde{D}_{0.95}(20)=0.489.$$

由于 $D'>D$，且 $D'>\widetilde{D}_{1-\alpha}(n)$，因此判定这组数据的最小值 20.38 即 x_6 为异常值，应予

以剔除.

继续对剩余的19个数据进行检验：剩余数据从小到大依次排序结果见表2-5.

表2-5 剩余试验数据排序结果

次序号	测量值编号	测量值	次序号	测量值编号	测量值
X1	x_3	22.99	X11	x_9	25.07
X2	x_1	23.48	X12	x_2	25.42
X3	x_{16}	23.52	X13	x_8	25.67
X4	x_5	23.69	X14	x_{14}	25.68
X5	x_{12}	23.77	X15	x_{19}	25.78
X6	x_4	23.98	X16	x_{11}	25.88
X7	x_{20}	24.39	X17	x_7	26.13
X8	x_{10}	24.45	X18	x_{18}	26.24
X9	x_{17}	24.59	X19	x_{15}	27.87
X10	x_{13}	24.65			

依题意有：

$$D=\frac{x_n-x_{n-2}}{x_n-x_3}=\frac{X_{19}-X_{17}}{X_{19}-X_3}=\frac{27.87-26.13}{27.87-23.52}=0.400,$$

$$D'=\frac{x_3-x_1}{x_{n-2}-x_1}=\frac{X_3-X_1}{X_{17}-X_1}=\frac{23.52-22.99}{26.13-22.99}=0.169.$$

给定显著性水平 $\alpha=0.05$，由狄克逊准则双侧临界值表（附录8）中查得：

$$\widetilde{D}_{1-\alpha}(n)=\widetilde{D}_{1-0.05}(19)=\widetilde{D}_{0.95}(19)=0.501.$$

由于 $D>D'$，且 $D<\widetilde{D}_{1-\alpha}(n)$，因此判定继续检出没有异常值. 即经两次狄克逊双侧检验只检出20.38这一个异常值.

拓展延伸 给定显著性水平 $\alpha=0.01$ 时，依题意：$n=20$，排序结果见表2-4.

首先，计算 D 和 D'：

$$D=\frac{x_n-x_{n-2}}{x_n-x_3}=\frac{X_{20}-X_{18}}{X_{20}-X_3}=\frac{27.87-26.13}{27.87-23.48}=0.396,$$

$$D'=\frac{x_3-x_1}{x_{n-2}-x_1}=\frac{X_3-X_1}{X_{18}-X_1}=\frac{23.48-20.38}{26.13-20.38}=0.539.$$

给定显著性水平 $\alpha=0.01$，由狄克逊准则双侧临界值表中查得：

$$\widetilde{D}_{1-\alpha}(n)=\widetilde{D}_{1-0.01}(20)=\widetilde{D}_{0.99}(20)=0.567.$$

由于 $D'>D$，且 $D'<\widetilde{D}_{1-\alpha}(n)$，因此判定这组数据没有异常值.

综上所述，针对例2-8的试验数据，拉依达准则、罗曼诺夫斯基准则、格拉布斯准则、狄克逊准则得出的检验结论及方法优缺点分析见表2-6. 采用不同的检验准则检验同样的一组数据时，在给定显著性水平相同的情况下，不同准则可能会给出不同的检验结论，相同准则在不同显著性水平下给出的检验结论也会有差异，不同检验准则各有优缺点，在实际生产和科学研究中，应根据具体情况选用合适的检验准则，慎重剔除异常数据．

表 2-6　不同准则不同显著性水平下检验异常值结果对比

检验准则	$\alpha=0.05$	$\alpha=0.01$	备注
拉依达准则	20.38 27.87	无	优势：方法简单，无须查表； 劣势：不适于样本容量小或要求高的场合
罗曼诺夫斯基准则	20.38	20.38	优势：适于样本容量小或要求高的场合； 劣势：需查临界值表
格拉布斯准则	20.38	无	优势：适于样本容量小或要求高的场合； 劣势：需查临界值表
狄克逊准则	20.38	无	优势：计算量小，适于样本容量小或要求高的场合； 劣势：需查临界值表

为了消除过失误差对分析结论的影响，须将含有过失误差的异常值剔除．在判别、剔除异常值的过程中，需注意以下几点：

①要选用合适的判别准则．如 3σ 准则适用于样本容量较大的情况，对于容量小的样本，采用 3σ 准则判别的可靠性不高．由于 3σ 准则不需查表，十分简便，在要求不是太高的情况下，仍常被采用．对于样本容量小，且要求较高的情况，不建议用 3σ 准则判别．罗曼诺夫斯基准则、格拉布斯准则和狄克逊准则也都适用于样本容量较小时的异常值检验，在一些标准中，也常推荐后两种准则来检验可疑数据．

②虽然说罗曼诺夫斯基准则、格拉布斯准则和狄克逊准则均适用于样本容量小的异常值检验，但在实际生产、科学研究中，还是样本容量越大、试验数据越多，可疑数据被错误剔除的可能性越小，准确性越高．因此，在实际生产、科学研究中，当试验数据较少时，也可再补做一些试验数据．

③出现多个异常值时要采用逐个剔除的方法．首先，剔除偏离最大的异常值；其次，利用剩余的数据，重新计算，依据判别准则；最后，进行判别．如此循环反复，逐个剔除，直到剩余的所有数据均不含过失误差为止．因为每剔除一个异常值，剩余数据的计算结果与原计算结果均会有差异，因此不能将多个异常值同时剔除．如果偏差最大的数据不被作为异常值剔除，则其他数据也不需再检验，直接保留．

④相同的一组数据，采用不同准则进行检验时，在给定显著性水平 α 相同的情况下，可能会得出不同的检验结论，这种情况通常会出现在接近剔除临界值的试验数据的检验中．因此，可疑数据检验需结合实际要求的具体情况，选择从严或从宽慎重剔除异常值．

2.4　误差分析在 Excel 软件中的实现

目前有不少现成的统计分析软件使试验数据处理变得更快捷、高效，如统计功能非常强大的 SPSS（statistical package for the social science）、SAS（statistical analysis system）、DPS（data processing system）、Matlab（matrix & laboratory），绘图功能强大的 Origin 软件等．Excel

软件的优势在于普遍性和方便性，容易掌握和使用，适于数据处理中的基础统计分析，因此我们简要介绍下如何利用 Excel 软件实现对试验数据的误差分析 .

2.4.1 数据整理

Excel 的工作界面包括功能区和工作表区两部分（图 2-3），功能区各选项卡下设多个功能模块，如字体、对齐方式、数字、样式、单元格、编辑功能模块均在“开始”选项卡 . 在工作表区中，可根据实际需要插入多个工作表（图 2-4），每个工作表相当于我们日常工作中的一个独立的表格 .

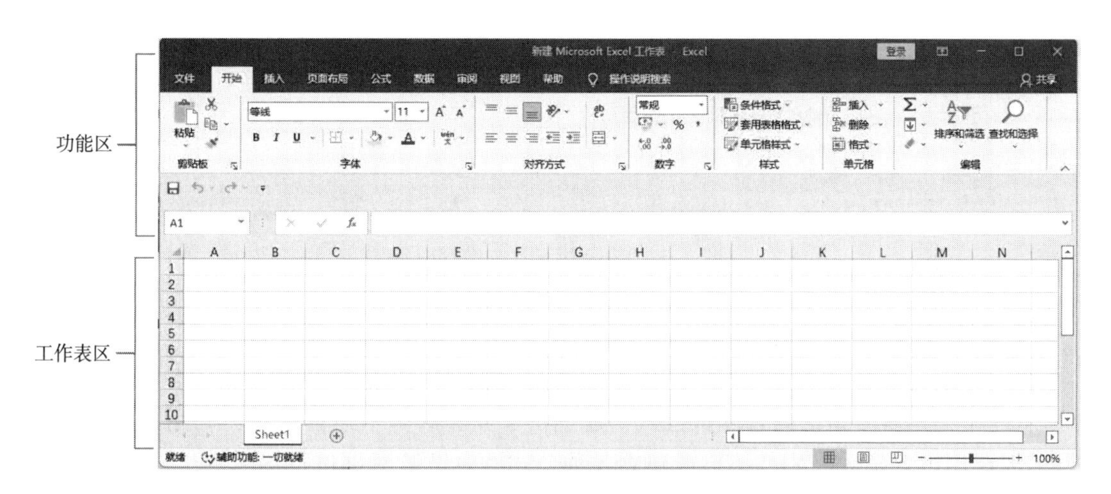

图 2-3　Excel 的工作界面

图 2-4　Excel 新建工作表图示

打开 Excel 工作界面，首先进行数据输入，建立试验数据表格 . 数据可在活动单元格中逐个手动输入，也可根据数据变化规律进行批量输入（图 2-5）. 输入数据的格式默认为常规，在实际的数据分析处理中，有小数点后保留不同位数的数值、日期（年月）、样品编号等数据列，根据需要点击数字功能模块选择相应的数据格式如数字、文本等即可 . 完成数据输入后形成试验数据表格，可利用功能区编辑模块对一组数据进行排序、筛选等处理，如让某列数据从小到大的顺序依次排列等．Excel 界面非常友好，易学易懂，数据整理功能强大，常与某些统计分析软件如 SPSS 配合使用．

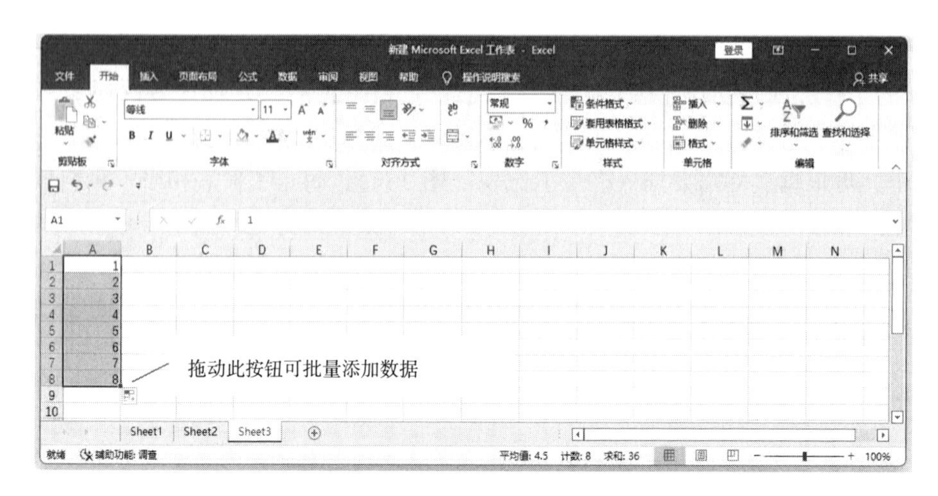

图 2-5　Excel 批量添加数据图示

2.4.2　数据处理常用函数

Excel 中不仅有丰富的内置函数公式，还提供了完整的算术运算符号，利用 Excel 可根据实际需要调用内置函数（图 2-6）或建立各种公式，对试验数据进行运算，生成所需要的数据结果．建立各种公式均以“等号”开始．内置函数包括财务函数、统计函数、数据库函数等多种类别，其中试验结果数据处理的常用函数如表 2-7 所示，前述例题中均值、标准偏差、方差等计算均可通过常用函数完成．

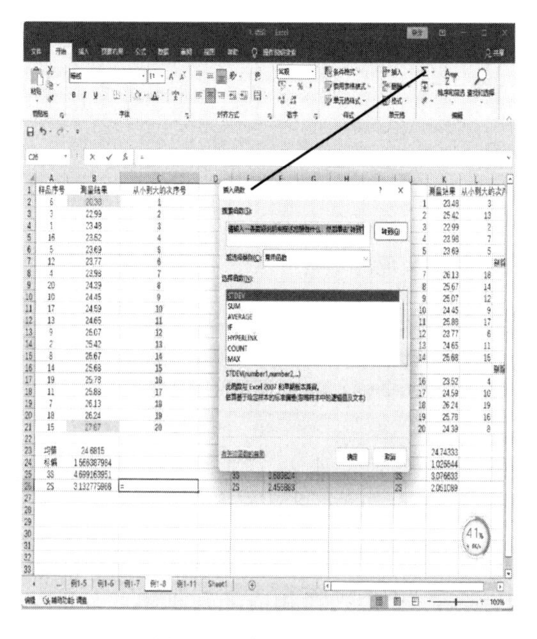

图 2-6　内置函数调用

表 2-7 数据处理中常用的 Excel 内置函数

函数	说明	函数	说明
ABS	计算绝对值	MAX	计算一组数值中的最大值
AVEDEV	计算一组数据点到其算术平均值的绝对偏差的平均值	MAXIFS	计算一组给定条件所指定的单元格的最大值
AVERAGE	计算算术平均值	MEDIAN	计算一组数的中值
CHISQ. DIST. RT	计算卡方分布的右尾概率	MIN	计算一组数值中的最小值
CHISQ. INV. RT	计算具有给定概率的右尾卡方分布的临界值	MINIFS	计算一组给定条件所指定的单元格的最小值
CHISQ. DIST	计算卡方分布的左尾概率	MODE	计算一组数据或数据区域中的众数（出现频率最高的数）
CHISQ. INV	计算具有给定概率的左尾卡方分布的临界值	NORM. INV	计算具有给定概率正态分布的临界值
CONFIDENCE	使用正态分布计算总体平均值的置信区间	NORM. S. INV	计算具有给定概率标准正态分布的临界值
CORREL	计算两组数值的相关系数	PEARSON	计算皮尔逊积矩法的相关系数 R
COS	计算给定角度的余弦值	QUATTILE	计算一组数据的四分位点
COT	计算给定角度的余切值	SQRT	计算数值的平方根
COUNT	计算区域中包含数字的单元格的个数	STANDARDIZE	通过平均值和标准方差计算正态分布的概率值
COUNTA	计算区域中非空单元格的个数	STDEV	估算样本标准偏差
COUNTBLANK	计算某个区域中空单元格的个数	STDEV. P	基于给定样本估算总体标准偏差
COUNTIF	计算某个区域中满足给定条件的单元格个数	SUM	计算单元格区域所有数值的和
COVAR	计算协方差，即每对变量的偏差乘积的均值	SUMIF	计算单元格区域中给定条件的单元格数值的和
COVAPIANCE. P	计算总体协方差	SUMSQ	计算所有参数的平方和
COVARIANCE. S	计算样本协方差	T. TEST	计算 t 检验的概率值
EXP	计算 e 的 n 次方	T. INV	计算 t 分布的左尾临界值
F. DIST	计算两组数据的（左尾）F 概率分布	T. INV. 2T	计算 t 分布的双尾临界值
F. DIST. RT	计算两组数据的（右尾）F 概率分布	VAR	估算基于给定样本的方差
F. TEST	计算 F 检验的结果（双尾）	VARP	计算基于给定的样本总体的方差

2.4.3 统计假设检验在 Excel 软件中的实现

2.4.3.1 χ^2 检验

例 2-11 在例 2-2 中，标准差 $\sigma=0.3$. 测得钾含量（%）分别为 2.45、2.52、2.39、2.54、2.56、2.40、2.42、2.41、2.38、2.45，利用 Excel 软件检测稳定性是否有显著变化（$\alpha=0.05$）.

解 先建立 Excel 工作表，输入试验数据，通过数据计算进行 χ^2 双侧检验，数据处理过程及检验结果如图 2-7 所示. 由 2-7 可知，χ^2 双侧检验中，

$$\chi_0^2 < \chi^2_{1-\frac{\alpha}{2},\ f},$$

即判定仪器维修后检测稳定性发生显著变化.

拓展延伸 检测稳定性是显著变好还是变差. 采用单侧检验，则

$$\chi_0^2 < \chi^2_{0.95,\ 9},$$

或左侧概率

$$1.563\times 10^{-5} < \alpha.$$

说明样本的总体方差较原总体方差显著减小，即仪器维修后，检测稳定性显著变好.

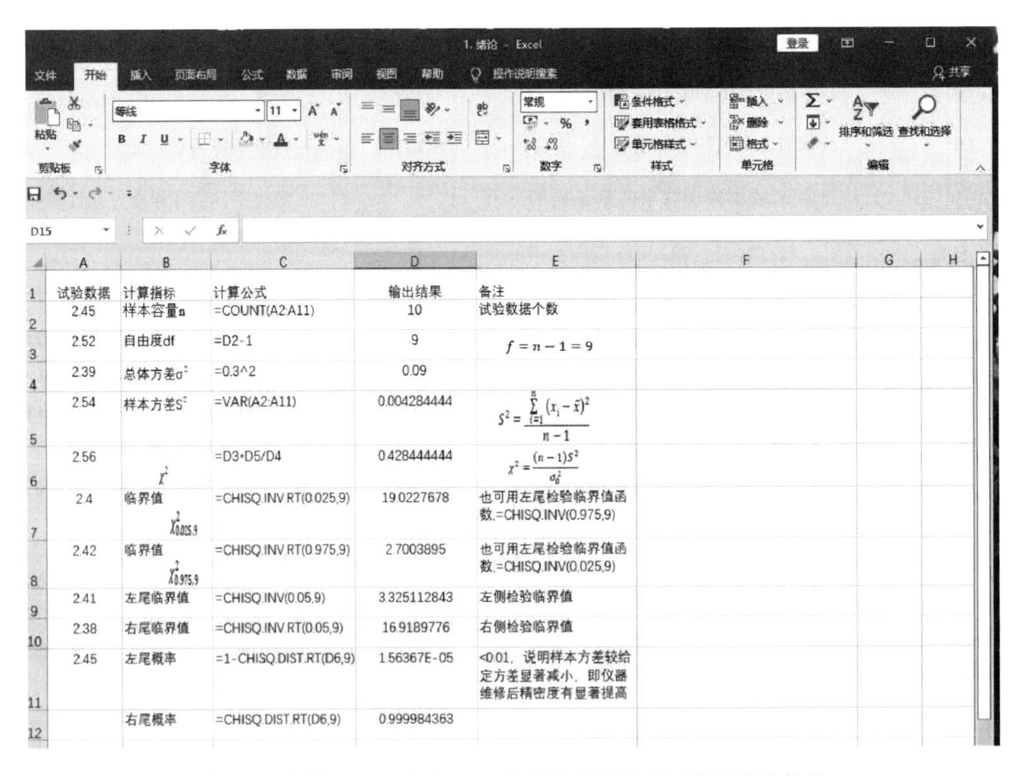

	A	B	C	D	E
1	试验数据	计算指标	计算公式	输出结果	备注
2	2.45	样本容量n	=COUNT(A2:A11)	10	试验数据个数
3	2.52	自由度df	=D2-1	9	$f=n-1=9$
4	2.39	总体方差σ^2	=0.3^2	0.09	
5	2.54	样本方差S^2	=VAR(A2:A11)	0.004284444	$S^2=\frac{\sum_{i=1}^{n}(x_i-\bar{x})^2}{n-1}$
6	2.56	χ^2	=D3*D5/D4	0.428444444	$\chi^2=\frac{(n-1)S^2}{\sigma_0^2}$
7	2.4	临界值 $\chi^2_{0.025,9}$	=CHISQ.INV.RT(0.025,9)	19.0227678	也可用左尾检验临界值函数,=CHISQ.INV(0.975,9)
8	2.42	临界值 $\chi^2_{0.975,9}$	=CHISQ.INV.RT(0.975,9)	2.7003895	也可用左尾检验临界值函数,=CHISQ.INV(0.025,9)
9	2.41	左尾临界值	=CHISQ.INV(0.05,9)	3.325112843	左侧检验临界值
10	2.38	右尾临界值	=CHISQ.INV.RT(0.05,9)	16.9189776	右侧检验临界值
11	2.45	左尾概率	=1-CHISQ.DIST.RT(D6,9)	1.56367E-05	<0.01，说明样本方差较给定方差显著减小，即仪器维修后精密度有显著提高
12		右尾概率	=CHISQ.DIST.RT(D6,9)	0.999984363	

图 2-7 利用 Excel 对例 2-11 进行数据处理的过程及检验结果

2.4.3.2 F 检验

例 2-12 在例 2-3 中，两种方法测定结果分别如下，试利用 Excel 软件检验：两种检测方法的精密度是否有显著差异？

与 A 法相比，B 法检测精密度是否有显著提高（$\alpha=0.05$）？

A：2.45、2.52、2.39、2.54、2.56、2.40、2.42、2.41、2.38、2.45；

B：2.43、2.58、2.34、2.56、2.49、2.46、2.51、2.47、2.36、2.48.

解 ①先建立 Excel 工作表，输入试验数据，通过数据计算进行 F 检验，数据处理过程及检验结果如图 2-8 所示．由图 2-8 可知，F 双侧检验中，

$$F_0=0.728,$$

介于 $F_{\left(1-\frac{\alpha}{2}\right),(f_1,f_2)}=0.2484$ 和 $F_{\frac{\alpha}{2},(f_1,f_2)}=4.0260$ 之间，说明两个正态总体的方差之间无显著差异，即两种检测方法的精密度无显著差异．

E20 | × ✓ fx

	A	B	C	D	E	F
1	试验数据A	试验数据B	计算指标	计算公式	输出结果	
2	2.45	2.43	A样本容量n_1	=COUNT(A2:A11)	10	
3	2.52	2.58	B样本容量n_2	=COUNT(B2:B11)	10	
4	2.39	2.34	自由度f_1	=E2-1	9	
5	2.54	2.56	自由度f_2	=E3-1	9	
6	2.56	2.49	A样本方差 S_1^2	=VAR(A2:A11)	0.004284444	
7	2.4	2.46	B样本方差 S_2^2	=VAR(B2:B11)	0.005884444	
8	2.42	2.51	F	=E6/E7	0.728096677	
9	2.41	2.47	临界值 $F_{\frac{\alpha}{2},(f_1,f_2)}$	=F.INV.RT(0.025,9,9)	4.025994158	
10	2.38	2.36	临界值 $F_{(1-\frac{\alpha}{2}),(f_1,f_2)}$	=F.INV.RT(0.975,9)	0.248385855	
11	2.45	2.48	左尾临界值	=F.INV(0.05,9,9)	0.314574906	
12			右尾临界值	=F.INV(0.95,9,9)	3.178893104	
13			左尾概率	=1-F.DIST.RT(E8,9,9)	0.322029583	
14			右尾概率	=F.DIST.RT(E8,9,9)	0.677970417	
15						
16						

图 2-8 利用 Excel 对例 2-12 进行数据处理的过程及检验结果

②依题意，采用 F 检验法的单侧（左侧）检验：

$$F_0=0.728,\ F_{(1-\alpha),(f_1,f_2)}=F_{0.95,(9,9)}=0.315,$$

$$F_0>F_{(1-\alpha),(f_1,f_2)};$$

或左侧概率

$$0.322>\alpha.$$

判断 B 方法的精密度与 A 方法的精密度相比没有显著提高．

2.4.3.3 u 检验

例 2-13 在例 2-4 中，标准差为 0.2%，含水率真实值 12.5%，测定结果（%）分别为 12.8、12.6、12.7、12.5、12.7、12.8、12.4、12.8、12.5，试检验：

快速水分仪的测量结果是否有系统误差？

若存在系统误差，是否导致测量结果显著偏大或偏小（$\alpha=0.05$）？

解 ①先建立 Excel 工作表，输入试验数据，通过数据计算进行 u 检验，数据处理过程及检验结果如图 2-9 所示．由图 2-9 可知，u 检验中，

$$u_0=2.1667,$$

大于 $u_{\frac{\alpha}{2}} = 1.960$，说明两个正态总体的均值之间有显著差异，即快速水分仪测量结果有系统误差.

B16 fx

	A	B	C	D	E	F
1	试验数据	计算指标	计算公式	输出结果		
2	12.8	样本容量 n	=COUNT(A2:A10)	9		
3	12.6	样本均值	=AVERAGE(A2:A10)	12.64444444		
4	12.7	总体均值	12.5	12.5		
5	12.5	标准偏差	0.2	0.2		
6	12.7	u	= (D3-D4) /SQRT(D5^	2.166666667		
7	12.8	临界值 $u_{\frac{\alpha}{2}}$	=NORM.S.INV(0.975)	1.959963985		
8	12.4	左尾临界值	=NORM.S.INV(0.05)	-1.644853627		
9	12.8	右尾临界值	=NORM.S.INV(0.95)	1.644853627		
10	12.5	左尾概率	=NORM.S.DIST(D6,D6)	0.98486986		
11		右尾概率	=1-NORM.S.DIST(D6,D6	0.01513014		
12						
13						
14						

图 2-9　利用 Excel 对例 2-13 进行数据处理的过程及检验结果

②依题意，采用 u 检验法的单侧检验：

$$u_0 = 2.1667,\ u_\alpha = 1.645,$$

$$u_0 > u_\alpha;$$

或右侧概率

$$0.015 < \alpha.$$

判断样本的总体均值与原总体均值相比显著增大，即快速水分仪的测量结果与标准样品含水率相比显著增大.

拓展延伸　若 $\alpha = 0.01$，则明显地，

右侧概率：

$$0.015 > \alpha,$$

判断样本的总体均值与原总体均值相比没有显著增大，即快速水分仪的测量结果与标准样品含水率相比没有显著增大.

2.4.3.4　t 检验

例 2-14　在例 2-5 中用快速水分仪测定了含水率为 12.5%的标准样品，测定结果（%）分别为 12.8、12.6、12.7、12.5、12.7、12.8、12.4、12.8、12.5，试检验：

快速水分仪的测量结果与标准样品是否有显著差异？

快速水分仪的测量结果与标准样品含水率相比是否显著偏大或偏小（$\alpha = 0.05$）？

解　①先建立 Excel 工作表，输入试验数据，总体方差未知，通过数据计算进行 t 检验，

数据处理过程及结果如图 2-10 所示．由图 2-10 可知，t 检验中，

$$t_0 = 2.871.$$

C27			f_x		
	A	B	C	D	E
1	试验数据	计算指标	计算公式	输出结果	
2	12.8	样本容量n	=COUNT(A2:A10)	9	
3	12.6	自由度f	=D2-1	8	
4	12.7	样本均值	=AVERAGE(A2:A10)	12.64444444	
5	12.5	总体均值	12.5	12.5	
6	12.7	样本方差	=VAR(A2:A10)	0.022777778	
7	12.8	t	=（D4-D5）/SQRT(D6/D2)	2.871219678	
8	12.4	临界值 $t_{\frac{\alpha}{2},f}$	=T.INV(0.975,D3)	2.306004135	
9	12.8	左尾临界值	=T.INV(0.05,D3)	-1.859548038	
10	12.5	右尾临界值	=T.INV(0.95,D3)	1.859548038	
11		左尾概率	=1-T.DIST(D7,D3)	0.989605027	
12		右尾概率	=T.DIST.RT(D7,D3)	0.010394973	
13					
14					

图 2-10　利用 Excel 对例 2-14 进行数据处理的过程及检验结果

显然，$t_0 > t_{\frac{\alpha}{2},f} = 2.306$，说明两个正态总体的均值之间有显著差异，即快速水分仪测量结果有系统误差．

②依题意，采用 t 检验法的单侧检验：

$$t_0 = 2.1667,\ t_0 > 0.$$

右侧检验：

$$t_{\alpha,f} = 1.860,$$

$$t_0 > t_\alpha.$$

或右侧概率：

$$0.0104 < \alpha.$$

判断样本的总体均值与原总体均值相比显著增大，即快速水分仪的测量结果与标准样品含水率相比显著增大．

拓展延伸　若 $\alpha = 0.01$，则右侧概率：

$$0.0104 > \alpha.$$

判断样本的总体均值与原总体均值相比没有显著增大，即快速水分仪的测量结果与标准样品含水率相比没有显著增大．

思考与练习

①按误差性质不同，可将误差划分为哪几类？各有什么特点？

②试述假设检验的概念、基本思想及假设检验给出的判断可能存在的错误.

③试述假设检验的基本步骤是什么.

④甲、乙两人用同一方法测定卷烟滤嘴通风率，测得结果（%）分别为：

甲：16.8、20.5、19.6、21.4、18.5、19.3、21.8、22.2、20.7、19.2，

乙：19.6、21.5、22.0、18.5、19.2、20.8、21.6、21.7、20.7、19.8.

甲、乙两人所测滤嘴通风率的精密度是否有显著差异（$\alpha = 0.05$）?

⑤通过长期生产检验积累，已知某牌号卷烟吸阻指标服从正态分布 $N(1170, 25^2)$. 加工参数优化调整后，该牌号卷烟吸阻指标（Pa）抽检结果为1125、1168、1185、1174、1142、1153、1188、1196、1200、1178、1145、1156、1191、1187、1169、1139、1186、1190、1175、1162、1158、1164、1197、1184、1165、1157、1177、1182、1179、1168. 加工参数优化调整后，卷烟吸阻稳定性是否显著提高（$\alpha = 0.05$）?

⑥某细支卷烟批次A和批次B的焦油量指标抽检结果（mg/支）分别为：

A：6.5、6.8、7.2、7.9、6.6、6.9、7.5、7.7、7.1、6.7，

B：7.6、6.4、6.7、7.3、6.2、7.5、6.5、7.2、6.8、7.2.

该牌号细支卷烟的焦油量指标在批次A、B之间是否有显著差异（$\alpha = 0.05$）?

⑦不同植烟产区中部烟烟叶的叶质重的抽检结果（g/m^2）分别为：

豫西：70.6、67.8、85.6、62.0、81.0、73.6、74.7、72.6，

豫东：67.8、79.8、89.6、74.7、85.2、82.4、63.2、55.9、80.6、73.6.

试用秩和检验法，检验豫西、豫东两个植烟产区的中部烟叶质重是否有显著差异（$\alpha = 0.05$）?

⑧某牌号卷烟的同一批次配方烟丝的填充值抽检结果（cm^3/g）分别为：4.16、4.21、4.05、3.96、4.12、4.18、4.15、3.74、4.38、4.15、4.11，试用格拉布斯检验法，检验该组数据是否存在异常值应被剔除（$\alpha=0.05$）.

3 方差分析

思政元素——
从方差分析看主次

试验结果往往受多种因素以及不同因素之间交互作用的综合影响．如从废次烟叶中提取烟碱，提取方法、提取溶剂、提取温度、提取时间、提取次数等诸多因素以及因素间的交互作用对烟碱提取率均有影响．搞清楚这些因素对试验结果影响的重要程度，就能抓住主要矛盾，高效解决实际问题，如确定影响烟碱提取率的主要因素，确定最优提取工艺，可为解决废次烟叶资源综合开发利用的实际问题提供思路．

要搞清楚哪些是主要影响因素，哪些是次要影响因素，因素间的交互作用对试验结果是否有显著影响等这些问题，就需借助于合适的数据处理方法对试验结果进行分析．英国统计学家 R. A. Fisher 提出的方差分析（analysis of variance，ANOVA），就是解决此类问题的重要数据处理方法．

利用方差分析可以检验两个及两个以上的样本平均值差异的显著程度，判断样本是否来自同一个正态总体．如可检验某试验因素多个试验水平下试验结果的均值差异是否显著，并由此判断该试验因素对试验结果的影响是否显著等．

本章主要介绍单因素方差分析、双因素无重复方差分析和双因素等重复方差分析．至于多因素方差分析，将安排在后续章节结合试验设计方法进行阐述．

3.1 方差分析的基本思想

方差分析的基本思想是把试验数据的总波动分解为两部分，一部分反映由可控因素试验条件变化引起的数据波动，另一部分反映由不可控因素造成试验误差引起的数据波动．然后，进行比较，借助 F 检验法，确定可控因素不同试验条件下的试验结果是否有显著差异，即可控因素对试验结果是否有显著影响．

在方差分析过程中，我们以数据的总偏差平方和（记为 S_T）表示试验数据的总波动，以各因素的偏差平方和（记为 S_A，S_B，⋯）表示各可控因素试验条件变化引起的数据波动，以偶然性的试验误差引起的偏差平方和（记为 S_e）表示不可控因素变化引起的数据波动．显然，$S_T=S_A+S_B+\cdots+S_e$，然后计算各自的平均偏差平方和，即均方差（记为 V_A，V_B，⋯，V_e），再进行比较，借助 F 检验法，确定 A，B，⋯等可控因素对试验结果是否有显著影响．

3.2 单因素试验方差分析

单因素方差分析通常用于考察一种因素对试验结果是否有显著影响．如考察因素 A 对试验结果是否有显著影响，收集因素 A 不同水平下的试验数据（表3-1）. 其中，A_i 表示因素 A 的第 i 个水平，n_i 表示因素 A 的第 i 个水平下共有 n_i 个试验数据，x_{ij} 表示因素 A 第 i 个水平下第 j 次试验的试验结果. 单因素方差分析中，因素 A 不同水平下的试验数据个数可相同也可不同.

表 3-1　试验数据表

因素水平	试验次数					
	1	2	…	j	…	n_i
A_1	x_{11}	x_{12}	…	x_{1j}	…	x_{1n_1}
A_2	x_{21}	x_{22}	…	x_{2j}	…	x_{2n_2}
⋮	⋮	⋮	⋮	⋮	⋮	⋮
A_i	x_{i1}	x_{i2}	…	x_{ij}	…	x_{in_i}
⋮	⋮	⋮	⋮	⋮	⋮	⋮
A_r	x_{r1}	x_{r2}	…	x_{rj}	…	x_{rn_r}

3.2.1　单因素方差分析的一般步骤

利用获得的试验数据进行方差分析，一般需要经过偏差平方和的分解、自由度的计算、均方差的计算、显著性检验及列出方差分析表等几个步骤.

3.2.1.1　*偏差平方和的分解*

（1）计算总的偏差平方和 S_T

总偏差平方和反映总的数据波动，是各试验数据与所有试验数据的平均值即总平均值的偏差平方和，计算公式为：

$$S_T = \sum_{i=1}^{r}\sum_{j=1}^{n_i}(x_{ij} - \bar{x})^2. \tag{3-1}$$

式中，

$$\bar{x} = \frac{1}{n_T}\sum_{i=1}^{r}\sum_{j=1}^{n_i}x_{ij}, \tag{3-2}$$

$$n_T = \sum_{i=1}^{r}n_i, \tag{3-3}$$

即 $\bar{x}$ 为所有试验数据的平均值，n_T 为所有试验数据的个数.

（2）计算组间偏差平方和 S_A

组间偏差平方和反映的是因素 A 不同水平引起的数据波动，是各试验水平下的试验数据平均值与总平均值的偏差平方和，计算公式为：

$$S_A = \sum_{i=1}^{r}\sum_{j=1}^{n_i}(\bar{x}_i - \bar{x})^2 = \sum_{i=1}^{r}n_i(\bar{x}_i - \bar{x})^2, \tag{3-4}$$

$$\bar{x}_i = \frac{1}{n_i}\sum_{j=1}^{n_i}x_{ij}, \tag{3-5}$$

即 $\bar{x}_i$ 为第 i 个水平下试验数据的平均值，r 为因素 A 的水平个数．

（3）计算组内偏差平方和 S_e

组内偏差平方和反映的是偶然误差引起的数据波动，是各试验水平下试验数据与该水平下的试验数据平均值的偏差平方和，计算公式为：

$$S_e = \sum_{i=1}^{r}\sum_{j=1}^{n_i}(x_{ij} - \bar{x}_i)^2. \tag{3-6}$$

由数学公式推导（此处省略推导过程）可知：

$$S_T = S_A + S_e. \tag{3-7}$$

即通过计算我们将总的数据波动 S_T 分解为由可控因素 A 水平变化引起的数据波动 S_A 和由偶然误差引起的数据波动 S_e 两部分．在实际计算过程中，S_e 常通过 S_T、S_A 求差值获得．

3.2.1.2　计算自由度

从偏差平方和的计算公式可以看出，试验数据越多，参与求和的数据项也会越多，相应的偏差平方和就会越大，直接比较组间偏差平方和、组内偏差平方和的大小，结果会受参与求和项多少这一因素的干扰．因此，为消除这一干扰因素的影响，需考虑利用各偏差平方和的均方差，试验数据各偏差平方和由于受各种条件的约束，均方差并不是算术意义上的偏差平方和除以相应的求和项数，而是除以相应的自由度，总偏差平方和、组间偏差平方和、组内偏差平方和对应的自由度分别为：

总的偏差平方和 S_T 对应的自由度（总自由度）

$$f_T = n_T - 1, \tag{3-8}$$

组间偏差平方和 S_A 对应的自由度（组间自由度）

$$f_A = r - 1, \tag{3-9}$$

组内偏差平方和 S_e 对应的自由度（组内自由度）

$$f_e = n_T - r, \tag{3-10}$$

显然，

$$f_T = f_A + f_e. \tag{3-11}$$

总自由度是由于受 $\sum_{i=1}^{r}\sum_{j=1}^{n_i}(x_{ij} - \bar{x}_{..}) = 0$ 这一条件的约束，因此为试验数据总数减去 1；组间自由度是由于各水平平均数 $\bar{x}_i$ 要受 $\sum_{i=1}^{r}(\bar{x}_i - \bar{x}) = 0$ 这一条件的约束，因此为试验水平个数减去 1；组内自由度是由于受 r 个条件的约束即 $\sum_{j=1}^{n_i}(x_{ij} - \bar{x}_i) = 0(i = 1, 2, \cdots, r)$，因此为试验数据总数减去 r. 值得注意的是，在实际计算过程中，通常先计算总自由度 f_T、组间自由度 f_A，组内自由度 f_e 通过（$f_T - f_A$）计算获得．

3.2.1.3　计算均方差

总的均方差 MS_T：

$$MS_T = \frac{S_T}{f_T}. \tag{3-12}$$

组间均方差 MS_A：

$$MS_A = \frac{S_A}{f_A}. \tag{3-13}$$

组内均方差 MS_e：

$$MS_e = \frac{S_e}{f_e}. \tag{3-14}$$

3.2.1.4　显著性检验（F 检验）

以组间均方差 MS_A 和组内均方差 MS_e 之比构建 F 统计量，即

$$F = \frac{MS_A}{MS_e} \sim F_{(f_A,\ f_e)}. \tag{3-15}$$

F 统计量服从第一自由度为 f_A 、第二自由度为 f_e 的 F 分布．对于给定显著性水平 α，查 F 分布表（附录2）得 $F_{\alpha(f_A,\ f_e)}$ ；根据试验数据计算获得 F 值（记为 F_0）；将 F_0 与 $F_{\alpha(f_A,\ f_e)}$ 比较，如果 $F_0 > F_{\alpha(f_A,\ f_e)}$，则判定因素 A 对试验结果有显著影响；如果 $F_0 \leqslant F_{\alpha(f_A,\ f_e)}$，则判定因素 A 对试验结果无显著影响．

如果因素 A 对试验结果无显著影响，即 MS_A 反映的数据波动也只是由偶然误差引起的，那么各水平下的试验数据可看作是同一个正态总体 $N(\mu,\ \sigma^2)$ 的随机抽样样本。相应地，MS_T 、MS_A 、MS_e 均可看作是总体方差 σ^2 的无偏估计，因此 F 值应接近于 1.

如果因素 A 对试验结果有显著影响，说明 MS_A 中除了偶然误差引起的数据波动，还应包含因素 A 的水平变化引起的数据波动，此时 MS_A 应明显大于 MS_e，即 F 值应明显大于 1. F 值多大算是明显大于 1，或者说 F 值多小算是接近于 1，需要一个判断的临界值．构建服从 F 分布的 F 统计量，是借助 F 检验，从统计学角度给出判断因素 A 对试验结果有无显著影响的临界值．

3.2.1.5　列出方差分析表

为了使方差分析的结果更直观、清楚地呈现，通常将计算结果列入方差分析表中，其表现形式通常如表 3-2 所示．

表 3-2　单因素方差分析表

方差来源	偏差平方和	自由度	均方差	F 值	F_α	显著性
组间（因素 A）	S_A	f_A	MS_A	F_0		
组内（误差 e）	S_e	f_e	MS_e			
总和	S_T	f_T				

值得注意的是，不同统计软件输出的方差分析表略有差异，如 SPSS 统计软件方差分析结果并不输出 F_α 这一列的数据．如 Excel、SPSS 统计软件输出的方差分析表中，显著性以 P 值表示，$P < 0.01$ 时，表示在显著性水平 α 取 0.01 时，因素 A 对试验结果有显著影响；$0.01 \leqslant P < 0.05$ 时，表示在显著性水平 α 取 0.05 时，因素 A 对试验结果有显著影响；$P \geqslant 0.05$ 时，表示在显著性水平 α 取 0.05 时，因素 A 对试验结果无显著影响．

DPS 统计软件输出的方差分析表中，显著性以“ * ”符号表示，显著性一列出现“ ** ”

时，表示在显著性水平 α 取 0.01 时，因素 A 对试验结果有显著影响；显著性一列出现“ * ”时，表示在显著性水平 α 取 0.05 时，因素 A 对试验结果有显著影响；显著性一列无“ * ”符号出现时，表示在显著性水平 α 取 0.05 时，因素 A 对试验结果无显著影响.

有些教材或统计软件教程中，以极显著、显著和无显著影响简要表述因素 A 对试验结果的影响程度，通常以“因素 A 对试验结果有极显著影响”表示“在显著性水平 α 取 0.01 时，因素 A 对试验结果有显著影响”；以“因素 A 对试验结果有显著影响”表示“在显著性水平 α 取 0.05 时，因素 A 对试验结果有显著影响”.

显著性水平 α 取 0.05 还是 0.01，视生产或科研实际问题具体情况而定.

3.2.2 单因素方差分析的应用

例 3-1 为考察曲靖烟区烤烟种植品种对烟叶焦油量的影响，在该烟区烟叶生产基地收集 P1、P2、P3、P4 等品种烟叶样品，烟叶年份、部位、等级、单料烟卷制后烟支单支重、吸阻等其他条件保持一致，检测分析各样品烟叶焦油量指标，试验结果如表 3-3 所示．试分析烤烟种植品种对烟叶焦油量是否有显著影响.

思政元素——用方差分析理论指导实践

表 3-3 曲靖烟区不同品种烤烟烟叶焦油量检测结果（mg/支）

烤烟品种	1	2	3	4	5
P1	12.56	13.24	12.98	13.57	13.12
P2	14.65	15.33	15.46	14.95	15.02
P3	14.21	13.88	13.62	13.47	13.52
P4	15.37	15.65	15.25	15.72	16.38

解 （1）计算偏差平方和

根据题意，水平数 $r = 4$，每个水平下重复试验次数 $n_i = 5$，则

$$n_T = \sum_{i=1}^{r} n_i = 20, \ \bar{x} = \frac{1}{n_T}\sum_{i=1}^{r}\sum_{j=1}^{n_i} x_{ij} = \frac{1}{20}\sum_{i=1}^{4}\sum_{j=1}^{5} x_{ij} = 14.398,$$

$$S_T = \sum_{i=1}^{r}\sum_{j=1}^{n_i}(x_{ij} - \bar{x})^2 = \sum_{i=1}^{4}\sum_{j=1}^{5}(x_{ij} - \bar{x})^2 = 23.256,$$

$$\bar{x}_1 = \frac{1}{n_1}\sum_{j=1}^{n_1} x_{1j} = \frac{1}{5}\sum_{j=1}^{5} x_{1j} = 13.094.$$

同理，

$$\bar{x}_2 = \frac{1}{n_2}\sum_{j=1}^{n_2} x_{2j} = \frac{1}{5}\sum_{j=1}^{5} x_{2j} = 15.082,$$

$$\bar{x}_3 = \frac{1}{n_3}\sum_{j=1}^{n_3} x_{3j} = \frac{1}{5}\sum_{j=1}^{5} x_{3j} = 13.74,$$

$$\bar{x}_4 = \frac{1}{n_4}\sum_{j=1}^{n_4} x_{4j} = \frac{1}{5}\sum_{j=1}^{5} x_{4j} = 15.674,$$

$$S_A = \sum_{i=1}^{r}\sum_{j=1}^{n_i}(\bar{x}_i - \bar{x})^2 = \sum_{i=1}^{4}\sum_{j=1}^{5}(\bar{x}_i - \bar{x})^2 = \sum_{i=1}^{4}5 \times (\bar{x}_i - \bar{x})^2 = 21.147,$$

$$S_e = S_T - S_A = 23.256 - 21.147 = 2.109.$$

（2）计算自由度

$$f_T = n_T - 1 = 20 - 1 = 19,$$

$$f_A = r - 1 = 4 - 1 = 3,$$

$$f_e = n_T - r = 20 - 4 = 16.$$

（3）计算均方差

$$MS_T = \frac{S_T}{f_T} = \frac{23.256}{19} = 1.224,$$

$$MS_A = \frac{S_A}{f_A} = \frac{21.147}{3} = 7.049,$$

$$MS_e = \frac{S_e}{f_e} = \frac{2.109}{16} = 0.132.$$

（4）显著性检验

$$F_0 = \frac{MS_A}{MS_e} = \frac{7.049}{0.132} = 53.488,$$

查表：

$$F_{\alpha(f_A,\ f_e)} = F_{0.05(3,\ 16)} = 3.24,$$

$$F_{\alpha(f_A,\ f_e)} = F_{0.01(3,\ 16)} = 5.29.$$

（5）列出方差分析表（表 3-4）

表 3-4　单因素方差分析表

方差来源	偏差平方和	自由度	均方差	F 值	F_α	显著性
组间（品种）	21.147	3	7.049	53.488	$F_{0.05(3,\ 16)} = 3.24$	
组内（误差）	2.109	16	0.132		$F_{0.01(3,\ 16)} = 5.29$	**
总和	23.256	19				

$F_0 > F_{0.01(3,\ 16)}$，判定烤烟品种对烤烟烟叶原料的焦油量有极显著影响，或者说，判定烤烟品种在 $\alpha = 0.01$ 水平下对烤烟烟叶原料的焦油量有显著影响 .

值得注意的是，在计算过程中，由于小数点后有效位数的保留情况不同，会导致各变量的计算结果稍有差异，但通常情况下，不会影响判断结果 .

例 3-2　为考察某烟区烤烟种植海拔对烟叶焦油量的影响，收集种植在 1800~1900m、1900~2000m、2100m 以上等海拔段烟叶样品，烟叶品种、年份、部位、等级、单料烟卷制后烟支单支重、吸阻等其他条件保持一致，检测分析各样品烟叶焦油量指标，试验结果如表 3-5 所示 . 试分析烤烟种植海拔对焦油量是否有显著影响 .

表 3-5 某烟区不同种植海拔烤烟烟叶焦油量检测结果（mg/支）

种植海拔（m）	1	2	3	4	5
1800～1900	15.49	16.25	15.54	15.68	15.66
1900～2000	14.85	15.12	14.65	14.87	
≥2100	13.73	13.56	14.57		

解 （1）计算偏差平方和

根据题意，水平数 $r=3$，重复试验次数 $n_1=5$，$n_2=4$，$n_3=3$. 则

$$n_T=\sum_{i=1}^{r}n_i=12,$$

$$\bar{x}=\frac{1}{n_T}\sum_{i=1}^{r}\sum_{j=1}^{n_i}x_{ij}=\frac{1}{12}\sum_{i=1}^{3}\sum_{j=1}^{n_i}x_{ij}=14.850,$$

$$S_T=\sum_{i=1}^{r}\sum_{j=1}^{n_i}(x_{ij}-\bar{x})^2=\sum_{i=1}^{3}\sum_{j=1}^{n_i}(x_{ij}-\bar{x})^2=7.301,$$

$$\bar{x}_1=\frac{1}{n_1}\sum_{j=1}^{n_1}x_{1j}=\frac{1}{5}\sum_{j=1}^{5}x_{1j}=15.724.$$

同理，

$$\bar{x}_2=\frac{1}{n_2}\sum_{j=1}^{n_2}x_{2j}=\frac{1}{4}\sum_{j=1}^{4}x_{2j}=14.873,$$

$$\bar{x}_3=\frac{1}{n_3}\sum_{j=1}^{n_3}x_{3j}=\frac{1}{3}\sum_{j=1}^{3}x_{3j}=13.953,$$

$$S_A=\sum_{i=1}^{r}\sum_{j=1}^{n_i}(\bar{x}_i-\bar{x})^2=\sum_{i=1}^{3}\sum_{j=1}^{n_i}(\bar{x}_i-\bar{x})^2=n_1(\bar{x}_1-\bar{x})^2+n_2(\bar{x}_2-\bar{x})^2+n_3(\bar{x}_3-\bar{x})^2=6.234.$$

$$S_e=S_T-S_A=7.301-6.234=1.067.$$

（2）计算自由度

$$f_T=n_T-1=12-1=11,$$
$$f_A=r-1=3-1=2,$$
$$f_e=n_T-r=12-3=9.$$

（3）计算均方差

$$MS_T=\frac{S_T}{f_T}=\frac{7.301}{11}=0.664,$$

$$MS_A=\frac{S_A}{f_A}=\frac{6.234}{2}=3.117,$$

$$MS_e=\frac{S_e}{f_e}=\frac{1.067}{9}=0.119.$$

（4）显著性检验

$$F_0=\frac{MS_A}{MS_e}=\frac{3.117}{0.119}=26.193,$$

查表：

$$F_{\alpha(f_A,\ f_e)}=F_{0.05(2,\ 9)}=4.26,$$
$$F_{\alpha(f_A,\ f_e)}=F_{0.01(2,\ 9)}=8.02.$$

（5）列出方差分析表（表 3-6）

表 3-6　单因素方差分析表

方差来源	偏差平方和	自由度	均方差	F 值	F_α	显著性
组间（海拔）	6.234	2	3.117	26.193	$F_{0.05(2,\ 9)}=4.26$	**
组内（误差）	1.067	9	0.119		$F_{0.01(2,\ 9)}=8.02$	
总和	7.301	11				

$F_0>F_{0.01(2,\ 9)}$，判定烤烟种植海拔高度对烟叶原料焦油量有极显著影响，即为烤烟种植海拔高度在 $\alpha=0.01$ 水平下对烟叶原料焦油量有显著影响 .

在试验数据处理过程中，若没有指定显著性水平 α 的取值，通常默认 α 取 0.05.

值得注意的是，虽然单因素方差分析中，并不要求各水平下的试验次数完全相同 . 但在总试验次数相同的情况下，各水平下试验次数相同时，试验的精度相对会更高一些 . 因此，根据生产、科研实际，应尽可能地安排各试验水平下的试验次数相等 .

3.3　双因素无重复试验方差分析

当考察两个因素对试验结果的影响时，需用双因素方差分析 . 双因素方差分析的基本思想、一般步骤与单因素方差分析基本相似，双因素无重复试验方差分析适用于两个因素之间无交互作用或交互作用小到可以忽略不计的情况，换言之，双因素无重复试验不能考察两因素交互作用对试验结果影响是否显著 .

考察因素 A、因素 B 对试验结果的影响程度，收集因素 A、因素 B 不同水平组合下的试验数据（表 3-7）. 其中，A_i 表示因素 A 的第 i 个水平，B_j 表示因素 B 的第 j 个水平，x_{ij} 表示因素 A 第 i 个水平、因素 B 第 j 个水平即 A_iB_j 下的试验结果 . 试验因素 A 共有 a 个水平，试验因素 B 共有 b 个水平 . 因素 A 和因素 B 各水平组合下只有一个试验数据，即因素 A 和因素 B 的各水平组合只做一次试验 .

表 3-7　试验数据表

因素水平	B_1	B_2	…	B_j	…	B_b
A_1	x_{11}	x_{12}	…	x_{1j}	…	x_{1b}
A_2	x_{21}	x_{22}	…	x_{2j}	…	x_{2b}
⋮	⋮	⋮	⋮	⋮	⋮	⋮
A_i	x_{i1}	x_{i2}	…	x_{ij}	…	x_{ib}
⋮	⋮	⋮	⋮	⋮	⋮	⋮
A_a	x_{a1}	x_{a2}	…	x_{aj}	…	x_{ab}

3.3.1 双因素无重复试验方差分析的一般步骤

利用双因素不同水平组合下获得的试验数据，进行方差分析，一般需要经过如下步骤．

3.3.1.1 偏差平方和的分解

类比单因素方差分析步骤，计算总的偏差平方和 S_T 、组间偏差平方和 S_A 、S_B 、组内偏差平方和 S_e ．

（1）计算总的偏差平方和 S_T

$$S_T = \sum_{i=1}^{a} \sum_{j=1}^{b} (x_{ij} - \bar{x})^2, \tag{3-16}$$

其中，

$$\bar{x} = \frac{1}{n} \sum_{i=1}^{a} \sum_{j=1}^{b} x_{ij}, \tag{3-17}$$

$$n = a \times b. \tag{3-18}$$

式中：$\bar{x}$ 为所有试验数据的均值；n 为试验数据的个数；a 为因素 A 的水平数；b 为因素 B 的水平数．

（2）计算组间偏差平方和 S_A 、S_B

组间偏差平方和 S_A 反映的是因素 A 不同水平引起的数据波动，反映了因素 A 对试验结果的影响：

$$S_A = b \sum_{i=1}^{a} (\bar{x}_{i.} - \bar{x})^2. \tag{3-19}$$

式中，

$$\bar{x}_{i.} = \frac{1}{b} \sum_{j=1}^{b} x_{ij}, \tag{3-20}$$

即 $\bar{x}_{i.}$ 为因素 A 第 i 个水平下试验数据的平均值；b 为因素 A 第 i 个水平下试验数据的个数．

组间偏差平方和 S_B 反映的是因素 B 不同水平引起的数据波动，反映了因素 B 对试验结果的影响：

$$S_B = a \sum_{j=1}^{b} (\bar{x}_{.j} - \bar{x})^2. \tag{3-21}$$

式中，

$$\bar{x}_{.j} = \frac{1}{a} \sum_{i=1}^{a} x_{ij}, \tag{3-22}$$

即 $\bar{x}_{.j}$ 为因素 B 第 j 个水平下试验数据的平均值；a 为因素 B 第 j 个水平下的试验数据个数．

（3）计算组内偏差平方和 S_e

组内偏差平方和 S_e 反映的是偶然误差引起的数据波动，反映的是偶然误差对试验结果的影响：

$$S_e = \sum_{i=1}^{a} \sum_{j=1}^{b} (x_{ij} - \bar{x}_{i.} - \bar{x}_{.j} + \bar{x})^2. \tag{3-23}$$

不难证明（推导过程略）：

$$S_T = \sum_{i=1}^{a}\sum_{j=1}^{b}(x_{ij} - \bar{x})^2 = b\sum_{i=1}^{a}(\bar{x}_{i.} - \bar{x}_{..})^2 + a\sum_{j=1}^{b}(\bar{x}_{.j} - \bar{x}_{..})^2 + \sum_{i=1}^{a}\sum_{j=1}^{b}(x_{ij} - \bar{x}_{i.} - \bar{x}_{.j} + \bar{x}_{..})^2, \tag{3-24}$$

即

$$S_T = S_A + S_B + S_e. \tag{3-25}$$

通过计算，我们将总的数据波动 S_T 分解为三部分，一部分是由因素 A 水平变化引起的数据波动 S_A，另一部分是由因素 B 水平变化引起的数据波动 S_B，还有一部分是由偶然误差引起的数据波动 S_e .

3.3.1.2　计算自由度

总偏差平方和 S_T 对应的自由度：

$$f_T = n - 1. \tag{3-26}$$

组间偏差平方和 S_A 对应的自由度：

$$f_A = a - 1. \tag{3-27}$$

组间偏差平方和 S_B 对应的自由度：

$$f_B = b - 1. \tag{3-28}$$

组内偏差平方和对应的自由度：

$$f_e = f_T - f_A - f_B = ab - 1 - (a - 1) - (b - 1) = (a - 1) \times (b - 1). \tag{3-29}$$

3.3.1.3　计算均方差

组间均方差 MS_A：

$$MS_A = \frac{S_A}{f_A}. \tag{3-30}$$

组间均方差 MS_B：

$$MS_B = \frac{S_B}{f_B}. \tag{3-31}$$

组内均方差 MS_e：

$$MS_e = \frac{S_e}{f_e}. \tag{3-32}$$

3.3.1.4　显著性检验（F 检验）

分别以组间均方差 MS_A、MS_B 和组内均方差 MS_e 之比构建统计量 F_A、F_B，即

$$F_A = \frac{MS_A}{MS_e} \sim F_{(f_A, f_e)}, \tag{3-33}$$

$$F_B = \frac{MS_B}{MS_e} \sim F_{(f_B, f_e)}. \tag{3-34}$$

对于给定显著性水平 α，查 F 分布表（附录 2）得 $F_{\alpha(f_A, f_e)}$、$F_{\alpha(f_B, f_e)}$；根据试验数据计算获得 F_{A0}、F_{B0} 值；将 F_{A0} 与 $F_{\alpha(f_A, f_e)}$ 比较，如果 $F_{A0} > F_{\alpha(f_A, f_e)}$，则判定因素 A 对试验结果有显著影响；如果 $F_{A0} \leq F_{\alpha(f_A, f_e)}$，则判定因素 A 对试验结果无显著影响．同理，如果 $F_{B0} >$

$F_{\alpha(f_B, f_e)}$，则判定因素 B 对试验结果有显著影响；如果 $F_{B0} \leqslant F_{\alpha(f_B, f_e)}$，则判定因素 B 对试验结果无显著影响.

3.3.1.5 列出方差分析表

双因素无重复方差分析表的格式常如表 3-8 所示.

表 3-8 双因素无重复方差分析表

方差来源	偏差平方和	自由度	均方差	F 值	F_α	显著性
组间（因素 A）	S_A	f_A	MS_A	F_{A0}		
组间（因素 B）	S_B	f_B	MS_B	F_{B0}		
组内（误差 e）	S_e	f_e	MS_e			
总和	S_T	f_T				

不同统计软件输出的双因素方差分析表略有差异，Excel、SPSS 统计软件输出的方差分析表中，显著性以 P 值表示；DPS 统计软件输出的方差分析表中，显著性以“ * ”符号表示.在实际应用时，应视具体情况解析方差分析表，如在 Excel 中，双因素无重复方差分析表中，方差来源这一列，显示的是“行”“列”“误差”和“总计”，在实际问题中，需将行、列对应到具体因素，以得到各因素对试验结果影响的显著程度.

显著性水平 α 的取值，视生产或科研实际问题具体情况而定.

3.3.2 双因素无重复试验方差分析的应用

例 3-3 为考察河南烤烟烟叶种植地区、着生部位对烤烟烟叶含梗率的影响，进行双因素试验，试验结果见表 3-9. 试分析产地、部位对烤烟烟叶含梗率是否有显著影响.

表 3-9 不同产地、部位的烟叶样品含梗率检测均值 单位:%

部位	豫中	豫西	豫南	豫东
上部	25.52	24.76	29.76	24.73
中部	28.25	28.28	33.12	28.84
下部	29.68	31.67	33.04	27.92

解 根据题意，部位因素（记为因素 A）的水平数 $a = 3$，产地因素（记为因素 B）的水平数 $b = 4$，试验数据个数 $n = ab = 12$.

（1）计算偏差平方和

$$\bar{x} = \frac{1}{n}\sum_{i=1}^{a}\sum_{j=1}^{b} x_{ij} = \frac{1}{12}\sum_{i=1}^{3}\sum_{j=1}^{4} x_{ij} = 28.797,$$

$$S_T = \sum_{i=1}^{a}\sum_{j=1}^{b}(x_{ij} - \bar{x})^2 = \sum_{i=1}^{3}\sum_{j=1}^{4}(x_{ij} - 28.797)^2 = 91.602,$$

$$\bar{x}_{1.} = \frac{1}{4}\sum_{j=1}^{4} x_{1j} = 26.191 \bar{x}_{2.} = \frac{1}{4}\sum_{j=1}^{4} x_{2j} = 29.620,$$

$$\bar{x}_{3.} = \frac{1}{4}\sum_{j=1}^{4} x_{3j} = 30.578,$$

$$S_A = b\sum_{i=1}^{a}(\bar{x}_{i.} - \bar{x})^2 =$$

$$[(26.191 - 28.797)^2 + (29.620 - 28.797)^2 + (30.578 - 28.797)^2] \times 4 = 42.552$$

$$\bar{x}_{.1} = \frac{1}{3}\sum_{i=1}^{3} x_{i1} = 27.816 \quad \bar{x}_{.2} = \frac{1}{3}\sum_{i=1}^{3} x_{i2} = 28.237$$

$$\bar{x}_{.3} = \frac{1}{3}\sum_{i=1}^{3} x_{i3} = 31.973 \quad \bar{x}_{.4} = \frac{1}{3}\sum_{i=1}^{3} x_{i1} = 27.160,$$

$$S_B = a\sum_{j=1}^{b}(\bar{x}_{.j} - \bar{x})^2 = [(27.816 - 28.797)^2 + (28.237 - 28.797)^2 +$$

$$(31.973 - 28.797)^2 + (27.160 - 28.797)^2] \times 3 = 42.121$$

$$S_e = S_T - S_A - S_B = 91.602 - 42.552 - 42.121 = 6.930.$$

（2）计算自由度

$$f_T = n - 1 = 12 - 1 = 11 \quad f_A = a - 1 = 3 - 1 = 2,$$

$$f_B = b - 1 = 4 - 1 = 3 \quad f_e = f_T - f_A - f_B = 11 - 2 - 3 = 6.$$

（3）计算均方差

$$MS_A = \frac{S_A}{f_A} = \frac{42.552}{2} = 21.276,$$

$$MS_B = \frac{S_B}{f_B} = \frac{42.121}{3} = 14.040,$$

$$MS_e = \frac{S_e}{f_e} = \frac{6.930}{6} = 1.155.$$

（4）显著性检验

$$F_{A0} = \frac{MS_A}{MS_e} = \frac{21.276}{1.155} = 18.421 \quad F_{B0} = \frac{MS_B}{MS_e} = \frac{14.040}{1.155} = 12.156.$$

查表：

$$F_{\alpha(f_A, f_e)} = F_{0.05(2, 6)} = 5.14 \quad F_{\alpha(f_A, f_e)} = F_{0.01(2, 6)} = 10.92,$$

$$F_{\alpha(f_B, f_e)} = F_{0.05(3, 6)} = 4.76 \quad F_{\alpha(f_B, f_e)} = F_{0.01(3, 6)} = 9.78.$$

（5）列出方差分析表（表 3-10）

表 3-10　双因素无重复方差分析表

方差来源	偏差平方和	自由度	均方差	F 值	F_α	显著性
组间（部位）	42.552	2	21.276	18.421	$F_{0.05(2, 6)} = 5.14$	**
组间（产地）	42.121	3	14.040	12.156	$F_{0.01(2, 6)} = 10.92$	**
组内（误差 e）	6.930	6	1.1555		$F_{0.05(3, 6)} = 4.76$	
总和	91.602	11			$F_{0.01(3, 6)} = 9.78$	

$F_{A0} > F_{0.01(2, 6)}$，判定因素 A 即着生部位对烟叶含梗率有极显著影响；或者说，判定烟叶

着生部位在 $\alpha = 0.01$ 水平下对烟叶含梗率有显著影响.

$F_{B0} > F_{0.01(3,\ 6)}$，判定因素 B 即产地对烟叶含梗率有极显著影响；或者说，判定烟叶产地在 $\alpha = 0.01$ 水平下对烟叶含梗率有显著影响.

3.4　双因素等重复试验方差分析

双因素无重复试验只适用于两个因素之间无交互作用或交互作用较小可忽略不计的情况.在生产实际、科学研究中，有时除了要考察某试验因素对试验结果的影响外，还要考察该试验因素与另一试验因素的交互作用对试验指标的影响.这时，双因素无重复试验的每个水平组合下只有一个试验数据，无法估计真正的试验误差，或者说此时估算的试验误差引起的数据波动是包含交互作用的影响在内的.因此，双因素无重复试验不能考察两个因素的交互作用对试验结果的影响.

如果在实际问题中，已知两个因素之间存在不能忽略的交互作用，需设计双因素等重复试验，即因素 A、因素 B 各水平组合下的试验次数不低于 2 次.将总的数据波动分解为因素 A、因素 B、因素 A 和 B 的交互作用（通常记为 $A \times B$）、试验误差等不同方面引起的数据波动，借助 F 检验，考察因素 A、因素 B、交互作用（$A \times B$）对试验结果影响的显著程度.

如考察因素 A、因素 B、两因素的交互作用（$A \times B$）对试验结果是否有显著影响，则收集因素 A、因素 B 不同水平组合下的试验数据（表 3-11）.其中，A_i 表示因素 A 的第 i 个水平，B_j 表示因素 B 的第 j 个水平，x_{ijk} 表示因素 A 第 i 个水平、因素 B 第 j 个水平即 A_iB_j 下第 k 次的试验结果.试验因素 A 共有 a 个水平，试验因素 B 共有 b 个水平.因素 A 和因素 B 各水平组合下有 r 个试验数据，即不同水平组合下各进行 r 次重复试验.

表 3-11　试验数据表

因素	B_1	B_2	…	B_j	…	B_b
A_1	x_{111}	x_{121}	…	x_{1j1}	…	x_{1b1}
	x_{112}	x_{122}	…	x_{1j2}	…	x_{1b2}
	⋮	⋮	⋮	⋮	⋮	⋮
	x_{11r}	x_{12r}	…	x_{1jr}	…	x_{1br}
A_2	x_{211}	x_{221}	…	x_{2j2}	…	x_{2b1}
	x_{212}	x_{222}	…	x_{2j2}	…	x_{2b2}
	⋮	⋮	⋮	⋮	⋮	⋮
	x_{21r}	x_{22r}	…	x_{2jr}	…	x_{2br}
⋮	⋮	⋮	⋮	⋮	⋮	⋮
A_i	x_{i11}	x_{i21}	…	x_{ij1}	…	x_{ib1}
	x_{i12}	x_{i22}	…	x_{ij2}	…	x_{ib2}

续表

因素	B_1	B_2	…	B_j	…	B_b
	⋮	⋮	⋮	⋮	⋮	⋮
	x_{i1r}	x_{i2r}	…	x_{ijr}	…	x_{ibr}
⋮	⋮	⋮	⋮	⋮	⋮	⋮
A_a	x_{a11}	x_{a21}	…	x_{aj1}	…	x_{ab1}
	x_{a12}	x_{a22}	…	x_{aj2}	…	x_{ab2}
	⋮	⋮	⋮	⋮	⋮	⋮
	x_{a1r}	x_{a2r}	…	x_{ajr}	…	x_{abr}

3.4.1 交互作用

在多因素试验中，有些因素对试验结果的影响常常是密切相关的，即某因素除了因素本身对试验结果有影响外，与其他因素之间的水平搭配对试验结果也有较大影响，这种因素水平之间的联合搭配，我们通常称为交互作用．

如某烟叶生产试验基地，设置种植密度和施氮量两个因素的三水平裂区实验，每个水平组合重复3次试验，即设置3个小区，考察种植密度［（行距×株距）/cm］、施氮量及其交互作用对烤烟烟气特性的影响，单料单支长度84.00mm，圆周24.5mm，选用（0.9±0.01）g和（1000±50）Pa的烟支测定烟气特性指标，总粒相物测定结果见表3-12.

表3-12　不同种植密度、施氮量条件下总粒相物检测均值　　单位：mg/支

种植密度	B_1（减氮40%）	B_2（常规施氮）	B_3（增氮40%）	B_2-B_1	B_3-B_1	B_3-B_2
A_1（120×50）	16.89	16.97	17.97	0.08	1.08	1.00
A_2（130×40）	14.95	17.73	17.71	2.78	2.76	-0.02
A_3（110×45）	15.78	16.39	16.89	0.61	1.11	0.50
A_2-A_1	-1.94	0.76	-0.26			
A_3-A_1	-1.11	-0.58	-1.08			
A_3-A_2	0.83	-1.34	-0.82			

由表3-12可以看出，不同种植密度下，烤烟施氮量增加相同的情况下，总粒相物的增量是不同的；不同施氮量情况下，种植密度增加量相同，总粒相物的减少量也是不相同的．以B_2（常规施氮）、A_2（130×40）为基准，总粒相物为17.73mg/支，施氮量增加到B_3（增氮40%）时，总粒相物减少0.02mg/支；种植密度增加到A_3（110×45）时，总粒相物减少1.34mg/支；但施氮量和种植密度同时从第2个水平变化到第3个水平时，总粒相物减少量=$|16.89-17.73|=0.84$mg/支，并不等于$0.02+1.34=1.36$mg/支，少减少的这一部分即0.52mg/支就是受种植密度和施氮量的交互作用影响的结果．

3.4.2 双因素等重复试验方差分析的一般步骤

3.4.2.1 计算偏差平方和

类比单因素方差分析步骤，计算总的偏差平方和 S_T 、组间偏差平方和 S_A 、S_B 、$S_{A\times B}$ 和组内偏差平方和 S_e .

（1）计算总的偏差平方和 S_T

$$S_T = \sum_{i=1}^{a} \sum_{j=1}^{b} \sum_{k=1}^{r} (x_{ijk} - \bar{x})^2. \tag{3-35}$$

其中，

$$\bar{x} = \frac{1}{n} \sum_{i=1}^{a} \sum_{j=1}^{b} \sum_{k=1}^{r} x_{ijk}, \tag{3-36}$$

$$n = a \times b \times r. \tag{3-37}$$

式中：$\bar{x}$ 为所有试验数据的均值；n 为试验数据的个数；a 为因素 A 的水平数；b 为因素 B 的水平数；r 为各水平组合下的试验次数 .

（2）计算组间偏差平方和 S_A 、S_B 、$S_{A\times B}$

组间偏差平方和 S_A 反映的是因素 A 不同水平引起的数据波动，反映了因素 A 对试验结果的影响：

$$S_A = br \sum_{i=1}^{a} (\bar{x}_{i..} - \bar{x})^2. \tag{3-38}$$

式中，

$$\bar{x}_{i..} = \frac{1}{br} \sum_{j=1}^{b} \sum_{k=1}^{r} x_{ijk}. \tag{3-39}$$

即 $\bar{x}_{i..}$ 为因素 A 第 i 个水平下试验数据的平均值 .

组间偏差平方和 S_B 反映的是因素 B 不同水平引起的数据波动，反映了因素 B 对试验结果的影响：

$$S_B = ar \sum_{j=1}^{b} (\bar{x}_{.j.} - \bar{x})^2. \tag{3-40}$$

式中，

$$\bar{x}_{.j.} = \frac{1}{ar} \sum_{i=1}^{a} \sum_{k=1}^{r} x_{ijk}. \tag{3-41}$$

即 $\bar{x}_{.j.}$ 为因素 B 第 j 个水平下试验数据的平均值 .

组间偏差平方和 $S_{A\times B}$ 反映的是因素 A 和因素 B 的交互作用 $A\times B$ 引起的数据波动，反映了交互作用 $A\times B$ 对试验结果的影响：

$$S_{A\times B} = r \sum_{i=1}^{a} \sum_{j=1}^{b} (\bar{x}_{ij.} - \bar{x}_{i..} - \bar{x}_{.j.} + \bar{x})^2. \tag{3-42}$$

式中，

$$\bar{x}_{ij.} = \frac{1}{r} \sum_{k=1}^{r} x_{ijk}. \tag{3-43}$$

即 $\bar{x}_{ij.}$ 为因素 A 第 i 个水平下、因素 B 第 j 个水平下的重复试验数据的平均值 .

（3）计算组内偏差平方和 S_e

组内偏差平方和 S_e 反映的是偶然误差引起的数据波动，反映的是偶然误差对试验结果的影响：

$$S_e = \sum_{i=1}^{a}\sum_{j=1}^{b}\sum_{k=1}^{r}(x_{ijk} - \bar{x}_{ij.})^2. \tag{3-44}$$

不难证明（推导过程此处略）：

$$S_T = \sum_{i=1}^{a}\sum_{j=1}^{b}\sum_{k=1}^{r}(x_{ijk} - \bar{x})^2 = br\sum_{i=1}^{a}(\bar{x}_{i..} - \bar{x})^2 + ar\sum_{j=1}^{b}(\bar{x}_{.j.} - \bar{x})^2 +$$
$$r\sum_{i=1}^{a}\sum_{j=1}^{b}(\bar{x}_{ij.} - \bar{x}_{i..} - \bar{x}_{.j.} + \bar{x})^2 + \sum_{i=1}^{a}\sum_{j=1}^{b}\sum_{k=1}^{r}(x_{ijk} - \bar{x}_{ij.})^2, \tag{3-45}$$

即

$$S_T = S_A + S_B + S_{A\times B} + S_e. \tag{3-46}$$

即通过计算我们将总的数据波动 S_T 分解为由因素 A 水平变化引起的数据波动 S_A 、由因素 B 水平变化引起的数据波动 S_B 、由因素 A 和因素 B 的交互作用 $A\times B$ 引起的数据波动 $S_{A\times B}$ 和由偶然误差引起的数据波动 S_e .

3.4.2.2 计算自由度

总偏差平方和 S_T 对应的自由度：

$$f_T = n - 1. \tag{3-47}$$

组间偏差平方和 S_A 对应的自由度：

$$f_A = a - 1. \tag{3-48}$$

组间偏差平方和 S_B 对应的自由度：

$$f_B = b - 1. \tag{3-49}$$

组间偏差平方和 $S_{A\times B}$ 对应的自由度：

$$f_{A\times B} = (a - 1)(b - 1). \tag{3-50}$$

组内偏差平方和 S_e 对应的自由度：

$$f_e = f_T - f_A - f_B - f_{A\times B} = ab(r - 1). \tag{3-51}$$

3.4.2.3 计算均方差

组间均方差 MS_A ：

$$MS_A = \frac{S_A}{f_A}. \tag{3-52}$$

组间均方差 MS_B ：

$$MS_B = \frac{S_B}{f_B}. \tag{3-53}$$

组间均方差 $MS_{A\times B}$ ：

$$MS_{A\times B} = \frac{S_{A\times B}}{f_{A\times B}}. \tag{3-54}$$

组内均方差 MS_e ：

$$MS_e = \frac{S_e}{f_e}. \tag{3-55}$$

3.4.2.4 显著性检验（F 检验）

分别以组间均方差 MS_A、MS_B、$MS_{A\times B}$ 和组内均方差 MS_e 之比构建统计量 F_A、F_B、$F_{A\times B}$，即

$$F_A=\frac{MS_A}{MS_e}\sim F_{(f_A,\ f_e)}, \tag{3-56}$$

$$F_B=\frac{MS_B}{MS_e}\sim F_{(f_B,\ f_e)}, \tag{3-57}$$

$$F_{A\times B}=\frac{MS_{A\times B}}{MS_e}\sim F_{(f_{A\times B},\ f_e)}. \tag{3-58}$$

对于给定显著性水平 α，查 F 分布表（附录 2）得 $F_{\alpha(f_A,\ f_e)}$、$F_{\alpha(f_B,\ f_e)}$、$F_{\alpha(f_{A\times B},\ f_e)}$；根据试验数据计算获得 F_{A0}、F_{B0}、$F_{(A\times B)0}$ 值；将 F_{A0} 与 $F_{\alpha(f_A,\ f_e)}$ 比较，如果 $F_{A0}>F_{\alpha(f_A,\ f_e)}$，则判定因素 A 对试验结果有显著影响；如果 $F_{A0}\leqslant F_{\alpha(f_A,\ f_e)}$，则判定因素 A 对试验结果无显著影响．同理，如果 $F_{B0}>F_{\alpha(f_B,\ f_e)}$，则判定因素 B 对试验结果有显著影响；如果 $F_{B0}\leqslant F_{\alpha(f_B,\ f_e)}$，则判定因素 B 对试验结果无显著影响；如果 $F_{(A\times B)0}>F_{\alpha(f_{A\times B},\ f_e)}$，则判定交互作用 $A\times B$ 对试验结果有显著影响；如果 $F_{(A\times B)0}\leqslant F_{\alpha(f_{A\times B},\ f_e)}$，则判定交互作用 $A\times B$ 对试验结果无显著影响．

3.4.2.5 列出方差分析表

双因素等重复试验方差分析表一般如表 3-13 所示．

表 3-13 双因素等重复方差分析表

方差来源	偏差平方和	自由度	均方差	F 值	F_α	显著性
组间（因素 A）	S_A	f_A	MS_A	F_{A0}		
组间（因素 B）	S_B	f_B	MS_B	F_{B0}		
组间（交互作用 $A\times B$）	$S_{A\times B}$	$f_{A\times B}$	$MS_{A\times B}$	$F_{(A\times B)0}$		
组内（误差 e）	S_e	f_e	MS_e			
总和	S_T	f_T				

3.4.3 双因素等重复试验方差分析的应用

例 3-4 罗汉果富含多种香味成分，用于卷烟加香可改善香气品质、增补甜感、丰富卷烟香韵．现采用索氏抽提法制备罗汉果浸膏，为考察料液比（g∶mL）、乙醇体积分数（%）及二者交互作用对提取罗汉果浸膏的香味成分总量是否有显著影响（$\alpha=0.05$）．设计双因素等重复实验方案，结果如表 3-14 所示．

表 3-14 不同料液比、乙醇体积分数下罗汉果浸膏香味成分总量检测结果 单位：mg/g

料液比（g∶mL）	乙醇体积分数（%）											
	B_1（70%）			B_2（80%）			B_3（90%）			B_4（100%）		
A_1（1∶5）	5.22	5.72	4.84	8.29	7.62	8.87	8.55	9.67	8.99	10.34	10.88	9.77
A_2（1∶10）	5.86	6.24	6.71	8.75	9.78	9.19	10.28	9.46	10.62	12.95	13.64	12.32
A_3（1∶15）	6.64	6.28	7.36	9.68	9.12	10.21	9.79	10.76	10.23	12.37	11.49	12.74

解 由题意，料液比（记为因素 A）有 3 个水平，即 $a=3$；乙醇体积分数（记为因素 B）有 4 个水平，即 $b=4$；A、B 两个因素的组合下有 3 次重复试验，即 $r=3$.

（1）偏差平方和的分解

①计算总的偏差平方和 S_T .

$$n=a\times b\times r=3\times 4\times 3=36,$$

$$\bar{x}=\frac{1}{n}\sum_{i=1}^{a}\sum_{j=1}^{b}\sum_{k=1}^{r}x_{ijk}=\frac{1}{36}\sum_{i=1}^{3}\sum_{j=1}^{4}\sum_{k=1}^{3}x_{ijk}=9.201,$$

$$S_T=\sum_{i=1}^{a}\sum_{j=1}^{b}\sum_{k=1}^{r}(x_{ijk}-\bar{x})^2=\sum_{i=1}^{3}\sum_{j=1}^{4}\sum_{k=1}^{3}(x_{ijk}-9.201)^2=180.335.$$

②计算组间偏差平方和 S_A 、S_B 、$S_{A\times B}$.

因素 A 第 i 个水平下试验数据的平均值：

$$\bar{x}_{1..}=\frac{1}{br}\sum_{j=1}^{b}\sum_{k=1}^{r}x_{1jk}=8.230,\ \bar{x}_{2..}=\frac{1}{br}\sum_{j=1}^{b}\sum_{k=1}^{r}x_{2jk}=9.650,$$

$$\bar{x}_{3..}=\frac{1}{br}\sum_{j=1}^{b}\sum_{k=1}^{r}x_{3jk}=9.723.$$

组间偏差平方和 S_A ：

$$S_A=br\sum_{i=1}^{a}(\bar{x}_{i..}-\bar{x})^2=4\times 3\times\sum_{i=1}^{3}(\bar{x}_{i..}-\bar{x})^2=16.997.$$

因素 B 第 j 个水平下试验数据的平均值：

$$\bar{x}_{.1.}=\frac{1}{ar}\sum_{i=1}^{a}\sum_{k=1}^{r}x_{i1k}=6.097,\ \bar{x}_{.2.}=\frac{1}{ar}\sum_{i=1}^{a}\sum_{k=1}^{r}x_{i2k}=9.057,$$

$$\bar{x}_{.3.}=\frac{1}{ar}\sum_{i=1}^{a}\sum_{k=1}^{r}x_{i3k}=9.817,\ \bar{x}_{.4.}=\frac{1}{ar}\sum_{i=1}^{a}\sum_{k=1}^{r}x_{i4k}=11.833,$$

$$S_B=ar\sum_{j=1}^{b}(\bar{x}_{.j.}-\bar{x})^2=3\times 3\times\sum_{j=1}^{4}(\bar{x}_{.j.}-\bar{x})^2=152.694.$$

因素 A 第 i 个水平下、因素 B 第 j 个水平下的重复试验数据的平均值：

$$\bar{x}_{11.}=\frac{1}{3}\sum_{k=1}^{3}x_{11k}=5.260,\ \bar{x}_{12.}=\frac{1}{3}\sum_{k=1}^{3}x_{12k}=8.26,$$

$$\bar{x}_{13.}=\frac{1}{3}\sum_{k=1}^{3}x_{13k}=9.07,\ \bar{x}_{14.}=\frac{1}{3}\sum_{k=1}^{3}x_{14k}=10.33,$$

$$\bar{x}_{21.}=\frac{1}{3}\sum_{k=1}^{3}x_{21k}=6.27,\ \bar{x}_{22.}=\frac{1}{3}\sum_{k=1}^{3}x_{22k}=9.24,$$

$$\bar{x}_{23.}=\frac{1}{3}\sum_{k=1}^{3}x_{23k}=10.12,\ \bar{x}_{24.}=\frac{1}{3}\sum_{k=1}^{3}x_{24k}=12.97,$$

$$\bar{x}_{31.}=\frac{1}{3}\sum_{k=1}^{3}x_{31k}=6.76,\ \bar{x}_{32.}=\frac{1}{3}\sum_{k=1}^{3}x_{32k}=9.67,$$

$$\bar{x}_{33.}=\frac{1}{3}\sum_{k=1}^{3}x_{33k}=10.26,\ \bar{x}_{34.}=\frac{1}{3}\sum_{k=1}^{3}x_{34k}=12.20.$$

组间偏差平方和 $S_{A\times B}$ ：

$$S_{A\times B}=r\sum_{i=1}^{a}\sum_{j=1}^{b}(\bar{x}_{ij.}-\bar{x}_{i..}-\bar{x}_{.j.}+\bar{x})^2=3\times\sum_{i=1}^{3}\sum_{j=1}^{4}(\bar{x}_{ij.}-\bar{x}_{i..}-\bar{x}_{.j.}+\bar{x})^2=3.244.$$

③计算组内偏差平方和 S_e：

$$S_e=\sum_{i=1}^{a}\sum_{j=1}^{b}\sum_{k=1}^{r}(x_{ijk}-\bar{x}_{ij.})^2=S_T-S_A-S_B-S_{A\times B}=7.400.$$

（2）计算自由度

①总的自由度.

$$f_T=n-1=36-1=35.$$

②组间自由度.

$$f_A=a-1=3-1=2,\ f_B=b-1=4-1=3,$$

$$f_{A\times B}=(a-1)(b-1)=2\times3=6.$$

③组内自由度.

$$f_e=f_T-f_A-f_B-f_{A\times B}=ab(r-1)=3\times4\times2=24.$$

（3）计算均方差

①组间均方差 MS_A.

$$MS_A=\frac{S_A}{f_A}=\frac{16.997}{2}=8.498.$$

②组间均方差 MS_B.

$$MS_B=\frac{S_B}{f_B}=\frac{152.694}{3}=50.898.$$

③组间均方差 $MS_{A\times B}$.

$$MS_{A\times B}=\frac{S_{A\times B}}{f_{A\times B}}=\frac{3.244}{6}=0.541.$$

④组内均方差 MS_e.

$$MS_e=\frac{S_e}{f_e}=\frac{7.400}{24}=0.308.$$

（4）显著性检验（F 检验）

分别以组间均方差 MS_A 、MS_B 、$MS_{A\times B}$ 和组内均方差 MS_e 之比构建统计量 F_A 、F_B 、$F_{A\times B}$，则

$$F_{A0}=\frac{MS_A}{MS_e}=\frac{8.498}{0.308}=27.561,\ F_{B0}=\frac{MS_B}{MS_e}=\frac{50.898}{0.308}=165.065,$$

$$F_{(A\times B)0}=\frac{MS_{A\times B}}{MS_e}=\frac{0.541}{0.308}=1.754.$$

对于给定显著性水平 $\alpha=0.05$，查 F 分布表（附录 2）得

$$F_{\alpha(f_A,\ f_e)}=F_{0.05(2,\ 24)}=3.40,\ F_{\alpha(f_B,\ f_e)}=F_{0.05(3,\ 24)}=3.01,$$

$$F_{\alpha(f_{A\times B},\ f_e)}=F_{0.05(6,\ 24)}=2.51.$$

$F_{A0}>F_{\alpha(f_A,\ f_e)}$，判定因素 A 对试验结果有显著影响，即提取料液比对罗汉果浸膏香味成分总量有显著影响；$F_{B0}>F_{\alpha(f_B,\ f_e)}$，判定因素 B 对试验结果有显著影响，即乙醇体积分数对罗汉果浸膏香味成分总量有显著影响；$F_{(A\times B)0}<F_{\alpha(f_{A\times B},\ f_e)}$，判定交互作用 $A\times B$ 对试验结果无显

著影响，即提取料液比与乙醇体积分数的交互作用对罗汉果浸膏香味成分总量无显著影响.

（5）列出方差分析表（表 3-15）

表 3-15 料液比、乙醇体积分数双因素对浸膏香味成分的方差分析结果

方差来源	偏差平方和	自由度	均方差	F 值	F_α	显著性
因素 A（料液比）	16.997	2	8.4988	27.561	3.40	6.07×10^{-7}
因素 B（乙醇体积分数）	152.694	3	50.898	165.065	3.01	3.75×10^{-16}
交互作用 $A\times B$	3.244	6	0.541	1.754	2.51	0.152
组内（误差 e）	7.400	24	0.308			
总和	180.335	35				

给定显著性水平 $\alpha=0.05$ 条件下，提取料液比、乙醇体积分数对罗汉果浸膏香味成分的总生成量均有显著影响，提取料液比与乙醇体积分数的交互作用对罗汉果浸膏香味成分的总生成量无显著影响.

值得注意的是，在双因素等重复试验中，当因素 A、因素 B 对试验指标有显著影响，而因素 A、因素 B 的交互作用对试验指标无显著影响时，因素 A、因素 B 可单独确定各自的优水平，作为双因素试验的最优水平组合.

例 3-5 某烟叶生产试验基地，设置种植密度和施氮量两个因素的三水平裂区实验，每个水平组合重复 3 次试验，即设置 3 个小区，考察种植密度［（行距×株距）/cm］、施氮量及其交互作用对烤烟烟气特性的影响，单料单支长度 84.00mm，圆周 24.5mm，选用（0.9±0.01）g 和（1000±50）Pa 的烟支测定烟气特性指标，总粒相物测定结果见表 3-16. 种植密度、施氮量及二者的交互作用对总粒相物生成量是否有显著影响（$\alpha=0.05$）.

表 3-16 不同种植密度、施氮量条件下总粒相物检测结果（mg/支）

种植密度	B_1（减氮 40%）			B_2（常规施氮）			B_3（增氮 40%）		
A_1（120×50）	16.52	17.31	16.84	16.98	17.31	16.62	17.59	17.96	18.36
A_2（130×40）	14.21	15.06	15.58	17.34	17.87	17.98	17.53	17.72	17.88
A_3（110×45）	16.20	15.46	15.68	15.96	16.24	16.97	16.63	16.98	17.06

解 由题意，种植密度（记为因素 A）有 3 个水平，即 $a=3$；施氮量（记为因素 B）有 3 个水平，即 $b=3$；A、B 两个因素的组合下有 3 次重复试验，即 $r=3$.

（1）偏差平方和的分解

①计算总的偏差平方和 S_T.

$$n = a\times b\times r = 3\times3\times3 = 27,$$

$$\bar{x} = \frac{1}{n}\sum_{i=1}^{a}\sum_{j=1}^{b}\sum_{k=1}^{r}x_{ijk} = \frac{1}{27}\sum_{i=1}^{3}\sum_{j=1}^{3}\sum_{k=1}^{3}x_{ijk} = 16.809,$$

$$S_T = \sum_{i=1}^{a}\sum_{j=1}^{b}\sum_{k=1}^{r}(x_{ijk}-\bar{x})^2 = \sum_{i=1}^{3}\sum_{j=1}^{3}\sum_{k=1}^{3}(x_{ijk}-16.809)^2 = 26.252.$$

②计算组间偏差平方和 S_A、S_B、$S_{A\times B}$.

组间偏差平方和 S_A ：

$$\bar{x}_{1..}=\frac{1}{br}\sum_{j=1}^{b}\sum_{k=1}^{r}x_{1jk}=17.277,\quad \bar{x}_{2..}=\frac{1}{br}\sum_{j=1}^{b}\sum_{k=1}^{r}x_{2jk}=16.797,$$

$$\bar{x}_{3..}=\frac{1}{br}\sum_{j=1}^{b}\sum_{k=1}^{r}x_{3jk}=16.353,\quad S_A=br\sum_{i=1}^{a}(\bar{x}_{i..}-\bar{x})^2=3.838.$$

因素 B 第 j 个水平下试验数据的平均值：

$$\bar{x}_{.1.}=\frac{1}{ar}\sum_{i=1}^{a}\sum_{k=1}^{r}x_{i1k}=15.873,\quad \bar{x}_{.2.}=\frac{1}{ar}\sum_{i=1}^{a}\sum_{k=1}^{r}x_{i2k}=17.030,$$

$$\bar{x}_{.3.}=\frac{1}{ar}\sum_{i=1}^{a}\sum_{k=1}^{r}x_{i3k}=17.523,\quad S_B=ar\sum_{j=1}^{b}(\bar{x}_{.j.}-\bar{x})^2=12.911.$$

因素 A 第 i 个水平下、因素 B 第 j 个水平下的重复试验数据的平均值：

$$\bar{x}_{11.}=\frac{1}{3}\sum_{k=1}^{3}x_{11k}=16.890,\quad \bar{x}_{12.}=\frac{1}{3}\sum_{k=1}^{3}x_{12k}=16.970,$$

$$\bar{x}_{13.}=\frac{1}{3}\sum_{k=1}^{3}x_{13k}=17.970,\quad \bar{x}_{21.}=\frac{1}{3}\sum_{k=1}^{3}x_{21k}=14.950,$$

$$\bar{x}_{22.}=\frac{1}{3}\sum_{k=1}^{3}x_{22k}=17.730,\quad \bar{x}_{23.}=\frac{1}{3}\sum_{k=1}^{3}x_{23k}=17.71,$$

$$\bar{x}_{31.}=\frac{1}{3}\sum_{k=1}^{3}x_{31k}=15.780,\quad \bar{x}_{32.}=\frac{1}{3}\sum_{k=1}^{3}x_{32k}=16.390,$$

$$\bar{x}_{33.}=\frac{1}{3}\sum_{k=1}^{3}x_{33k}=16.890.$$

组间偏差平方和 $S_{A\times B}$ ：

$$S_{A\times B}=r\sum_{i=1}^{a}\sum_{j=1}^{b}(\bar{x}_{ij.}-\bar{x}_{i..}-\bar{x}_{.j.}+\bar{x})^2=3\times\sum_{i=1}^{3}\sum_{j=1}^{3}(\bar{x}_{ij.}-\bar{x}_{i..}-\bar{x}_{.j.}+\bar{x})^2=6.462.$$

③计算组内偏差平方和 S_e.

$$S_e=\sum_{i=1}^{a}\sum_{j=1}^{b}\sum_{k=1}^{r}(x_{ijk}-\bar{x}_{ij.})^2=S_T-S_A-S_B-S_{A\times B}=3.040.$$

（2）计算自由度

总的自由度：

$$f_T=n-1=27-1=26.$$

组间自由度：

$$f_A=a-1=3-1=2f_B=b-1=3-1=2,$$
$$f_{A\times B}=(a-1)(b-1)=2\times 2=4.$$

组内自由度：

$$f_e=f_T-f_A-f_B-f_{A\times B}=ab(r-1)=3\times 3\times 2=18.$$

（3）计算均方差

组间均方差 MS_A：

$$MS_A=\frac{S_A}{f_A}=\frac{3.838}{2}=1.919.$$

组间均方差 MS_B：

$$MS_B=\frac{S_B}{f_B}=\frac{12.911}{2}=6.456.$$

组间均方差 $MS_{A\times B}$：

$$MS_{A\times B}=\frac{S_{A\times B}}{f_{A\times B}}=\frac{6.462}{4}=1.616.$$

组内均方差 MS_e：

$$MS_e=\frac{S_e}{f_e}=\frac{3.040}{18}=0.169.$$

（4）显著性检验（F 检验）

分别以组间均方差 MS_A 、MS_B 、$MS_{A\times B}$ 和组内均方差 MS_e 之比构建统计量 F_A 、F_B 、$F_{A\times B}$，则

$$F_{A0}=\frac{MS_A}{MS_e}=\frac{1.919}{0.169}=11.364,\quad F_{B0}=\frac{MS_B}{MS_e}=\frac{6.456}{0.169}=38.224,$$

$$F_{(A\times B)0}=\frac{MS_{A\times B}}{MS_e}=\frac{1.616}{0.169}=9.566.$$

对于给定显著性水平 $\alpha=0.05$，查 F 分布表（附录2）得

$$F_{\alpha(f_A,\ f_e)}=F_{\alpha(f_B,\ f_e)}=F_{0.05(2,\ 18)}=3.55,$$

$$F_{\alpha(f_{A\times B},\ f_e)}=F_{0.05(4,\ 18)}=2.93.$$

$F_{A0}>F_{\alpha(f_A,\ f_e)}$，判定因素 A 对试验结果有显著影响，即在给定显著性水平 $\alpha=0.05$ 下烤烟种植密度对总粒相物有显著影响；$F_{B0}>F_{\alpha(f_B,\ f_e)}$，判定因素 B 对试验结果有显著影响，即在给定显著性水平 $\alpha=0.05$ 下烤烟施氮量对总粒相物有显著影响；$F_{(A\times B)0}>F_{\alpha(f_{A\times B},\ f_e)}$，判定交互作用 $A\times B$ 对试验结果有显著影响，即在给定显著性水平 $\alpha=0.05$ 下烤烟种植密度与施氮量的交互作用对总粒相物有显著影响．

（5）列出方差分析表（表 3-17）

表 3-17　种植密度、施氮量双因素对总粒相物的方差分析结果

方差来源	偏差平方和	自由度	均方差	F 值	F_α	显著性
因素 A（种植密度）	3.838	2	1.919	11.364	3.5546	6.43×10^{-4}
因素 B（施氮量）	12.911	2	6.456	38.224	3.5546	3.32×10^{-7}
交互作用 $A\times B$	6.462	4	1.616	9.566	2.9277	2.50×10^{-4}
组内（误差 e）	3.040	18	0.169			
总和	26.252	26				

由方差分析表可知，在给定显著性水平 $\alpha=0.05$ 时，烤烟种植密度、烤烟施氮量以及种植密度与施氮量的交互作用对总粒相物的生成量均有显著影响．

值得注意的是，在双因素等重复试验中，当两个因素的交互作用对试验指标有显著影响时，因素 A、因素 B 不能单独确定各自的优水平（或最优条件），需优选因素 A、因素 B 最优的水平组合搭配作为双因素试验的最优条件．

3.5 方差分析在 Excel 软件中的实现

由前面的分析计算过程可知，如果手动计算完成单因素方差分析，其计算量很大，双因素无重复试验和双因素等重复试验的方差分析计算量更是惊人．在计算机技术日益发达的今天，我们常常借助于软件如 SPSS、DPS、SARS、Matlab、Excel 等来完成数据处理、统计分析等工作，其中，Excel 软件中包括很多实用的数据分析工具，分析者只需提供相应的数据和参数，选择适宜的数据处理方法，软件即可使用相应的函数输出计算结果，使繁杂的计算过程大为简化．

Excel 软件中，一般默认的工具栏不显示“数据分析”模块，因此，在进行数据处理前，需先安装“分析工具库”，使数据工具栏下显示“数据分析”模块．具体做法如下：

①打开 Excel 文件，光标置于工具栏，点击右键，选择“自定义功能区”（图 3-1），点击“加载项”，选择“分析工具库”（图 3-2），点击“转到”，选择“分析工具库-VBA”，点击“确定”按钮（图 3-3），“数据分析”命令按钮（图 3-4）即出现在“数据”工具栏的选项卡中．

图 3-1　Excel 自定义功能区

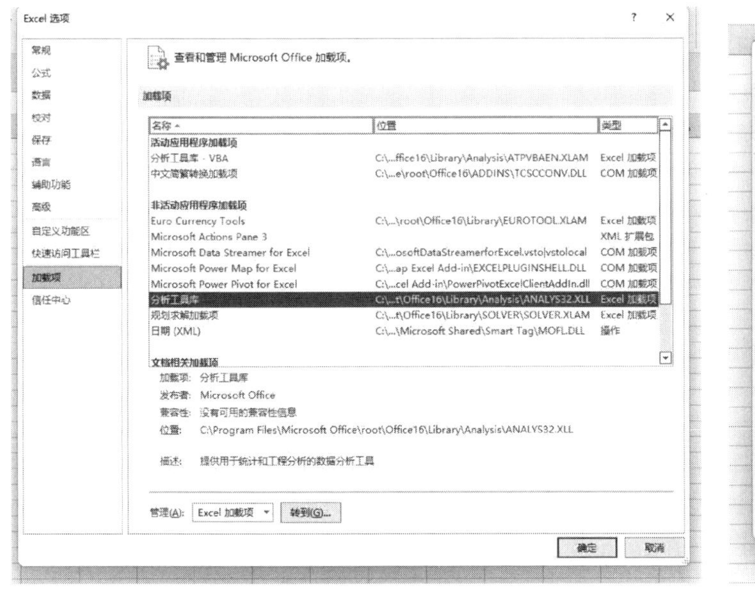

图 3-2　Excel 加载项选择对话框

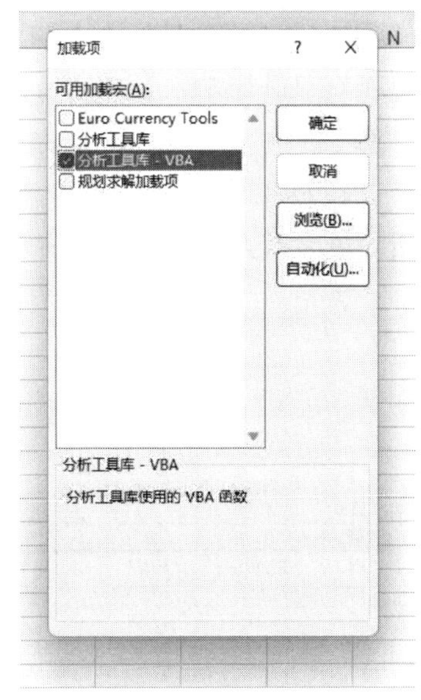

图 3-3　Excel 加载项的对话框

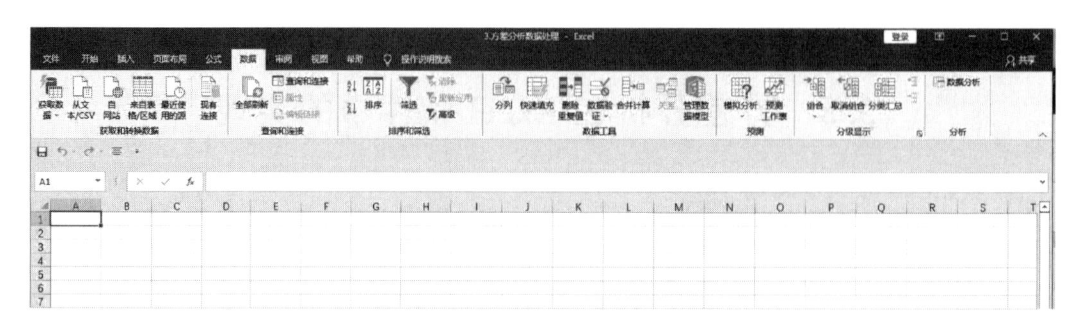

图 3-4　Excel 中“数据”选项卡中的“数据分析”

②在 Excel 文件工具栏，点击“数据”，点击“数据分析”，即可调出“数据分析”下的“分析工具库”（图 3-5），根据要解决的实际问题需要，选择相应的数据处理方法，即可输出分析结果 .

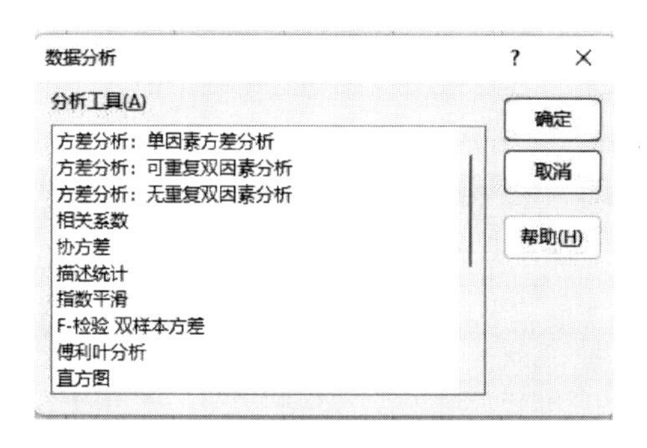

图 3-5　Excel 中“数据分析”工具的选择对话框

3. 5. 1　单因素方差分析在 Excel 软件中的实现

例 3-6　对于例 3-1 中的试验数据（表 3-3），试用 Excel 软件分析烤烟种植品种对焦油量是否有显著影响 .

解　①在 Excel 中输入试验数据表格，如图 3-6 所示 .

②在 Excel 工具栏中点击“数据”选项卡的“数据分析”，在数据分析工具库中点击“方差分析：单因素方差分析”选项（图 3-7），调出“单因素方差分析”的对话框（图 3-8）.

	A	B	C	D	E	F
1	烤烟品种	1	2	3	4	5
2	P1	12.56	13.24	12.98	13.57	13.12
3	P2	14.65	15.33	15.46	14.95	15.02
4	P3	14.21	13.88	13.62	13.47	13.52
5	P4	15.37	15.65	15.25	15.72	16.38
6						

图 3-6　Excel 中例 3-6 的试验数据

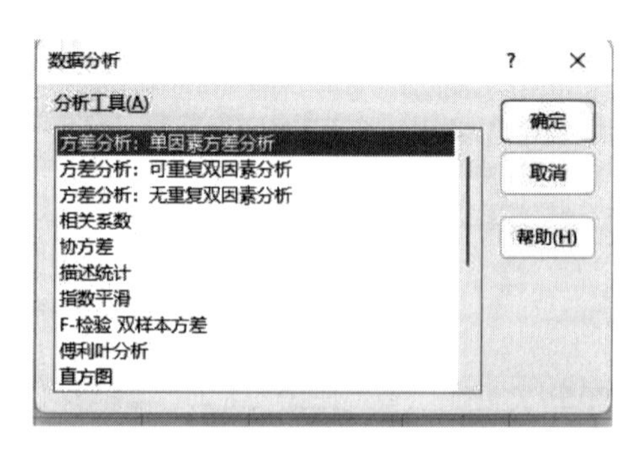

图 3-7　Excel 中“数据分析”的分析工具对话框

③在图 3-8 的“单因素方差分析”对话框中.

输入区域：点击 ，在 Excel 中选中所有试验数据，试验数据须是由不低于两个的行或列组成的相邻数据区域，输入数据详见图 3-8.

分组方式：本例中，烤烟品种这一单因素的不同水平下的试验数据分布在不同的行，因此，分组方式选择行.

标志位于第一列：如果选中输入的试验数据在第一列是标志项，则勾选该项；否则，则不勾选.

$\alpha(A)$：输入 F 检验临界值的置信度，即显著性水平，一般情况下，软件默认为 0.05，可根据实际情况，选填其他显著性水平如 0.01.

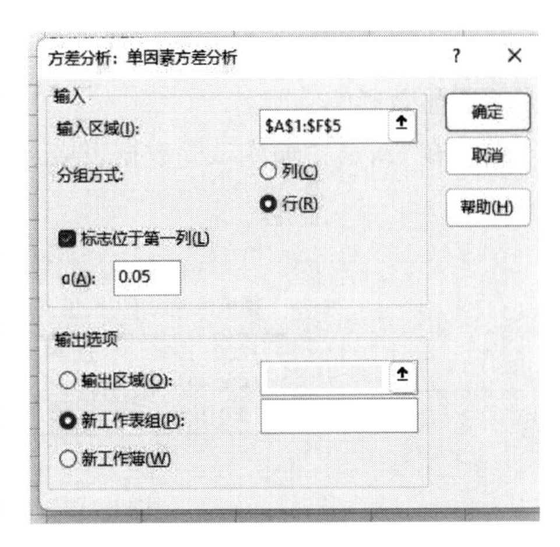

图 3-8　Excel 中单因素方差分析对话框

输出选项：选择单因素方差分析结果输出的位置，可以勾选输出区域，选择相应的单元格，输出单因素方差分析结果. 也可以勾选新工作表组，则自动新建一张表格，并将单因素方差分析结果输出在该表格中（图 3-9）. 若勾选新工作簿，则会自动新建一个 Excel 文件，并将单因素方差分析结果输出在新建文件的 Excel 表格中.

④在“单因素方差分析”对话框（图 3-8）中，填写完各项内容后，点击右侧“确定”，即可输出单因素方差分析的结果（图 3-9）. 其中，F crit 是显著性水平 $\alpha=0.05$ 时的 F 临界值，即$F_{0.05}$（4，20）. 由图 3-9 可以看出，$F=223.2969$，很明显，$F>F_{0.05}(4,20)$，判定烤烟品种对焦油量有显著影响，与例 3-1 的判定结果一致. 另外，从显著性水平看，$P=2.74\times10^{-16}$，很明显，$P<0.01$，则说明该因素对试验指标的影响极显著，即烤烟品种因素对焦油量指标影响极显著. 换言之，在显著性水平 $\alpha=0.01$ 下烤烟品种因素对焦油量指标影响显著.

	A	B	C	D	E	F	G	H
1	方差分析：单因素方差分析							
2								
3	SUMMARY							
4	组	观测数	求和	平均	方差			
5	烤烟品种	5	15	3	2.5			
6	P1	5	65.47	13.094	0.13668			
7	P2	5	75.41	15.082	0.10307			
8	P3	5	68.7	13.74	0.09405			
9	P4	5	78.37	15.674	0.19333			
10								
11								
12	方差分析							
13	差异源	SS	df	MS	F	P-value	F_{crit}	
14	组间	540.7591	4	135.1898	223.2969	2.74E-16	2.866081	
15	组内	12.10852	20	0.605426				
16								
17	总计	552.8676	24					
18								
19								
20								

图 3-9　例 3-6 的单因素方差分析结果

例 3-7 对于例 3-2 中的试验数据（表 3-5），试用 Excel 软件分析烤烟种植海拔对焦油量是否有显著影响.

解 在 Excel 中输入试验数据表格，如图 3-10 所示.

	A	B	C	D	E	F
1	种植海拔(m)	1	2	3	4	5
2	1800~1900	15.49	16.25	15.54	15.68	15.66
3	1900~2000	14.85	15.12	14.65	14.87	
4	≥2100	13.73	13.56	14.57		
5						

图 3-10 Excel 中例 3-7 的试验数据

由题意可知，考察的单因素为烤烟种植海拔，共有 3 个水平，每个水平下试验次数各不相同. 按照例 3-6 的步骤，利用 Excel 进行单因素方差分析，即依次点击“数据”—“数据分析”—“方差分析：单因素方差分析”—“输入数据单元格”—“确定”，输出单因素方差分析结果（图 3-11）. 由图 3-11 可以看出，$F = 25.177$，很明显，$F > F_{0.05}(2, 9)$，判定烤烟种植海拔对焦油量有显著影响，与例 3-2 的判定结果一致. 另外，从显著性水平看，$P = 0.000206$，很明显，$P<0.01$，则说明烤烟种植海拔对焦油量指标影响极显著.

	A	B	C	D	E	F	G	H
1	方差分析：单因素方差分析							
2								
3	SUMMARY							
4	组	观测数	求和	平均	方差			
5	行 1	5	78.62	15.724	0.09283			
6	行 2	4	59.49	14.8725	0.037092			
7	行 3	3	41.86	13.95333	0.292433			
8								
9								
10	方差分析							
11	差异源	SS	df	MS	F	P-value	F crit	
12	组间	5.972363	2	2.986182	25.17714	0.000206	4.256495	
13	组内	1.067462	9	0.118607				
14								
15	总计	7.039825	11					
16								
17								

图 3-11 例 3-7 的单因素方差分析结果

3.5.2 双因素无重复试验方差分析在 Excel 软件中的实现

例 3-8 对于例 3-3 中的试验数据（表 3-9），试用 Excel 软件分析烤烟种植产地、着生部位对烤烟烟叶含梗率是否有显著影响.

解 ①在 Excel 中输入试验数据表格，如图 3-12 所示.

②在 Excel 工具栏中点击“数据”选项卡的“数据分析”，在数据分析工具库中点击“方差分析：无重复双因素分析”选项（图 3-13），调出“无重复双因素方差分析”的对话框（图 3-14）.

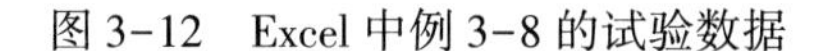

	A	B	C	D	E
1	含梗率	豫中	豫西	豫南	豫东
2	上部	25.52	24.76	29.76	24.73
3	中部	28.25	28.28	33.12	28.84
4	下部	29.68	31.67	33.04	27.92

图 3-12　Excel 中例 3-8 的试验数据

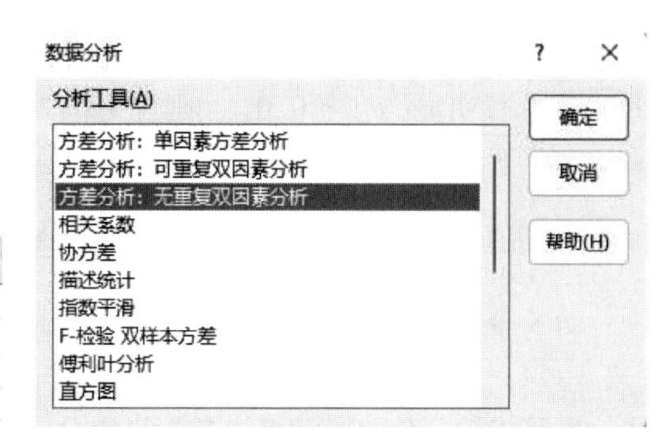

图 3-13　Excel 中“数据分析”的分析工具对话框

③在图 3-14 的“无重复双因素分析”对话框中．

输入区域：点击 ，在 Excel 中选中所有试验数据（图 3-14）．

标志：如果选中输入的试验数据在第一列是标志项，则勾选该项；否则，不勾选．

$\alpha(A)$：输入 F 检验临界值的置信度，即显著性水平，一般情况下，软件默认为 0.05，可根据实际情况，选填其他显著性水平如 0.01 或 0.1．

输出选项：选择无重复双因素分析结果输出的位置，可勾选输出区域，选择相应的单元格，输出方差分析结果，也可勾选新工作表组或新工作簿．

④在“无重复双因素分析”对话框（图 3-14）中，填写完各项内容后，点击右侧“确定”，即可输出无重复双因素方差分析的结果（图 3-15）．其中，“行”代表烟叶的着生部位，“列”代表烟叶的产地，F_{crit} 是显著性水平 $\alpha = 0.05$ 时的 F 临界值，即 $F_{0.05}(2,\ 6) = 5.143$，$F_{0.05}(3,\ 6) = 4.757$．图 3-15 可以看出，$F_{A0} = 18.421$，$F_{B0} = 12.156$．很明显，$F_{A0} > F_{0.05}(2,\ 6)$，判定烟叶着生部位对焦油量有显著影响，$F_{B0} > F_{0.05}(3,\ 6)$，判定烟叶产地对焦油量有显著影响，与例 3-3 的判定结果一致．

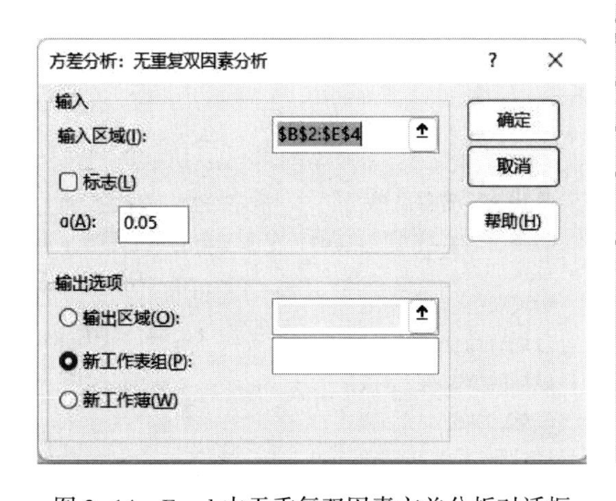

图 3-14　Excel 中无重复双因素方差分析对话框

	A	B	C	D	E	F	G
1	方差分析：无重复双因素分析						
2							
3	SUMMARY	观测数	求和	平均	方差		
4	行 1	4	104.7657	26.19142	5.806552		
5	行 2	4	118.4818	29.62044	5.509417		
6	行 3	4	122.3107	30.57767	5.034186		
7							
8	列 1	3	83.44778	27.81593	4.477116		
9	列 2	3	84.71233	28.23744	11.94701		
10	列 3	3	95.918	31.97267	3.660337		
11	列 4	3	81.48	27.16	4.656225		
12							
13							
14	方差分析						
15	差异源	SS	df	MS	F	P-value	F crit
16	行	42.55161	2	21.27581	18.42126	0.002747	5.143253
17	列	42.12071	3	14.04024	12.15648	0.005832	4.757063
18	误差	6.929757	6	1.154959			
19							
20	总计	91.60208	11				
21							

图 3-15　例 3-8 的无重复双因素方差分析结果

另外，从显著性水平看，$P_A = 0.0027$，很明显，$P_A < 0.01$，则说明该因素 A 对试验指标

的影响极显著，即在显著性水平 $\alpha = 0.01$ 下烟叶着生部位对焦油量指标影响显著；$P_B = 0.0058$，很明显，$P_B < 0.01$，则说明该因素 B 对试验指标的影响极显著，即在显著性水平 $\alpha = 0.01$ 下烟叶产地对焦油量指标影响显著.

3.5.3 双因素等重复试验方差分析在 Excel 软件中的实现

例 3-9 对于例 3-4 中的试验数据（表 3-14），试用 Excel 软件分析提取时间、乙醇体积分数对罗汉果浸膏香味成分总量是否有显著影响.

解 ①在 Excel 中输入试验数据表格，如图 3-16 所示.

	A	B	C	D	E
1	料液比（mL/g）		A_1(1 : 5)	A_2(1 : 10)	A_3(1 : 15)
2	乙醇体积分数（%）	B_1 (70%)	5.22	5.86	6.64
3			5.72	6.24	6.28
4			4.84	6.71	7.36
5		B_2 (80%)	8.29	8.75	9.68
6			7.62	9.78	9.12
7			8.87	9.19	10.21
8		B_3 (90%)	8.55	10.28	9.79
9			9.67	9.46	10.76
10			8.99	10.62	10.23
11		B_4 (100%)	10.34	12.95	12.37
12			10.88	13.64	11.49
13			9.77	12.32	12.74
14					

图 3-16 Excel 中例 3-9 的试验数据

②在 Excel 工具栏中点击“数据”选项卡的“数据分析”，在数据分析工具库中点击“方差分析：可重复双因素分析”选项（图 3-17），调出“可重复双因素方差分析”的对话框（图 3-14）.

③在图 3-18 的“可重复双因素分析”对话框中.

输入区域：点击 ，在 Excel 中选中所有试验数据，值得注意的是，输入区域须包括行、列的标志（图 3-18）.

每一样本的行数：填入每个组合水平下重复试验的次数，本例中应填入“3”.

$\alpha(A)$：输入 F 检验临界值的置信度，即显著性水平，一般情况下，软件默认为 0.05，可根据实际情况，选填其他显著性水平如 0.01.

输出选项：选择可重复双因素分析结果输出的位置.

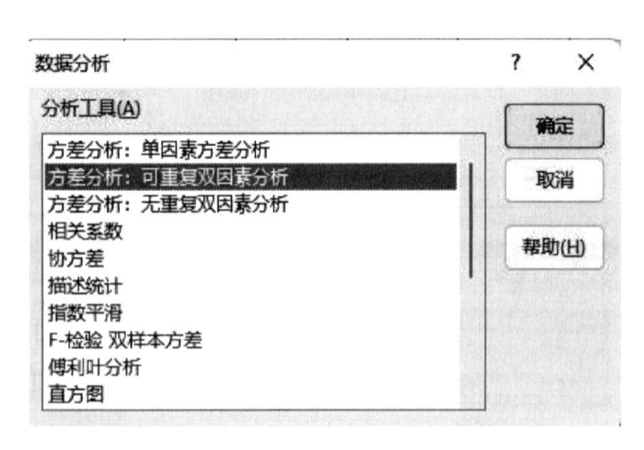

图 3-17 Excel 中“数据分析”的分析工具对话框

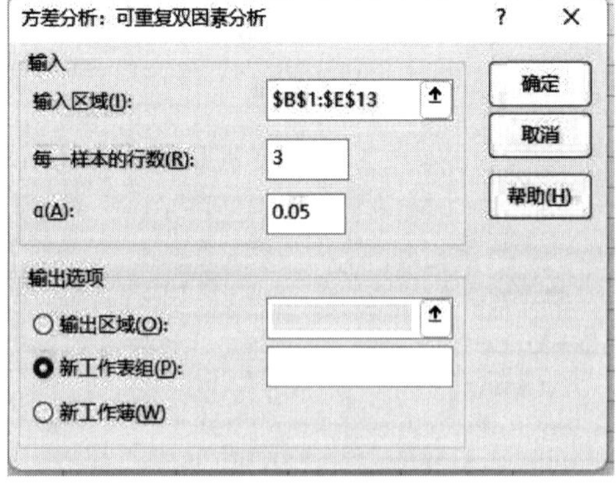

图 3-18 Excel 中可重复双因素方差分析对话框

④在“可重复双因素方差分析”对话框（图 3-18）中，填写完各项内容后，点击右侧

“确定”，即可输出可重复双因素方差分析的结果（图 3-19）. 其中，“样本”代表乙醇体积分数，“列”代表料液比，“交互”代表料液比与乙醇体积分数两个因素的交互作用，“内部”代表试验误差，F_{crit} 是显著性水平 $\alpha=0.05$ 时的 F 临界值，即$F_{0.05}$（3，24）= 3.009，$F_{0.05}$（2，24）= 3.403，$F_{0.05}$（6，24）= 2.508. 图 3-19 可以看出，$F_{A0}=27.561$，$F_{B0}=165.065$，$F_{(A\times B)0}=1.754$. 很明显，$F_{A0}>F_{0.05}(2, 24)$，判定料液比对罗汉果浸膏香味成分总量有显著影响；$F_{B0}>F_{0.05}(3, 24)$，判定乙醇体积分数对罗汉果浸膏香味成分总量有显著影响；$F_{(A\times B)0}<F_{0.05}(6, 24)$，判定料液比与乙醇体积分数的交互作用对罗汉果浸膏香味成分总量无显著影响，与例 3-4 的判定结果一致.

	A	B	C	D	E	F	G
1	方差分析：可重复双因素分析						
2							
3	SUMMARY	A1(1:5)	A2(1:10)	A3(1:15)	总计		
4	B1 (70%)						
5	观测数	3	3	3	9		
6	求和	15.78	18.81	20.28	54.87		
7	平均	5.26	6.27	6.76	6.096667		
8	方差	0.1948	0.1813	0.3024	0.6084		
9							
10	B2 (80%)						
11	观测数	3	3	3	9		
12	求和	24.78	27.72	29.01	81.51		
13	平均	8.26	9.24	9.67	9.056667		
14	方差	0.3913	0.2671	0.2971	0.63055		
15							
16	B3 (90%)						
17	观测数	3	3	3	9		
18	求和	27.21	30.36	30.78	88.35		
19	平均	9.07	10.12	10.26	9.816667		
20	方差	0.3184	0.3556	0.2359	0.54475		
21							
22	B4 (100%)						
23	观测数	3	3	3	9		
24	求和	30.99	38.91	36.6	106.5		
25	平均	10.33	12.97	12.2	11.83333		
26	方差	0.3081	0.4359	0.4123	1.6715		
27							
28	总计						
29	观测数	12	12	12			
30	求和	98.76	115.8	116.67			
31	平均	8.23	9.65	9.7225			
32	方差	4.021582	6.453382	4.373966			
33							
34							
35	方差分析						
36	差异源	SS	df	MS	F	P-value	F_{crit}
37	样本	152.6935	3	50.89783	165.0651	3.75E-16	3.008787
38	列	16.99685	2	8.498425	27.56097	6.07E-07	3.402826
39	交互	3.24435	6	0.540725	1.753608	0.151739	2.508189
40	内部	7.4004	24	0.30835			
41							
42	总计	180.3351	35				

图 3-19 例 3-9 的可重复双因素方差分析结果

另外，从显著性水平看，$P_A = 6.07 \times 10^{-7}$，显然 $P_A < 0.01$，则说明该因素 A 对试验指标的影响极显著，即料液比对罗汉果浸膏香味成分总量指标影响极显著；$P_B = 3.75 \times 10^{-16}$，$P_B < 0.01$，则说明该因素 B 对试验指标的影响极显著，即乙醇体积分数对罗汉果浸膏香味成分总量指标影响极显著；$P_{A\times B} = 0.1517$，$P_{A\times B} > 0.01$，则说明因素 A 和因素 B 的交互作用对试验指标无显著影响，即料液比与乙醇体积分数的交互作用对罗汉果浸膏香味成分总量无显著影响．

例 3-10 对于例 3-5 中的试验数据（表 3-16），试用 Excel 软件分析种植密度、施氮量及二者的交互作用对总粒相物生成量是否有显著影响．

解 在 Excel 中输入试验数据表格，如图 3-20 所示．

	A	B	C	D
1	种植密度	A_1 (120×50)	A_2 (130×40)	A_3 (110×45)
2	B_1 (减氮40%)	16.52	14.21	16.2
3		17.31	15.06	15.46
4		16.84	15.58	15.68
5	B_2 (常规施氮)	16.98	17.34	15.96
6		17.31	17.87	16.24
7		16.62	17.98	16.97
8	B_3 (增氮40%)	17.59	17.53	16.63
9		17.96	17.72	16.98
10		18.36	17.88	17.06
11				

图 3-20　Excel 中例 3-10 的试验数据

由题意可知，考察的双因素分别为因素 A 即种植密度、因素 B 即施氮量，因素 A、因素 B 的所有水平组合下各有 3 次重复试验．按照例 3-9 的步骤利用 Excel 进行可重复双因素方差分析，即依次点击“数据”—“数据分析”—“方差分析：可重复双因素方差分析”—“输入数据单元格（带行、列标志）”—“确定”，输出可重复双因素方差分析结果（图 3-21）．其中，“样本”代表施氮量，“列”代表种植密度，“交互”代表种植密度因素与施氮量因素的交互作用，“内部”代表试验误差，F_{crit} 是显著性水平 $\alpha = 0.05$ 时的 F 临界值，即 $F_{0.05}(2, 18) = 3.555$，$F_{0.05}(4, 18) = 2.928$．由图 3-21 可以看出，$F_{A0} = 11.363$，$F_{B0} = 38.224$，$F_{(A\times B)0} = 9.566$．很明显，$F_{A0} > F_{0.05}(2, 18)$，判定种植密度对总粒相物生成量有显著影响；$F_{B0} > F_{0.05}(2, 18)$，判定施氮量对总粒相物生成量有显著影响；$F_{(A\times B)0} > F_{0.05}(4, 18)$，判定种植密度与施氮量的交互作用对总粒相物生成量有显著影响，与例 3-5 的判定结果一致．

另外，从显著性水平看，$P_A = 3.32 \times 10^{-7}$，很明显，$P_A < 0.01$，则说明该因素 A 对试验指标的影响极显著，即种植密度对总粒相物生成量指标影响极显著；$P_B = 0.0006$，很明显，$P_B < 0.01$，则说明该因素 B 对试验指标的影响极显著，即施氮量对总粒相物生成量指标影响极显著；$P_{A\times B} = 0.00025$，很明显，$P_{A\times B} < 0.01$，则说明因素 A 和因素 B 的交互作用对试验指标有极显著影响，即种植密度与施氮量的交互作用对总粒相物生成量有极显著影响．

	A	B	C	D	E	F	G
1	方差分析：可重复双因素分析						
2							
3	SUMMARY	A1 (120×5	A2 (130×4	A3 (110×4	总计		
4	B1 (减氮40%)						
5	观测数	3	3	3	9		
6	求和	50.67	44.85	47.34	142.86		
7	平均	16.89	14.95	15.78	15.87333		
8	方差	0.1579	0.4783	0.1444	0.905725		
9							
10	B2 (常规施氮)						
11	观测数	3	3	3	9		
12	求和	50.91	53.19	49.17	153.27		
13	平均	16.97	17.73	16.39	17.03		
14	方差	0.1191	0.1171	0.2719	0.465725		
15							
16	B3 (增氮40%)						
17	观测数	3	3	3	9		
18	求和	53.91	53.13	50.67	157.71		
19	平均	17.97	17.71	16.89	17.52333		
20	方差	0.1483	0.0307	0.0523	0.296125		
21							
22	总计						
23	观测数	9	9	9			
24	求和	155.49	151.17	147.18			
25	平均	17.27667	16.79667	16.35333			
26	方差	0.377925	2.074825	0.348925			
27							
28							
29	方差分析						
30	差异源	SS	df	MS	F	P-value	F_{crit}
31	样本	12.91127	2	6.455633	38.22414	3.32E-07	3.554557146
32	列	3.838467	2	1.919233	11.36388	0.000643	3.554557146
33	交互	6.462133	4	1.615533	9.565658	0.00025	2.927744173
34	内部	3.04	18	0.168889			
35							
36	总计	26.25187	26				
37							

图 3-21　例 3-10 的单因素方差分析结果

思考与练习

①试述方差分析的基本思想.

②试述单因素方差分析的一般步骤.

③某牌号卷烟产品采用 5 台卷接机进行卷制加工，随机从各个机台抽检 5 个样本，每个样本有 5 个样品，检测卷烟产品单支重指标的稳定性，检测结果如表 3-18 所示，试问加工机台对卷烟产品单支重的稳定性是否有显著影响（$\alpha=0.05$）.

表 3-18　加工机台与卷烟产品单支重的稳定性

机台	单支重的变异系数（%）				
机台 1	6.0	5.6	6.4	6.2	6.6
机台 2	5.5	6.1	6.7	5.9	6.5
机台 3	5.4	5.7	6.5	6.3	6.8
机台 4	6.6	7.1	6.4	5.8	7.5
机台 5	6.7	6.6	6.8	7.2	6.3

④为考察切丝宽度、烘丝方式对某细支卷烟感官质量得分的影响，保持其他加工条件一致，进行双因素试验，试验结果如表 3-19 所示．试分析切丝宽度、烘丝方式对细支烟感官质量得分是否有显著影响（$\alpha=0.05$）.

表 3-19　细支烟感官质量得分

因素	0.6mm	0.7mm	0.8mm	0.9mm	1.0mm
KLD 薄板烘丝	94.5	95.5	95.0	94.0	93.0
HXD 气流烘丝	92.5	94.0	93.5	93.0	92.5

⑤甘薯烤制是制备天然烤甜香原料的途径之一．保持其他条件一致，设计双因素试验，考察甘薯产地、甘薯品种对烤制甘薯香气成分总量的影响，试验结果（%）如表 3-20 所示．试分析甘薯产地、甘薯品种对烤制甘薯的香气成分是否有显著影响，从提高烤制甘薯香气成分含量的角度，优选甘薯品种和产地（$\alpha=0.05$）.

表 3-20　烤制甘薯香气成分含量

甘薯品种	甘薯产地								
	邱县			卢龙			安次		
烟薯 25	18.7	19.3	20.1	14.6	13.8	15.2	21.8	22.6	22.2
京薯 553	17.9	18.6	18.0	9.5	10.5	10.9	22.1	23.5	21.8
普薯 32	34.4	32.2	33.1	11.7	12.3	12.8	38.4	36.9	37.7

4 回归分析

4.1 回归分析概述

我们所遇到的变量常常处于一个统一体中，它们之间相互联系、相互制约．换言之，不同的变量之间存在着一定的关系，为了透过现象了解事物的本质，往往需要对变量之间的关系进行分析研究．

在研究变量之间相互关系的过程中，发现变量之间的关系可以分为两类．一类是完全确定的关系，可以用确定的函数或是精确的数学表达式来表示．例如，电流（I）、电阻（R）、电压（U）之间的关系，可以表达为：$U=IR$；路程（s）、速度（v）、时间（t）之间的关系，可以表达为：$s=vt$；银行一年期存款利率（a）、存入本金（x）、一年后到期的本息额（y）之间的关系，可以表达为：$y=ax$．这些变量之间的关系是完全确定的，可用精确的数学表达式表示它们之间的关系，而且当其中任两个变量已知时，可利用确定的数学表达式准确地计算另一变量的值．

另一类是变量间也存在一定的关系，但不能用精确的数学表达式来表示，即变量间是不完全确定的关系．例如，在储藏期果品维生素 C 含量与储藏温度、气体成分（氮气或空气）等储藏条件的关系中，果品维生素 C 含量与储藏温度、气体成分都密切相关，但当储藏温度、气体成分等变量值已知时，我们也很难精确地求出果品维生素 C 的含量；在人的身高和体重之间的关系中，一般情况下，身高者体重，身矮者体轻，但当某人身高已知时，我们很难精确求出其体重，反之亦然．高档消费品的销售量与城镇居民收入密切相关，但已知城镇居民收入时，并不能精确地计算高档消费品的销售量．这些有密切关系但又无法用精确的函数来表达的变量在自然界中广泛存在，我们把这些变量间的关系称为相关关系．

变量间的相关关系可以分为两种，一种是平行关系（或对等关系），如身高与体重的关系；另一种是因果关系，如烟叶化学成分与感官质量的关系，烟叶感官质量受内在化学成分的影响．变量间的关系及分析方法见图 4-1.

采用相关分析（correlation analysis）研究变量间的关系时，视变量间为平行关系（或对等关系）．简单相关分析用于研究两个变量间的相关关系；复相关分析用于研究一个变量与多个变量间的相关关系；偏相关分析用于研究其余变量保持不变的情况下两个变量间的相关关系．相关分析是研究两个变量的相关程度或一个变量与多个变量的相关程度，但不能用一个或多个变量去预测、控制另一个变量的变化，这是回归分析与相关分析的关键区别所在，但由相关分析也能得到回归的一些重要信息．

采用回归分析（regression analysis）来研究变量间的关系时，视变量间为因果关系．根据自变量的个数，回归分析分为一元回归分析和多元回归分析．其中，研究一个自变量与一个因变量的回归分析称为一元回归分析；研究多个自变量与一个因变量的回归分析称为多元回归分析．根据变量间的关系类型，回归分析又可分为线性回归分析和非线性回归分析（图 4-1）．

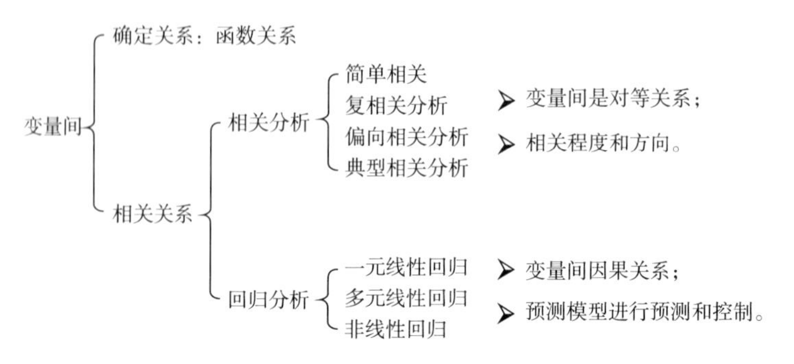

图 4-1　变量间的关系及分析方法

回归分析是最常用的数据处理方法之一，可用于探索随机性背后隐藏的统计规律．通过回归分析，可找出因变量是如何随自变量变化而变化的．回归分析的主要内容一是建立变量间的回归方程，二是对回归方程、回归系数进行显著性检验，三是利用建立的回归方程进行预测和控制．

4.2　一元线性回归分析

4.2.1　一元线性回归方程的建立

在因果关系分析中，表示原因的变量称为自变量；表示结果的变量称为因变量．研究一个自变量与一个因变量之间的回归分析称为一元回归，当因变量和这一自变量之间呈线性关系时，则称为一元线性回归分析．

因变量 y 与自变量 x 的一元线性回归的数学模型可记为

$$y = \beta_0 + \beta_1 x. \tag{4-1}$$

假设有一组试验数据 x_i、y_i（$i = 1, 2, \cdots, n$），可以通过画散点图的方法观察两个变量的相关关系，通过散点图可以很直观地看出变量间的相关关系的类型（线性、非线性）、方向（正相关、负相关）及程度（强相关、弱相关）．但是，探索变量间的相关关系，只知道相关的类型、方向及程度是不够的，还须进一步把两者之间的相关关系以数学表达式的形式表示出来．

如果变量 y 与 x 之间的关系符合线性关系，或者说符合一元线性回归数学模型的经验公式（式 4-1），则可拟合变量 y 与 x 的一元线性回归方程，记为

$$y = b_0 + b_1 x. \tag{4-2}$$

显然，b_0、b_1 是数学模型中 β_0、β_1 的估计值．在回归方程中，b_0、b_1 称为回归系数，由自

变量 x_i 通过回归方程计算的因变量的值称为回归值（记为$\hat{y}_i$）. 回归值 $\hat{y}_i$ 与试验数据 y_i 并不一定相等，将两者之间的差值记为 ε_i，则

$$\varepsilon_i = y_i - \hat{y}_i. \tag{4-3}$$

回归值 $\hat{y}_i$ 与试验数据 y_i 越接近，说明回归方程拟合效果越好，由于 ε_i 可能是正值也可能是负值，所以令

$$\varepsilon = \sum_{i=1}^{n} \varepsilon_i^2. \tag{4-4}$$

显然，当 ε 达到最小时，回归值 $\hat{y}_i$ 与试验数据 y_i 最接近，即回归方程拟合效果最好 . 由式（4-2）~式（4-4）可知

$$\varepsilon = \sum_{i=1}^{n} [y_i - (b_0 + b_1 x_i)]^2. \tag{4-5}$$

式中，x_i 、y_i 均是已知值，那么 ε 就是 b_0、b_1 的函数，根据极值原理，将 ε 函数分别对 b_0、b_1 求偏导，并令各偏导数等于零，即可求得 b_0、b_1，这种计算 b_0、b_1 的方法即为最小二乘法（least square，LS），即

$$\begin{cases} \dfrac{\partial \varepsilon}{\partial b_0} = -2\sum_{i=1}^{n}(y_i - b_0 - b_1 x_i) = 0, \\ \dfrac{\partial \varepsilon}{\partial b_1} = -2\sum_{i=1}^{n}(y_i - b_0 - b_1 x_i)x_i = 0. \end{cases} \tag{4-6}$$

求解方程组，即可得 b_0、b_1.

令

$$L_{xy} = \sum_{i=1}^{n}(x_i - \bar{x})(y_i - \bar{y}) = \sum_{i=1}^{n} x_i y_i - n\bar{x}\bar{y}, \tag{4-7}$$

$$L_{xx} = \sum_{i=1}^{n}(x_i - \bar{x})^2 = \sum_{i=1}^{n} x_i^2 - n(\bar{x})^2. \tag{4-8}$$

则

$$b_1 = \frac{L_{xy}}{L_{xx}}, \tag{4-9}$$

$$b_0 = \bar{y} - b_1 \bar{x}. \tag{4-10}$$

在统计学中，估计回归参数的方法不止有最小二乘法一种，但最小二乘法是其中最常用的估计回归参数的方法 .

例 4-1 重金属镉有很强的毒性和生物迁移性，可随作物进入食物链 . 利用分光光度仪测定烟叶中的镉含量，试验数据见表 4-1，试用最小二乘法确定样品中的镉浓度与吸光度的关系（即建立分光光度法分析镉浓度的标准曲线）.

表 4-1 烟叶中镉浓度（x）与吸光度（y）的试验数据

试验号	1	2	3	4	5	6	7
x（镉浓度，mg/mL）	0	1.0	2.0	3.0	4.0	5.0	6.0
y（吸光度）	0.000	0.075	0.144	0.235	0.312	0.395	0.465

解 (1) 画散点图

以样品中的镉浓度为横坐标，以吸光度为纵坐标，画散点图（图 4-2），由图 4-2 可知，吸光度随样品镉浓度的增大呈逐渐增大趋势，即吸光度与样品镉浓度之间呈线性正相关关系．符合一元线性回归的数学模型或称经验公式．

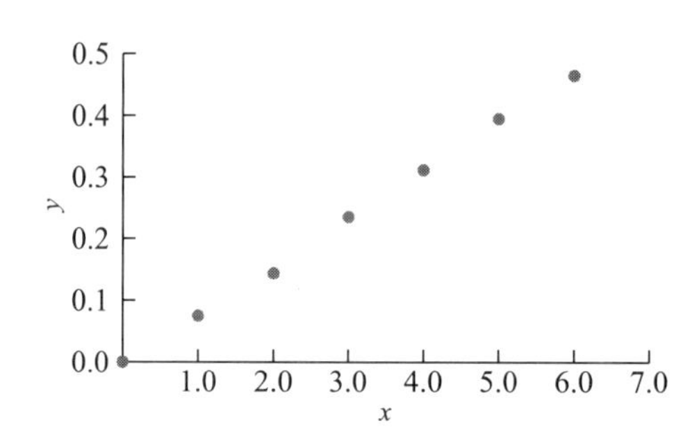

图 4-2 吸光度与烟叶镉浓度的散点图

(2) 建立回归方程

以样品中的镉浓度为自变量，以吸光度为因变量，计算 b_0、b_1，建立一元线性回归方程（$y=b_0+b_1x$）. 计算过程如下：

$$\bar{x}=\frac{1}{n}\sum_{i=1}^{n}x_i=\frac{1}{7}\sum_{i=1}^{7}x_i=3.0,\ \bar{y}=\frac{1}{n}\sum_{i=1}^{n}y_i=\frac{1}{7}\sum_{i=1}^{7}y_i=0.232,$$

$$L_{xy}=\sum_{i=1}^{n}x_iy_i-n\bar{x}\bar{y}=\sum_{i=1}^{7}x_iy_i-7\times3.0\times0.232=2.203,$$

$$L_{xx}=\sum_{i=1}^{n}x_i^2-n(\bar{x})^2=\sum_{i=1}^{7}x_i^2-7(3.0)^2=28.0,$$

$$b_1=\frac{L_{xy}}{L_{xx}}=\frac{2.203}{28.0}=0.0787,$$

$$b_0=\bar{y}-b_1\bar{x}=0.232-0.079\times3.0=-0.00375.$$

所以，烟叶中镉浓度与吸光度之间的一元线性回归方程为：

$$y=-0.00375+0.0787x.$$

基于最小二乘法所得的回归方程（$y=-0.00375+0.0787x$），各回归值 $\hat{y}_i$ 与试验值 y_i 的偏差平方和为

$$\varepsilon=\sum_{i=1}^{n}(\hat{y}_i-y_i)^2=0.0001546.$$

通过散点图观察镉浓度与吸光度之间符合一元线性回归的经验公式，由多组试验数据可组成多个能估算 β_0、β_1 的方程组，相应地，也就会有多个 β_0、β_1 的估计值．

由

$$\begin{cases}b_0+b_1x_2=y_2,\\ b_0+b_1x_3=y_3.\end{cases}$$

可得 $b_0=0.006$，$b_1=0.069$，即 $y=0.006+0.069x$.

基于该回归方程，各回归值 $\hat{y}_i$ 与试验值 y_i 的偏差平方和 ε 为 0.005381.

由

$$\begin{cases} b_0 + b_1 x_3 = y_3, \\ b_0 + b_1 x_5 = y_5. \end{cases}$$

可得 $b_0 = -0.024$，$b_1 = 0.084$， 即 $y = -0.024 + 0.084x$.

基于该回归方程，各回归值 $\hat{y}_i$ 与试验值 y_i 的偏差平方和 ε 为 0.001076.

不难发现，不同的方程组合计算所得的 β_0、β_1 的估计值 b_0、b_1 也不相同，而且无论 b_0、b_1 取什么值，都无法保证由 x_i 通过回归方程（$y = b_0 + b_1 x$）计算的回归值 $\hat{y}_i$ 与试验值 y_i 完全相等．这也就是说，无论 b_0、b_1 取什么值，都无法保证所有散点都恰好落在回归直线上，这是因为各试验数据都不可避免地会存在一定的误差．根据最小二乘原理所得的 b_0、b_1， 能够使回归值 $\hat{y}$ 与试验值 y 的偏差相对最小，即通过回归方程计算所得的回归值与实测值相对最为接近．

4.2.2 一元线性回归方程的显著性检验

从一元线性回归方程的建立可以看出，即使是变量 y 与 x 之间的线性相关关系较弱或明显不存在线性相关关系，利用最小二乘法仍然能够拟合出回归方程（$y = b_0 + b_1 x$），这种情况下得到的回归方程显然不能真实反映因变量 y 随自变量 x 的变化而发生变化的规律，这个回归方程是没有意义的．因此，很有必要对建立的变量 y 与 x 之间的线性回归方程的可信度或拟合效果进行统计学检验．

4.2.2.1 *相关系数检验法*

相关系数反映变量 y 与 x 的线性相关程度，常用 r 表示，如有 n 组试验值 x_i，y_i（$i=1, 2, \cdots, n$），则相关系数的计算公式为：

$$r = \frac{L_{xy}}{\sqrt{L_{xx}L_{yy}}} = \frac{L_{xy}}{L_{xx}}\sqrt{\frac{L_{xx}}{L_{yy}}} = b_1\sqrt{\frac{L_{xx}}{L_{yy}}}. \tag{4-11}$$

其中，

$$L_{xy} = \sum_{i=1}^{n}(x_i - \bar{x})(y_i - \bar{y}) = \sum_{i=1}^{n}x_i y_i - n\bar{x}\bar{y}, \tag{4-12}$$

$$L_{xx} = \sum_{i=1}^{n}(x_i - \bar{x})^2 = \sum_{i=1}^{n}x_i^2 - n(\bar{x})^2, \tag{4-13}$$

$$L_{yy} = \sum_{i=1}^{n}(y_i - \bar{y})^2 = \sum_{i=1}^{n}y_i^2 - n(\bar{y})^2. \tag{4-14}$$

很显然，相关系数 r 和回归系数 b_1 的符号相同．

相关系数 r 的取值范围为 $[-1, 1]$，即 $|r| \leqslant 1$. 其中，$r > 0$ 时，表示变量 y 与 x 呈正相关关系，即变量 y 随 x 的增大而增大；$r < 0$ 时，表示变量 y 与 x 呈负相关关系，即变量 y 随 x 的增大而减小；$|r| = 1$ 时，表示变量 y 与 x 呈完全线性相关关系，即在散点图中，各组试验数据 x_i，y_i 的散点全部在同一直线上，$r = 0$ 时，表示变量 y 与 x 不线性相关，此时可能有两种情况，一是 y 与 x 间不存在任何统计规律性；二是 y 与 x 间关系不是线性相关关系，但可能存在其他关系如二次曲线关系等，$0 < |r| < 1$ 时，表示变量 y 与 x 呈一定的线性相关关系，即在散点图中，各组试验数据 x_i，y_i 的散点分布在一条直线附近．$|r|$ 值越接近于 1，变量 y 与 x 的线性相关程度越高；$|r|$ 值越接近于 0，变量 y 与 x 的线性相关程度越低．

值得注意的是，变量间的相关系数 r 与试验数据组数 n 密切相关：当 n 越大时，r 越容易远离 1；反之，当 n 越小时，r 越容易接近于 1. 当 n 小到等于 2 时，根据“两点一线”的原理，r 总是等于 1. 所以，可根据 $|r|$ 与 1 的接近程度或 $|r|$ 值的大小，判断变量间的线性相关关系，前提是试验数据组数 n 不宜过小 .

利用相关系数法对回归方程进行显著性检验的过程中，相关系数 r 的值达到多少才可认为变量 y 与 x 之间的关系用线性回归方程来描述是有统计学意义的，或者说变量 y 与 x 之间的关系是可以用线性回归方程来表达的 . 在给定显著性水平 α 下，可由附录 9（相关系数 r 与 R 的临界值表)，根据自变量个数 p 和参与构建回归方程的试验数据组数 n 查得相关系数的临界值 r_{cri}. 当 $|r|>r_{cri}$ 时，表明变量 y 与 x 之间呈显著的线性相关关系，此时用线性回归方程表达变量 y 与 x 之间的关系是有意义的，否则线性相关关系不显著，相应的线性回归方程也是没有意义的 .

例 4-2 分光光度计测定烟叶中的镉含量（表 4-1)，试用相关系数检验法对烟叶中镉浓度与吸光度的线性回归方程（例 4-1）进行显著性检验（$\alpha=0.05$).

解 由题意可知，$n=7$，$p=1$，$n-p-1=5$. 则

$$\bar{x}=\frac{1}{n}\sum_{i=1}^{n}x_i=\frac{1}{7}\sum_{i=1}^{7}x_i=3.0,\ \bar{y}=\frac{1}{n}\sum_{i=1}^{n}y_i=\frac{1}{7}\sum_{i=1}^{7}y_i=0.232,$$

$$L_{xy}=\sum_{i=1}^{n}x_iy_i-n\bar{x}\bar{y}=\sum_{i=1}^{7}x_iy_i-7\times3.0\times0.232=2.203,$$

$$L_{yy}=\sum_{i=1}^{n}y_i^2-n(\bar{y})^2=\sum_{i=1}^{7}y_i^2-7\times0.232^2=0.174,$$

$$L_{xx}=\sum_{i=1}^{n}x_i^2-n(\bar{x})^2=\sum_{i=1}^{7}x_i^2-7\times3.0^2=28.0,$$

$$r=\frac{L_{xy}}{\sqrt{L_{xx}L_{yy}}}=\frac{2.203}{\sqrt{28.0\times0.174}}=\frac{2.203}{2.207}=0.998.$$

$\alpha=0.05$，由附录 9 查得 $r_{cri}=0.754$.

显然，

$$r>r_{cri}.$$

因此，判断变量 y（吸光度）与 x（镉浓度）之间呈显著线性相关关系，变量 y（吸光度）与 x（镉浓度）之间的线性回归方程（$y=-0.00375+0.0787x$）是有统计学意义的 .

4.2.2.2　F 检验法

F 检验法用于检验回归方程是否显著或者说是回归方程是否有统计学意义 . F 检验法实质上是方差分析，一般步骤主要为：

(1) 偏差平方和的分解

总的偏差平方和：

$$S_T=\sum_{i=1}^{n}(y_i-\bar{y})^2. \tag{4-15}$$

式中，y_i 为变量 y 的各个试验值；$\bar{y}$ 为变量 y 各试验值的几何平均值；S_T 为试验值 y_i 与平均值 $\bar{y}$ 之差的平方和 .

回归偏差平方和：

$$S_R = \sum_{i=1}^{n} (\hat{y}_i - \bar{y})^2. \tag{4-16}$$

式中, $\hat{y}_i$ 为变量 y 的各个回归值（回归方程的预测值）; $\bar{y}$ 为变量 y 各试验值的均值; S_R 为回归值 $\hat{y}_i$ 与平均值 $\bar{y}$ 之差的平方和.

误差偏差平方和:

$$S_e = \sum_{i=1}^{n} (y_i - \hat{y}_i)^2. \tag{4-17}$$

式中, $\hat{y}_i$ 为变量 y 的各个回归值（回归方程的预测值）; y_i 为变量 y 的各个试验值; S_e 为变量 y 的试验值 y_i 与回归值 $\hat{y}_i$ 之差的平方和.

不同来源的偏差平方和之间存在如下关系:

$$S_T = S_R + S_e. \tag{4-18}$$

不同来源偏差平方和的计算可做如下简化处理:

$$S_T = L_{yy} S_R = b^2 L_{xx} = bL_{xy} S_e = S_T - S_R.$$

(2) 不同来源偏差平方和的自由度

S_T 的自由度:

$$f_T = n - 1. \tag{4-19}$$

S_R 的自由度:

$$f_R = 1. \tag{4-20}$$

S_e 的自由度:

$$f_e = f_T - f_R = n - 2. \tag{4-21}$$

(3) 均方差的计算

回归均方差:

$$MS_R = \frac{S_R}{f_R}. \tag{4-22}$$

误差均方差:

$$MS_e = \frac{S_e}{f_e}. \tag{4-23}$$

(4) 显著性检验

以回归均方差 MS_R 和误差均方差 MS_e 之比构建 F 统计量，服从自由度为 (f_R, f_e) 的 F 分布，即

$$F = \frac{MS_R}{MS_e} \sim F_{(f_R, f_e)}. \tag{4-24}$$

对于给定显著性水平 α，查 F 分布表（附录 2）得 $F_{\alpha(f_R, f_e)}$；根据试验数据计算 F_0；将 F_0 与 $F_{\alpha(f_R, f_e)}$ 比较，如果 $F_0 > F_{\alpha(f_R, f_e)}$，则判定变量 y 与 x 有显著的线性相关关系，构建的线性回归方程具有统计学意义；如果 $F_0 \leq F_{\alpha(f_R, f_e)}$，则判定变量 y 与 x 没有明显的线性相关关系，构建的线性回归方程没有统计学意义.

(5) 列出方差分析表

方差分析结果以列表的形式呈现，见表 4-2.

表 4-2　一元线性回归方程显著性检验方差分析表

变异来源	平方和	自由度	均方	F 值	显著性
回归	S_R	f_R	MS_R	F_0	
剩余	S_e	f_e	MS_e		
总计	S_T	f_T			

值得注意的是，对于一元线性回归方程，对回归方程的检验也可以理解为是对变量 y 与 x 之间是否存在线性相关关系的检验.

例 4-3　分光光度计测定烟叶中的镉含量（表 4-1），试用 F 检验法对烟叶中镉浓度与吸光度的线性回归方程（例 4-1）进行显著性检验（$\alpha=0.05$）.

解　（1）偏差平方和的分解

由题意可知，$n = 7$，

$$\bar{x} = \frac{1}{n}\sum_{i=1}^{n} x_i = \frac{1}{7}\sum_{i=1}^{7} x_i = 3.0,\ \bar{y} = \frac{1}{n}\sum_{i=1}^{n} y_i = \frac{1}{7}\sum_{i=1}^{7} y_i = 0.232,$$

$$L_{yy} = \sum_{i=1}^{n} y_i^2 - n(\bar{y})^2 = \sum_{i=1}^{7} y_i^2 - 7\times 0.232^2 = 0.551 - 0.377 = 0.174,$$

$$L_{xx} = \sum_{i=1}^{n} x_i^2 - n(\bar{x})^2 = \sum_{i=1}^{7} x_i^2 - 7\times 3.0^2 = 91.0 - 63.0 = 28.0,$$

$$S_T = L_{yy} = 0.174 S_R = b^2 L_{xx} = 0.0787^2 \times 28.0 = 0.173,$$

$$S_e = S_T - S_R = 0.174 - 0.173 = 0.001.$$

（2）计算自由度

$$f_T = n - 1 = 6 f_R = 1 f_e = f_T - f_R = 5.$$

（3）计算均方差

$$MS_R = \frac{S_R}{f_R} = \frac{0.173}{1} = 0.173 MS_e = \frac{S_e}{f_e} = \frac{0.001}{5} = 0.0002.$$

（4）显著性检验

$$F_0 = \frac{MS_R}{MS_e} = \frac{0.173}{0.0002} = 867.11.$$

对于给定显著性水平 $\alpha = 0.05$，查 F 分布表（附录 2）得 $F_{0.05(1,\ 5)} = 6.61$；显然，$F_0 > F_{\alpha(f_R,\ f_e)}$，判定变量 y（吸光度）与 x（镉浓度）之间有显著线性相关关系，构建的线性回归方程（$y = -0.00375 + 0.0787x$）具有统计学意义.

（5）列出方差分析表（表 4-3）

表 4-3　回归方程显著性检验方差分析表

变异来源	平方和	自由度	均方	F 值	显著性
回归	0.173	1	0.173	867.11	**
剩余	0.001	5	0.0002		
总计	0.174	6			

F 检验结果表明，变量 y（吸光度）与 x（镉浓度）之间的线性相关关系是显著的，即变量 y（吸光度）与 x（镉浓度）之间的线性回归方程（$y=-0.00375+0.0787x$）有统计学意义，或者说变量 y（吸光度）与 x（镉浓度）之间的关系可以用线性回归方程（$y=-0.00375+0.0787x$）来表示．

4.2.2.3 *t* 检验法

t 检验法是针对线性回归方程中自变量的回归系数的显著性检验．回归系数的标准误差

$$S_b = \sqrt{\frac{MS_e}{L_{xx}}}. \tag{4-25}$$

其中，$\sqrt{MS_e}$ 为剩余标准误差，反映回归估测值 $\hat{y}$ 与实测值的偏离程度．

$$t = \frac{b}{S_b} \sim t_{\alpha,\ f_e}, \tag{4-26}$$

对于一元线性回归，

$$f_e = f_T - f_R = n - 2. \tag{4-27}$$

对于给定显著性水平 α，查 t 分布表（附录4）得 $t_{\alpha,\ f_e}$；根据试验数据计算 t_0；如果 $t_0 > t_{\alpha,\ f_e}$，则判定变量 y 与 x 有显著线性相关关系，即一元线性回归方程有统计学意义；如果 $t_0 \leqslant t_{\alpha,\ f_e}$，则判定变量 y 与 x 没有明显的线性相关关系，即一元线性回归方程有统计学意义．

例 4-4 分光光度计测定烟叶中的镉含量（表 4-1），试用 t 检验法对样品中镉浓度与吸光度的线性回归方程（例 4-1）进行显著性检验（$\alpha=0.05$）．

解 由例 4-1、例 4-2 解题过程可知，

$$n = 7,\quad L_{yy} = 0.174,\quad L_{xx} = 28.0,\quad S_T = L_{yy} = 0.174,$$

$$S_R = b^2 L_{xx} = 0.0787^2 \times 28.0 = 0.173,$$

$$S_e = S_T - S_R = 0.174 - 0.173 = 0.001.$$

由 $f_T = n - 1 = 6$，$f_R = 1$ 可得：$f_e = f_T - f_R = 5$.

$$MS_e = \frac{S_e}{f_e} = \frac{0.001}{5} = 0.0002 S_b = \sqrt{\frac{MS_e}{L_{xx}}} = \sqrt{\frac{0.0002}{28.0}} = 0.00267,$$

$$t = \frac{b}{S_b} = \frac{0.0787}{0.00267} = 29.476.$$

对于给定显著性水平 $\alpha = 0.05$，查单侧 t 分布表（附录4）得 $t_{0.05,\ 5} = 2.015$；显然，$t_0 > t_{0.05,\ 5}$，判定变量 y（吸光度）与 x（镉浓度）之间有显著线性相关关系，变量 x（镉浓度）对变量 y（吸光度）有显著影响，构建的线性回归方程（$y=-0.00375+0.0787x$）具有统计学意义．

从例 4-2～例 4-4 可以看出，对于一元线性回归方程而言，r 检验法、F 检验法、t 检验法的显著性检验结果是一致的．在一元线性回归分析中，由于只有一个自变量，3 种检验方法的结果是等价的，可任选一种对一元线性回归方程进行检验．

如果检验结果是回归方程不显著，说明线性回归方程没有统计学意义．出现线性回归方程没有统计学意义的情况，原因可能有以下几种：一是变量 x 不是 y 的主要影响因素，或者可能还有其他因素对变量 y 有不可忽略的重要影响．二是变量 y 与 x 之间可能存在曲线相关

关系．三是变量 y 与 x 之间没有相关关系．

如果检验结果是回归方程显著，说明一元线性回归方程有统计学意义，即变量 x 对变量 y 的影响是显著的，即相对于其他因素及试验误差来说，x 是影响指标 y 的主要因素．但并不能说明，因素 x 是影响指标 y 的唯一重要因素，即不能据此判定，除 x 以外是否还有其他对 y 有重要影响的因素．

4.2.3 一元线性回归方程的应用

由上述讨论可知，线性回归方程显著，回归方程的拟合效果不一定好．这样的回归方程直接用于预测或控制时存在出现较大偏差的风险．一般地，常用决定系数 R^2 来表征拟合优度：

$$R^2 = \frac{S_R}{S_T}. \tag{4-28}$$

决定系数 R^2 越大，说明在因变量数据的总的波动中，由自变量引起的波动占比越大，因变量由自变量解释的部分相对越多，即线性回归方程的拟合效果越好：

$$R^2 = \frac{S_R}{S_T} = \frac{L_{xy}}{L_{xx}L_{yy}} = r^2. \tag{4-29}$$

其中，相关系数 r 反映的是实测值 y_i 与回归值 $\hat{y}_i$ 的相关关系；决定系数 R^2 是回归方程拟合优度的度量，反映回归方程拟合效果的优劣．

相关系数 r 与试验数据组数 n 密切相关，当 n 较小时，相关系数 r 容易偏大，此时决定系数 R^2 相应也会较大，易造成拟合优度好的假象，但实际拟合优度未必好，因此引入调整决定系数 R_{adj}^2：

$$R_{adj}^2 = 1 - \frac{n-1}{n-p-1}(1-R^2). \tag{4-30}$$

其中，n 是试验数据的组数，p 是自变量的个数．显然，当决定系数 R^2 与调整决定系数 R_{adj}^2 的值越大，且二者越接近时，线性回归模型的实际拟合优度越好．利用拟合优度好的回归方程进行预测和控制，可为科学研究或生产实践提供指导．

4.2.3.1 利用回归方程对因变量进行预测

根据任一给定的自变量 x_0，由线性回归方程 $y=b_0+b_1x$ 计算可得回归值 $\hat{y}_0$，显然 $\hat{y}_0$ 是对因变量 y 对应 x_0 处的试验值 y_0 的一个点估计值，即

$$\hat{y}_0 = \hat{b}_0 + \hat{b}_1 x_0. \tag{4-31}$$

在一定的置信度 α 下，对因变量 y 的区间估计，也就是找出 δ，使因变量 y 的实际试验值 y_0 落在区间 $(\hat{y}_0-\delta,\ \hat{y}_0+\delta)$ 的概率为 $(1-\alpha)\%$，即

$$P(\hat{y}_0 - \delta < \hat{y}_0 < \hat{y}_0 + \delta) = 1 - \alpha. \tag{4-32}$$

此时，区间 $(\hat{y}_0-\delta,\ \hat{y}_0+\delta)$ 称为 y_0 的置信区间，也即 y_0 的预报区间，如当 $\alpha=0.05$ 时，对应 x_0，则 y_0 落在区间 $(\hat{y}_0 \pm \delta)$ 的概率为 95%.

为了找出 δ，以获得 y_0 的预报区间，构建随机变量

$$u = y_0 - \hat{y}_0, \tag{4-33}$$

则

$$E(u)=E(y_0)-E(\hat{y}_0)=0, \tag{4-34}$$

$$D(y_0)=\sigma^2. \tag{4-35}$$

因为 y_0 和 $\hat{y}_0$ 是相互独立的正态随机变量，所以变量 u 也是正态随机变量，由统计学可以证明：

$$\frac{u/\sigma}{\sqrt{\frac{\hat{\sigma}^2}{\sigma^2}}}=\frac{y_0-\hat{y}_0}{\hat{\sigma}\sqrt{1+\frac{1}{n}+\frac{(x_0-\bar{x})^2}{\sum_{i=1}^{n}(x_i-\bar{x})^2}}}\sim t_{n-2}. \tag{4-36}$$

令

$$h_{00}=\frac{1}{n}+\frac{(x_0-\bar{x})^2}{\sum_{i=1}^{n}(x_i-\bar{x})^2}=\frac{1}{n}+\frac{(x_0-\bar{x})^2}{L_{xx}}, \tag{4-37}$$

则 y_0 在置信水平 $1-\alpha$ 的区间估计为

$$\hat{y}_0\pm t_{\frac{\alpha}{2},(n-2)}\hat{\sigma}\sqrt{1+h_{00}}. \tag{4-38}$$

由式（4-37）和式（4-38）可知，当试验数据组数 n 较大时，h_{00} 相对较小，相应地，预测区间窄，预测精度高；当 L_{xx} 较大时，即 x_i 取值的跨度较大时，h_{00} 相对较小，预测区间窄，预测精度高；当 $|x_0-\bar{x}|$ 较小时，即 x_0 离变量 x 的中心值 $\bar{x}$ 较近时，h_{00} 相对较小，预测区间窄，预测精度高．当 n 较大，$|x_0-\bar{x}|$ 较小时，h_{00} 接近于0，则 y_0 的95%的置信区间近似为 $(\hat{y}_0\pm 2\hat{\sigma})$．

$(\hat{y}_0\pm t_{\frac{\alpha}{2},(n-2)}\hat{\sigma}\sqrt{1+h_{00}})$ 为对应 x_0 的变量 y_0 的预测区间．相应地，$(\hat{y}_0\pm t_{\frac{\alpha}{2},(n-2)}\hat{\sigma}\sqrt{h_{00}})$ 为变量 y_0 的平均值的区间估计，也称为其均值的置信区间．

4.2.3.2 利用回归方程对因变量进行控制

利用回归方程进行控制，实际上就是预测的反向应用，即通过控制自变量使得因变量的值在某个范围内．具体地说，就是控制自变量 x 的范围 (x_1, x_2)，使因变量 y 落在区间 (y_1, y_2) 内的概率不小于 $(1-\alpha)$，即找出满足式（4-39）条件的 x_1 和 x_2，则有 $P(y_1<y<y_2)\geqslant 1-\alpha$.

$$\begin{cases}\hat{y}-t_{(\alpha/2,\ n-2)}\hat{\sigma}\sqrt{1+\frac{1}{n}+\frac{(x_i-\bar{x})^2}{\sum_{i=1}^{n}(x_i-\bar{x})^2}}>y_1,\\ \hat{y}+t_{(\alpha/2,\ n-2)}\hat{\sigma}\sqrt{1+\frac{1}{n}+\frac{(x_i-\bar{x})^2}{\sum_{i=1}^{n}(x_i-\bar{x})^2}}<y_2.\end{cases} \tag{4-39}$$

所以，从公式（4-39）计算得到 x_1 和 x_2 作为控制 x 的上下限，达到将因变量 y 控制在区间 (y_1, y_2) 的目的．

例 4-5 某地 C3F 烟叶的醇提物在不同微波裂解时间下香味成分生成总量的试验数据见

表 4-4.

①当微波裂解时间为 45S 时，求裂解产物香味成分生成总量 95%的预报区间 .

②如何控制施裂解产物香味成分生成总量在 210~220mg/g.

表 4-4　微波裂解时间与裂解产物香味成分总量的试验数据

试验号	裂解时间（s）	香气成分生成总量（mg/g）
1	0	196
2	30	208
3	60	216
4	90	227
5	120	240

解　首先，建立裂解产物香味成分总量（y）与微波裂解时间（x）之间的回归方程：

$$\bar{x} = \frac{1}{n}\sum_{i=1}^{n} x_i = \frac{1}{5}\sum_{i=1}^{5} x_i = 60，\ \bar{y} = \frac{1}{n}\sum_{i=1}^{n} y_i = \frac{1}{5}\sum_{i=1}^{5} y_i = 217.4,$$

$$L_{xy} = \sum_{i=1}^{n} x_i y_i - n\bar{x}\bar{y} = \sum_{i=1}^{5} x_i y_i - 5 \times 60 \times 217.4 = 3210,$$

$$L_{xx} = \sum_{i=1}^{n} x_i^2 - n(\bar{x})^2 = \sum_{i=1}^{5} x_i^2 - 5 \times 60^2 = 9000,$$

$$b_1 = \frac{L_{xy}}{L_{xx}} = \frac{3210}{9000} = 0.3567,$$

$$b_0 = \bar{y} - b_1\bar{x} = 217.4 - 0.3567 \times 60 = 195.6.$$

因此，裂解产物香味成分总量（y）与微波裂解时间（x）之间的回归方程为

$$y = 0.3567x + 195.6.$$

其次，

$$L_{yy} = \sum_{i=1}^{n} y_i^2 - n(\bar{y})^2 = \sum_{i=1}^{5} y_i^2 - 5 \times 217.4^2 = 1151.2,$$

$$S_T = L_{yy} = 1151.2 S_R = b^2 L_{xx} = 0.3567^2 \times 9000 = 1144.9,$$

$$S_e = S_T - S_R = 1151.2 - 1144.9 = 6.3,$$

$$\hat{\sigma} = \sqrt{\frac{S_e}{n-2}} = \sqrt{\frac{6.3}{5-2}} = 1.449.$$

① $\alpha = 0.05$，$x_0 = 45$ 时，y_0 的取值范围为

$$\hat{y}_0 = 0.3567x_0 + 195.6 = 211.652,$$

$$h_{00} = \frac{1}{n} + \frac{(x_0 - \bar{x})^2}{L_{xx}} = \frac{1}{5} + \frac{(45-60)^2}{9000} = 0.225,$$

$$t_{\frac{\alpha}{2},(n-2)} = t_{0.025,3} = 3.182,$$

$$t_{\frac{\alpha}{2},(n-2)}\hat{\sigma}\sqrt{1+h_{00}} = 3.182 \times 1.449 \times \sqrt{1+0.225} = 5.103.$$

则 y_0 的95%的预测区间为（211.652 ±5.103），即

$$206.549 < y_0 < 216.755.$$

② $\alpha = 0.05$，要求 $210 < y < 220$，那么

$$\begin{cases} \hat{y} - t_{(\alpha/2,\ n-2)}\hat{\sigma}\sqrt{1 + \dfrac{1}{n} + \dfrac{(x_i - \bar{x})^2}{\sum\limits_{i=1}^{n}(x_i - \bar{x})^2}} > y_1, \\ \hat{y} + t_{(\alpha/2,\ n-2)}\hat{\sigma}\sqrt{1 + \dfrac{1}{n} + \dfrac{(x_i - \bar{x})^2}{\sum\limits_{i=1}^{n}(x_i - \bar{x})^2}} < y_2. \end{cases}$$

即

$$\begin{cases} 0.3567x_0 + 195.6 - 3.182 \times 1.449 \times \sqrt{1 + \dfrac{1}{5} + \dfrac{(x_0 - 60)^2}{9000}} > 210, \\ 0.3567x_0 + 195.6 + 3.182 \times 1.449 \times \sqrt{1 + \dfrac{1}{5} + \dfrac{(x_0 - 60)^2}{9000}} < 220. \end{cases}$$

可近似为

$$\begin{cases} 0.3567x_0 + 195.6 - 3.182 \times 1.449 \times \sqrt{1 + 0.2} > 210, \\ 0.3567x_0 + 195.6 + 3.182 \times 1.449 \times \sqrt{1 + 0.2} < 220. \end{cases}$$

可得

$$54.53 < x_0 < 68.26.$$

值得注意的是，利用一元线性回归模型进行预测或控制时，应在适用范围内，超出适用范围，可能会出现误差偏大或错误的结果．这是因为在适用范围内变量 y 与 x 是呈线性相关关系，超出适用范围，变量 y 与 x 之间未必仍呈线性相关关系．所以，利用一元线性回归模型进行预测或控制，一般只能在适用范围内，若需要扩大预测和控制范围，则需有充分的理论或实验依据．

4.2.4 可转化为一元线性回归的非线性回归分析

思政元素——灵活运用模型分析方法

变量之间的关系并不总是线性的，有时用非线性回归模型来表达两变量之间的关系更符合实际．当两变量之间呈双曲线、对数函数、指数函数、幂函数等曲线关系时，可以通过变量转换，转化为线性回归分析来找出反映两变量关系的表达式．

4.2.4.1 双曲线函数

随自变量 x 的增加，因变量 y 变化（增加或减小）的幅度从很大到逐渐变小最后趋于稳定不变．此时，可考虑采用双曲线函数 $\left(\dfrac{1}{y} = b_0 + \dfrac{b_1}{x}\right)$ 来拟合因变量 y 与自变量 x 之间的表达式．令 $Y = \dfrac{1}{y}$，$X = \dfrac{1}{x}$，则可转化为经验公式为 $Y = \beta_0 + \beta_1 X$ 的线性回归分析．

例 4-6 收集变量 y 与 x 的试验数据如表 4-5 所示，试用最小二乘法确定样品中变量 y

与 x 的关系（即建立变量 y 与 x 的回归模型）.

表 4-5　变量 y 与 x 的试验数据及 Y 和 X 的计算值

x	y	$X=\frac{1}{x}$	$Y=\frac{1}{y}$
1.00	0.05	1	20
2.00	0.09	0.50	11.11
3.00	0.12	0.33	8.33
4.00	0.14	0.25	7.14
5.00	0.16	0.20	6.25
6.00	0.18	0.17	5.56
7.00	0.19	0.14	5.26

解　首先，画变量 y 与 x 之间的散点图（图 4-3）. 由图 4-3 可知，变量 y 随变量 x 的增大呈逐渐增大趋势，且增大的幅度从较大逐渐变小到最后趋于稳定，符合双曲线函数 $\left(\frac{1}{y}=b_0+\frac{b_1}{x}\right)$ 的数学模型或称经验公式.

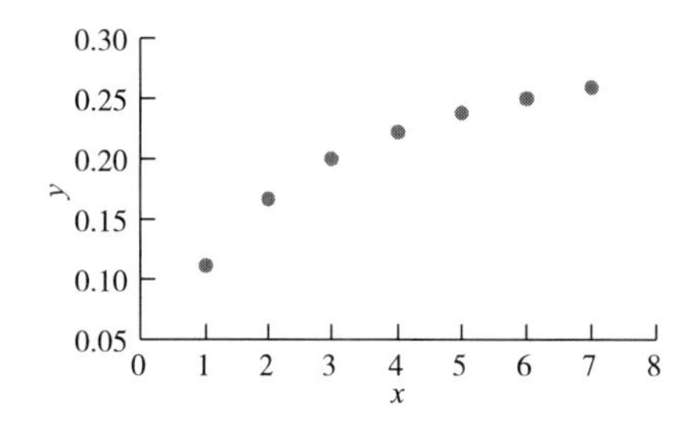

图 4-3　双曲线函数变量 y 与 x 的散点图

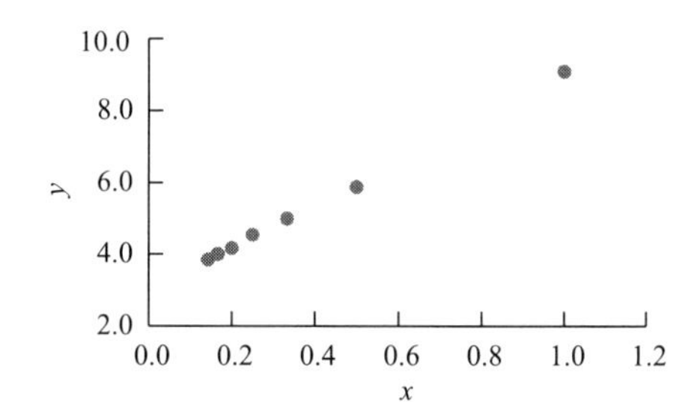

图 4-4　线性函数变量 Y 与 X 的散点图

令 $Y=\frac{1}{y}$，$X=\frac{1}{x}$，变换后变量 Y 与 X 的数据见表 4-5. 由变量 Y 与 X 之间的散点图（图 4-4）可以看出，变量 Y 与 X 之间符合一元线性回归的数学模型（$Y=b_0+b_1X$），可利用最小二乘法建立一元线性回归方程，求得参数 $b_0=2.733$、$b_1=17.172$（计算过程略）. 所以，一元线性回归方程为

$$Y=2.733+17.172X,$$

拟合度

$$R^2=0.9994,$$

相关系数

$$r=0.9997.$$

由题意，自变量个数 $p=1$，试验数据组数 $n=7$，在给定显著性水平 $\alpha=0.05$ 下，由相关系数临界值表（附录 9）可查得 $r_{cri}=0.754$，显然

$$r>r_{cri},$$

可以判定回归方程 $Y = 2.733 + 17.172X$ 具有统计学意义．

将变量 Y 还原为变量 $\frac{1}{y}$，变量 X 还原为 $\frac{1}{x}$，即得变量 y 与 x 之间相关关系的表达式为

$$\frac{1}{y} = 2.733 + \frac{17.172}{x}.$$

4.2.4.2　对数函数

随自变量 x 的增加，因变量 y 变化（增加或减小）的幅度随 Δx 的推移不断缩减，即随自变量 x 的增加，Δx 对因变量 y 的影响程度不断减小．此时，可考虑采用对数函数来拟合因变量 y 与自变量 x 之间的表达式（$y = b_0 + b_1 \ln x$）．令 $Y = y$，$X = \ln x$，则变量间的对数函数可转化为一元线性回归模型．

例 4-7　收集变量 y 与 x 的试验数据如表 4-6 所示，试用最小二乘法确定样品中变量 y 与 x 的关系（即建立变量 y 与 x 的回归模型）．

表 4-6　变量 y 与 x 的试验数据及 Y 和 X 的计算值

x	y	$X = \ln x$	$Y = y$
1.00	3.86	0	3.86
2.00	10.32	0.69	10.32
3.00	13.89	1.10	13.89
4.00	16.49	1.39	16.49
5.00	18.46	1.61	18.46
6.00	20.23	1.79	20.23
7.00	21.67	1.95	21.67

解　首先，画变量 y 与 x 之间的散点图（图 4-5）．由图 4-5 可知，变量 y 随变量 x 的增大呈逐渐增大趋势，且增大的幅度随 Δx 的推移不断缩减，符合对数函数的数学模型或称经验公式（$y = b_0 + b_1 \ln x$）．

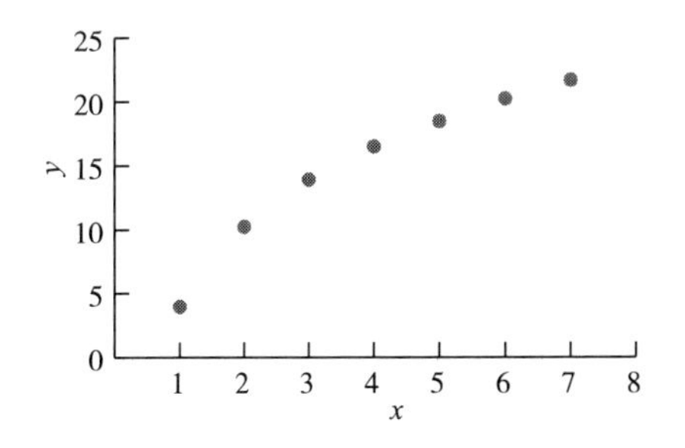

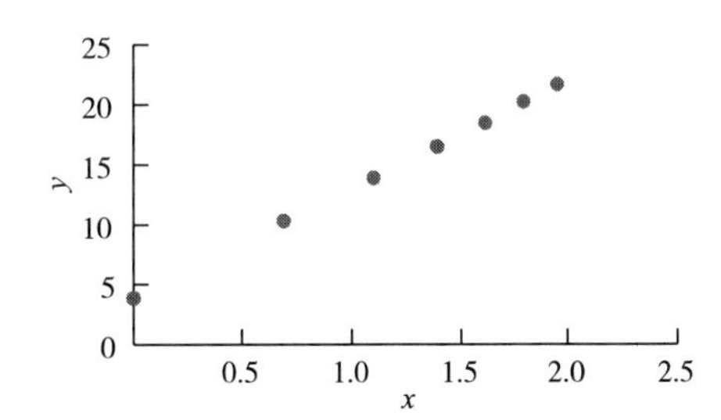

图 4-5　指数函数变量 y 与 x 的散点图　　图 4-6　线性函数变量 Y 与 X 的散点图

令 $Y = y$，$X = \ln x$，变换后变量 Y 与 X 的数据见表 4-6．由变量 Y 与 X 之间的散点图（图 4-6）可以看出，变量 Y 与 X 之间符合一元线性回归的数学模型（$Y = b_0 + b_1 X$），可利用最小二乘法建立一元线性回归方程．求得参数 $b_0 = 3.911$、$b_1 = 9.090$（计算过程略）．所以，一元线性回归方程为

$$Y = 3.911 + 9.090X,$$

拟合度

$$R^2 = 0.9998,$$

相关系数

$$r = 0.9999.$$

由题意，自变量个数 $m = 1$，试验数据组数 $n = 7$，在给定显著性水平 $\alpha = 0.05$ 下，$r_{cri} = 0.754$（附录 9），显然 $r > r_{cri}$，可以判定，回归方程 $Y = 3.911 + 9.090X$ 具有统计学意义 .

将变量 Y 还原为变量 y，变量 X 还原为 $\ln x$，即得变量 y 与 x 之间相关关系的表达式为

$$y = 3.911 + 9.090\ln x.$$

4.2.4.3 指数函数

通过散点图或实践经验，判断变量 y 与 x 的试验数据呈现指数函数（$y = b_0 b_1^x$ 或 $y = b_0 e^{b_1 x}$ 或 $y = b_0 e^{\frac{b_1}{x}}$）关系时，也可转化为一元线性回归分析 . 指数函数的特点是随自变量 x 的增加（或减小），因变量 y 的值逐渐趋向于某一个值，如指数函数 $y = 2 \times 3^x$ 中变量 y 随 x 的变化趋势（图 4-7）和指数函数 $y = 2 \times e^{-2x}$ 中变量 y 随 x 的变化趋势（图 4-8）.

①对 $y = b_0 b_1^x$ 的指数函数关系，可令 $Y = \lg y$，$X = x$，$B_0 = \lg b_0$，$B_1 = \lg b_1$. 此时，指数函数关系表达式 $y = b_0 b_1^x$ 就转化为经验公式为 $Y = B_0 + B_1 X$ 的线性回归分析 .

②对 $y = b_0 e^{b_1 x}$ 的指数函数关系，可令 $Y = \ln y$，$X = x$，$B_0 = \ln b_0$，$B_1 = b_1$. 此时，指数函数关系表达式 $y = ae^{bx}$ 就转化为经验公式为 $Y = B_0 + B_1 X$ 的线性回归分析 .

③对 $y = b_0 e^{\frac{b_1}{x}}$ 的指数函数关系，可令 $Y = \ln y$，$X = \frac{1}{x}$，$B_0 = \ln b_0$，$B_1 = b_1$. 此时，指数函数关系表达式 $y = b_0 e^{\frac{b_1}{x}}$ 就转化为经验公式为 $Y = B_0 + B_1 X$ 的线性回归分析 .

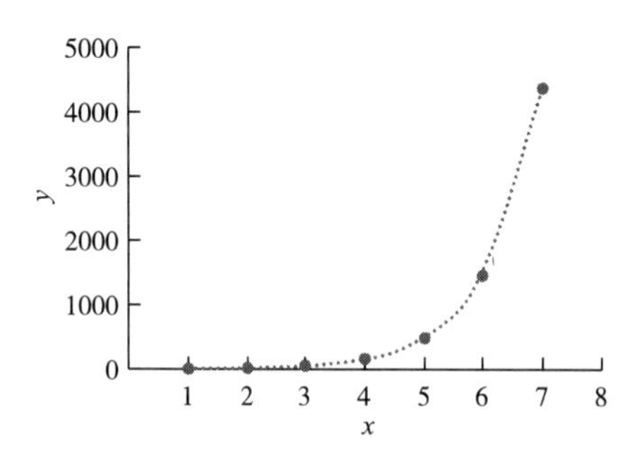

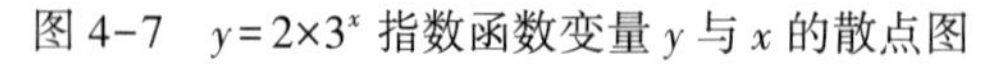
图 4-7 $y = 2 \times 3^x$ 指数函数变量 y 与 x 的散点图

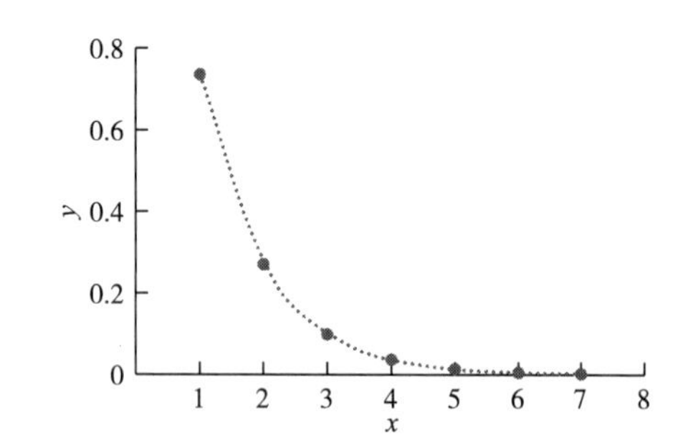

图 4-8 $y = 2 \times e^{-2x}$ 指数函数变量 y 与 x 的散点图

4.2.4.4 幂函数

通过散点图或实践经验，判断变量 y 与 x 的试验数据呈现幂函数（$y = b_0 x^{b_1}$ 或 $y = b_0 + b_1 x^n$）关系时，也可转化为一元线性回归分析 . 幂函数的特点是随自变量 x 的增加，因变量 y 的值是单调递增（或递减）的，如指数函数 $y = 2x^2$ 中变量 y 随 x 的变化趋势（图 4-9）和指数函数 $y = 2 - 2x^2$ 中变量 y 随 x 的变化趋势（图 4-10）.

①对 $y=b_0x^{b_1}$ 的幂函数关系，可令 $Y=\lg y$，$X=\lg x$，$B_0=\lg b_0$，$B_1=b_1$. 此时，幂函数关系表达式 $y=b_0x^{b_1}$ 就转化为经验公式为 $Y=B_0+B_1X$ 的线性回归分析 .

②对 $y=b_0+b_1x^n$ 的幂函数关系，可令 $Y=y$，$X=x^n$. 此时，幂函数关系表达式 $y=b_0+b_1x^n$ 就转化为经验公式为 $Y=b_0+b_1X$ 的线性回归分析 .

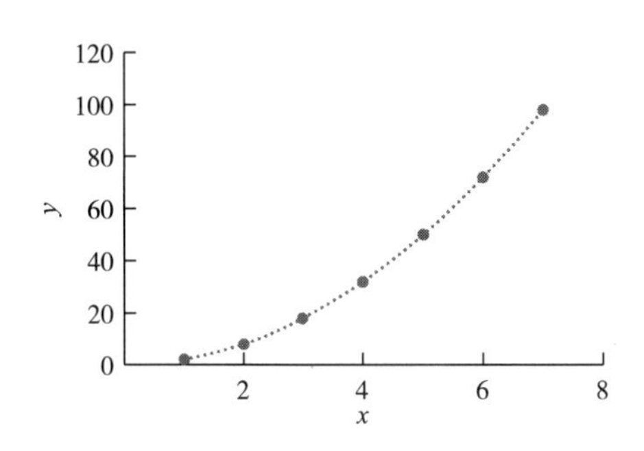

图 4-9　$y=2x^2$ 幂函数变量 y 与 x 的散点图

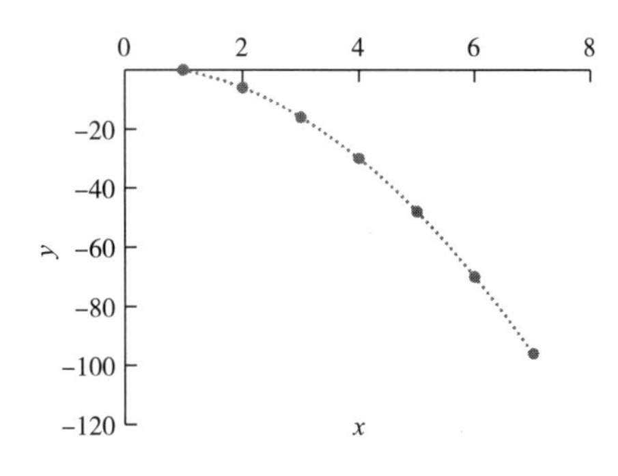

图 4-10　$y=2-2x^2$ 幂函数变量 y 与 x 的散点图

4.2.4.5　Logistic 生长曲线

Logistic 生长曲线的特点是随着自变量 x 的增加，因变量 y 刚开始增加速度逐渐加快，到一定水平后逐渐放慢，之后就无限趋近于某个固定值（c），如 Logistic 生长曲线 $y=\dfrac{2}{(1+2e^{-2x})}$ 中变量 y 随 x 的变化趋势（图 4-11）.

通过散点图或实践经验判断变量 y 与 x 的试验数据呈现 Logistic 生长曲线关系时，也可转化为一元线性回归分析 . Logistic 生长曲线为

$$y=\frac{c}{1+b_0e^{-b_1x}},\tag{4-40}$$

令 $Y=\ln\dfrac{c-y}{y}$，$X=x$，$B_0=\ln b_0$，$B_1=-b_1$，可将 Logistic 生长曲线转化为

$$Y=B_0+B_1X.\tag{4-41}$$

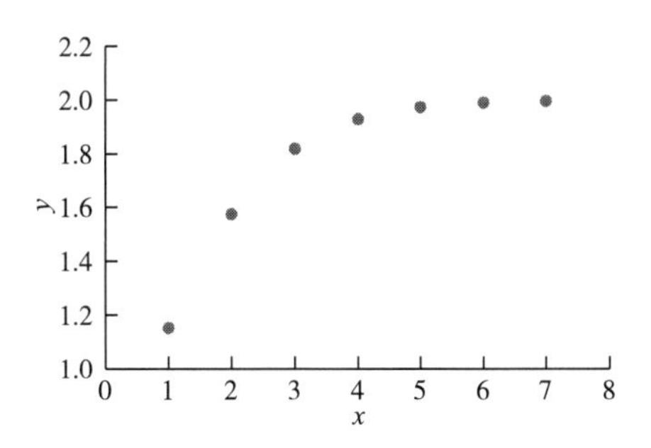

图 4-11　Logistic 生长曲线变量 y 与 x 的散点图

值得注意的是，很多非线性问题都可以转化为线性问题，一元线性回归分析是回归分析中最基础、最重要的回归分析方法 . 针对相同的试验数据组，非线性回归模型也不是唯一的，

因为有些经验公式的趋势图表现比较相似，很难精确判定哪种经验公式更适合表达变量之间的关系. 选择不同的经验公式，可能均可拟合出具有统计学意义的回归模型. 此时，通常会选择拟合效果相对更好的回归模型，当拟合效果较为相近时，则考虑选择相对简单的经验公式. 一般情况下，越是简单的模型相对越稳健，可操作性也越强；而过于复杂的回归模型在实际应用中的效果往往不是很理想.

例 4-8 收集变量 y 与 x 的试验数据如表 4-7 所示，试用最小二乘法确定样品中变量 y 与 x 的关系（即建立变量 y 与 x 的回归模型).

表 4-7 变量 y 与 x 的试验数据及 Y、X 和 Y'、X' 的计算值

x	y	$X=\ln x$	$Y=y$	$Y'=\frac{1}{y}$	$X'=\frac{1}{x}$
2. 00	4. 05	0. 693	4. 05	0. 247	0. 500
4. 00	6. 48	1. 386	6. 48	0. 154	0. 250
6. 00	7. 55	1. 792	7. 55	0. 132	0. 167
8. 00	7. 96	2. 079	7. 96	0. 126	0. 125
10. 00	8. 12	2. 303	8. 12	0. 123	0. 100
12. 00	8. 47	2. 485	8. 47	0. 118	0. 083
14. 00	8. 88	2. 639	8. 88	0. 113	0. 071

解 画变量 y 与 x 之间的散点图（图 4-12). 由图 4-12 可知，变量 y 与 x 的关系可能符合对数函数（$y=b_0+b_1\ln x$）或双曲线函数$\left(\frac{1}{y}=b_0+\frac{b_1}{x}\right)$的数学模型或称经验公式.

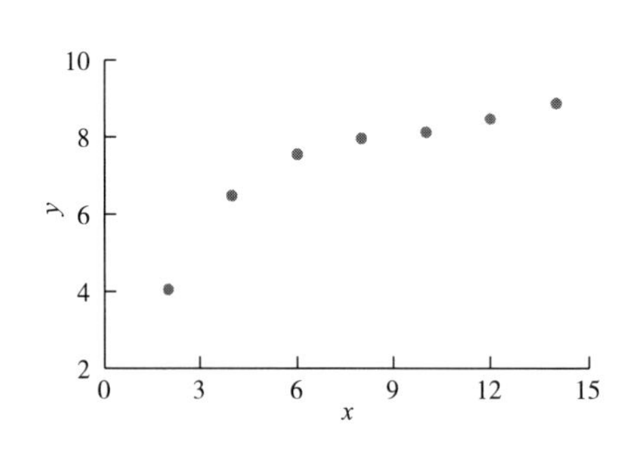

图 4-12 变量 y 与 x 之间的散点图

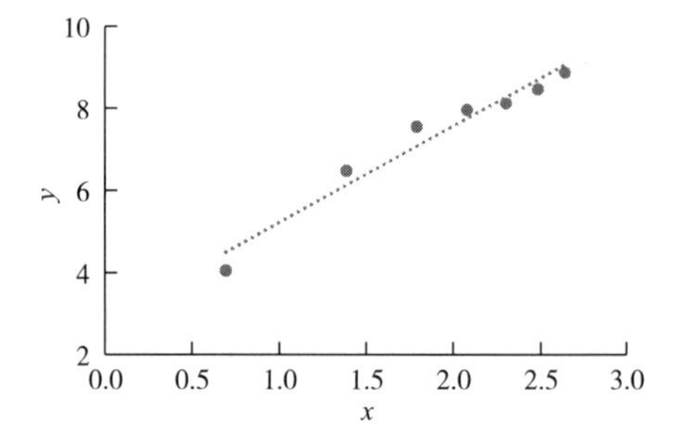

图 4-13 变量 Y 与 X 之间的散点图

①令 $Y=y$，$X=\ln x$，变换后变量 Y 与 X 的数据见表 4-7. 由变量 Y 与 X 之间的散点图（图 4-13）可以看出，变量 Y 与 X 之间符合一元线性回归模型（$Y=b_0+b_1X$），可利用最小二乘法建立一元线性回归方程，求得参数 $b_0=2.868$、$b_1=2.350$（过程略). 所以，一元线性回归方程为

$$Y=2.868+2.350X.$$

回归方程的拟合度 $R^2=0.9565$，回归方程预测值与实测值的相关系数 $r=9780$. 由题意，自变量个数 $m=1$，试验数据组数 $n=7$，在给定显著性水平 $\alpha=0.05$ 下，$r_{cri}=0.754$（查附录

9)，显然 $r > r_{cri}$. 可以判定，回归方程（$Y = 2.868 + 2.350X$）具有统计学意义 .

将变量 Y 还原为变量 y，变量 X 还原为 $\ln x$，即得变量 y 与 x 之间相关关系的表达式为

$$y = 2.868 + 2.350\ln x.$$

②令 $Y' = \frac{1}{y}$，$X' = \frac{1}{x}$，变换后变量 Y' 与 X' 的数据见表 4-7. 由变量 Y' 与 X' 之间的散点图（图 4-14）可以看出，变量 Y' 与 X' 之间符合一元线性回归模型（$Y' = b'_0 + b'_1X'$），可利用最小二乘法建立一元线性回归方程，求得参数 $b'_0 = 0.088$、$b'_1 = 0.307$（过程略）. 所以，一元线性回归方程为

$$Y' = 0.088 + 0.307X'.$$

回归方程的拟合度 $R^2 = 0.9826$，回归方程预测值与实测值的相关系数 $r = 9913$. 由题意，自变量个数 $m = 1$，试验数据组数 $n = 7$，在给定显著性水平 $\alpha = 0.05$ 下，$r_{cri} = 0.754$（查附录 9），显然 $r > r_{cri}$. 可以判定，回归方程 $Y' = 0.088 + 0.307X'$ 具有统计学意义 .

将变量 Y' 还原为变量 $\frac{1}{y}$，变量 X' 还原为 $\frac{1}{x}$，即得变量 y 与 x 之间相关关系的表达式为

$$\frac{1}{y} = 0.088 + \frac{0.307}{x}.$$

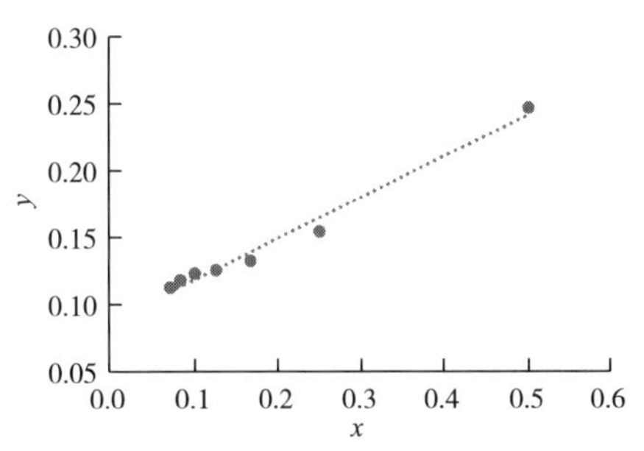

图 4-14　变量 Y' 与 X' 之间的散点图

由上述检验可以判定，采用对数函数和双曲线函数两种经验公式的回归拟合方程均具有统计学意义 . 比较拟合度，发现利用双曲线函数经验公式拟合的回归方程明显优于利用对数函数经验公式拟合的回归方程，因此选择双曲线函数经验公式拟合的回归模型$\left(\frac{1}{y}=0.088+\frac{0.307}{x}\right)$作为变量 y 与 x 之间关系的表达式更为合适 .

4.3　多元线性回归分析

试验指标常受多个因素的影响，如天然产物有效成分的提取率受提取方法、提取温度、提取溶剂、提取时间等多个因素影响，制丝线加料均匀性受加料滚筒转速、喷嘴角度、雾化压力、料液温度等多个因素影响 . 当要考察因变量与多个自变量之间的关系时，需要利用多元回归分析研究试验指标（因变量 y）与多个试验因素（自变量 x_i）之间的关系 .

若因变量 y 与自变量 x_i（$i = 1, 2, \cdots, p$）之间的函数关系为

$$y = \beta_0 + \beta_1 x_1 + \beta_2 x_2 + \cdots + \beta_p x_p, \tag{4-42}$$

则称因变量 y 与自变量 x_1，x_2，…，x_p 符合多元线性回归模型 . 式中，β_0 为回归常数，β_1，β_2，…，β_p 为回归系数 . 每个回归系数 β_i 表示在回归方程中，其他自变量保持不变的情况下，自变量 x_i 每增加一个单位时因变量 y 平均增加的幅度，因此多元线性回归的回归系数也称为偏回归系数，常简称为回归系数 . 当 $p = 1$ 时，式（4-42）即为我们前面讲述的一

元线性回归方程；当 $p \geqslant 2$ 时，则式（4-42）为因变量 y 关于自变量 x_1，x_2，…，x_p 的多元线性回归方程.

多元线性回归分析的基本原理、基本方法和一元线性回归分析类似，但计算要复杂得多，通常需要借助计算机软件完成. 多元线性回归分析是一种最简单、最基础也是最常用的多元回归分析方法之一，一些非线性回归和多项式回归都可转化为多元线性回归问题来解决.

4.3.1 多元线性回归方程的建立

设因变量 y 与自变量 x_1，x_2，…，x_p 共有 n 组实际观测数据（表 4-8）.

表 4-8 收集 n 组实际观测数据

组别	y	x_1	x_2	…	x_p
1	y_1	x_{11}	x_{21}	…	x_{p1}
2	y_2	x_{12}	x_{22}	…	x_{p2}
⋮	⋮	⋮	⋮		⋮
n	y_n	x_{1n}	x_{2n}	…	x_{pn}

如果因变量 y 与 x_i（$i=1$，2，…，p）之间的关系符合多元线性回归模型的经验公式，则可拟合变量 y 与 x_i（$i=1$，2，…，p）的多元线性回归方程，记为

$$y=b_0+b_1x_1+b_2x_2+\cdots+b_px_p. \tag{4-43}$$

显然，b_0，b_1，…，b_p 是数学模型中 β_0，β_1，…，β_p 的估计值. 在多元线性回归方程中，由自变量 x_i（$i=1$，2，…，p）通过回归方程计算的因变量的值（记为 $\hat{y}_i$）称为回归值. 我们知道，回归值 $\hat{y}_i$ 与试验值 y_i 并不一定相等，将两者之间的差值记为 ε_i，则

$$\varepsilon_i=y_i-\hat{y}_i. \tag{4-44}$$

因变量 y 的试验值与回归值之差服从均值为 0，方差为 σ^2 的正态分布，即 $\varepsilon_i \sim N(0,\sigma^2)$. 我们可以根据实际观测值对 β_0，β_1，…，β_p 以及方差 σ^2 进行估计.

与一元线性回归分析类似，我们仍采用最小二乘法估计回归参数：

$$\varepsilon=\sum_{i=1}^{n}\varepsilon_i^2=\sum_{i=1}^{n}\left[y_i-(b_0+b_1x_{1i}+b_2x_{2i}+\cdots+b_px_{pi})\right]^2. \tag{4-45}$$

在一组试验数据 x_{pi}、y_i（$i=1$，2，…，n）中，x_{pi}、y_i 均已知，所以 ε 为 b_0，b_1，…，b_p 的（$p+1$）元非负二次函数. 根据最小二乘法原理，b_0，b_1，…，b_p 应使实际观测值 y 与回归估计值 $\hat{y}_i$ 的偏差平方和 ε 最小，ε 达到最小时，模型回归值 $\hat{y}_i$ 与试验数据 y_i 最接近，即回归方程拟合效果最好. 根据微分学中多元函数求极值的方法，要使 ε 达到最小，则应满足

$$\frac{\partial\varepsilon}{\partial b_0}=-2\sum_{i=1}^{n}(y_i-b_0-b_1x_{1i}-\cdots-b_px_{pi})=0, \tag{4-46}$$

$$\frac{\partial\varepsilon}{\partial b_j}=-2\sum_{i=1}^{n}\left[x_{ji}(y_i-b_0-b_1x_{1i}-\cdots-b_px_{pi})\right]=0(j=1,2,\cdots,p), \tag{4-47}$$

即

$$
\begin{cases}
\dfrac{\partial \varepsilon}{\partial b_0} = -2\sum_{i=1}^{n}(y_i - b_0 - b_1 x_{1i} - \cdots - b_p x_{pi}) = 0, \\
\dfrac{\partial \varepsilon}{\partial b_1} = -2\sum_{i=1}^{n}[x_{1i}(y_i - b_0 - b_1 x_{1i} - \cdots - b_p x_{pi})] = 0, \\
\dfrac{\partial \varepsilon}{\partial b_2} = -2\sum_{i=1}^{n}[x_{2i}(y_i - b_0 - b_1 x_{1i} - \cdots - b_p x_{pi})] = 0, \\
\vdots \\
\dfrac{\partial \varepsilon}{\partial b_p} = -2\sum_{i=1}^{n}[x_{pi}(y_i - b_0 - b_1 x_{1i} - \cdots - b_p x_{pi})] = 0.
\end{cases} \tag{4-48}
$$

经整理、移项之后，得

$$
\begin{cases}
nb_0 + b_1\sum_{i=1}^{n}x_{1i} + b_2\sum_{i=1}^{n}x_{2i} + \cdots + b_p\sum_{i=1}^{n}x_{pi} = \sum_{i=1}^{n}y_i, \\
b_0\sum_{i=1}^{n}x_{1i} + b_1\sum_{i=1}^{n}x_{1i}^2 + b_2\sum_{i=1}^{n}x_{1i}x_{2i} + \cdots + b_p\sum_{i=1}^{n}x_{1i}x_{pi} = \sum_{i=1}^{n}x_{1i}y_i, \\
b_0\sum_{i=1}^{n}x_{2i} + b_1\sum_{i=1}^{n}x_{1i}x_{2i} + b_2\sum_{i=1}^{n}x_{2i}^2 + \cdots + b_p\sum_{i=1}^{n}x_{2i}x_{pi} = \sum_{i=1}^{n}x_{2i}y_i, \\
\vdots \\
b_0\sum_{i=1}^{n}x_{pi} + b_1\sum_{i=1}^{n}x_{1i}x_{pi} + b_2\sum_{i=1}^{n}x_{2i}x_{pi} + \cdots + b_p\sum_{i=1}^{n}x_{pi}^2 = \sum_{i=1}^{n}x_{pi}y_i.
\end{cases} \tag{4-49}
$$

由方程组（4-49）中的第一个方程可得

$$b_0 = \bar{y} - b_1\bar{x}_1 - b_2\bar{x}_2 - \cdots - b_p\bar{x}_p. \tag{4-50}$$

求解方程组，可得偏回归系数 b_1，b_2，…，b_p，即得因变量 y 与 x_i（$i=1, 2, \cdots, p$）的多元线性回归方程

$$\hat{y} = b_0 + b_1 x_1 + b_2 x_2 + \cdots + b_p x_p. \tag{4-51}$$

值得注意的是，方程组中方程的个数应大于未知数的个数．换句话说，须满足 $n > p$ 的要求，即试验数据组数 n 应多于自变量个数 p，使式（4-51）有解．

如果令

$$\bar{x}_j = \frac{1}{n}\sum_{i=1}^{n}x_{ji} \quad j = 1, 2, \cdots, p, \tag{4-52}$$

$$\bar{y} = \frac{1}{n}\sum_{i=1}^{n}y_i \quad i = 1, 2, \cdots, n, \tag{4-53}$$

$$L_{jj} = \sum_{i=1}^{n}(x_{ji} - \bar{x}_j)^2 = \sum_{i=1}^{n}x_{ji}^2 - n(\bar{x}_j)^2 \quad j = 1, 2, \cdots, p, \tag{4-54}$$

$$L_{jk} = L_{kj} = \sum_{i=1}^{n}(x_{ji} - \bar{x}_j)(x_{ki} - \bar{x}_k) = \sum_{i=1}^{n}x_{ji}x_{ki} - n\bar{x}_j\bar{x}_k,$$
$$j = 1, 2, \cdots, p \quad k = 1, 2, \cdots, p \quad j \neq k, \tag{4-55}$$

$$L_{jy} = \sum_{i=1}^{n}(x_{ji} - \bar{x}_j)(y_i - \bar{y}) = \sum_{i=1}^{n}x_{ji}y_i - n\bar{x}_j\bar{y} \quad j = 1, 2, \cdots, p, \tag{4-56}$$

则方程组（4-49）可简记为

$$\begin{cases} b_0 = \bar{y} - b_1\bar{x}_1 - b_2\bar{x}_2 - \cdots - b_p\bar{x}_p, \\ L_{11}b_1 + L_{12}b_2 + \cdots + L_{1p}b_p = L_{1y}, \\ L_{21}b_1 + L_{22}b_2 + \cdots + L_{2p}b_p = L_{2y}, \\ \quad\vdots \\ L_{p1}b_1 + L_{p2}b_2 + \cdots + L_{pp}b_p = L_{py}. \end{cases} \tag{4-57}$$

例 4-9 对 20 个不同产地不同部位的烟叶样品的焦油释放量 y（kg）、叶质重（mg/cm^2）、叶片厚度（mm）和填充值（cm^3/g）进行测定，试验数据见表 4-9. 已知烟叶样品焦油释放量与叶质重、叶片厚度、填充值呈多元线性关系，试利用最小二乘法拟合烟叶焦油释放量与叶质重、叶片厚度、填充值之间的多元线性回归方程 .

表 4-9 烟叶焦油量（y）、叶质重（x_1）、叶片厚度（x_2）、填充值（x_3）测定结果

编号	x_1	x_2	x_3	y	编号	x_1	x_2	x_3	y
1	7.5	0.065	4.4	12.6	11	22.7	0.196	2.6	20.3
2	20.5	0.176	2.7	19.2	12	15.7	0.127	3.3	16.1
3	17.8	0.170	3.0	17.2	13	15.2	0.125	3.5	15.7
4	11.5	0.097	4.2	14.3	14	13.1	0.117	4.0	14.9
5	8.2	0.07	4.3	12.9	15	10.1	0.109	4.1	13.8
6	8.6	0.081	4.3	13.2	16	12.2	0.113	3.8	14.6
7	14.6	0.124	3.7	15.6	17	14.2	0.123	3.6	15.5
8	16.8	0.136	3.2	16.8	18	9.7	0.113	4.2	13.6
9	19.4	0.171	2.8	18.5	19	6.8	0.062	4.5	12.1
10	21.6	0.182	2.6	19.8	20	17.2	0.166	3.3	16.9

解 依题意，$n=20$，$p=3$. 要求用最小二乘法计算三元线性回归方程（$y=b_0+b_1x_1+b_2x_2+b_3x_3$）中的回归常数 b_0 和回归系数 b_1、b_2、b_3，根据最小二乘法原理，得

$$\begin{cases} 20b_0 + b_1\sum_{i=1}^{20}x_{1i} + b_2\sum_{i=1}^{20}x_{2i} + b_3\sum_{i=1}^{20}x_{3i} = \sum_{i=1}^{20}y_i, \\ b_0\sum_{i=1}^{20}x_{1i} + b_1\sum_{i=1}^{20}x_{1i}^2 + b_2\sum_{i=1}^{20}x_{1i}x_{2i} + b_3\sum_{i=1}^{20}x_{1i}x_{3i} = \sum_{i=1}^{20}x_{1i}y_i, \\ b_0\sum_{i=1}^{20}x_{2i} + b_1\sum_{i=1}^{20}x_{1i}x_{2i} + b_2\sum_{i=1}^{20}x_{2i}^2 + b_3\sum_{i=1}^{20}x_{2i}x_{3i} = \sum_{i=1}^{20}x_{2i}y_i, \\ b_0\sum_{i=1}^{20}x_{3i} + b_1\sum_{i=1}^{20}x_{1i}x_{3i} + b_2\sum_{i=1}^{20}x_{2i}x_{3i} + b_3\sum_{i=1}^{20}x_{3i}^2 = \sum_{i=1}^{20}x_{3i}y_i. \end{cases}$$

其中，

$$\sum_{i=1}^{20}x_{1i} = 266.20,\quad \sum_{i=1}^{20}x_{2i} = 2.52,\quad \sum_{i=1}^{20}x_{3i} = 68.80,$$

$$\sum_{i=1}^{20} y_i = 296.70,\quad \sum_{i=1}^{20} x_{1i}^2 = 4162.36,\quad \sum_{i=1}^{20} x_{2i}^2 = 0.32,$$

$$\sum_{i=1}^{20} x_{3i}^2 = 256.80,\quad \sum_{i=1}^{20} x_{1i}x_{2i} = 36.47,\quad \sum_{i=1}^{20} x_{1i}x_{3i} = 907.21,$$

$$\sum_{i=1}^{20} x_{2i}x_{3i} = 8.08,\quad \sum_{i=1}^{20} x_{1i}y_i = 4373.80,\quad \sum_{i=1}^{20} x_{2i}y_i = 38.54,$$

$$\sum_{i=1}^{20} x_{3i}y_i = 1045.82.$$

将计算所得的数据代入上述正规方程组中，得

$$\begin{cases} 20b_0 + 266.20b_1 + 2.52b_2 + 68.80b_3 = 296.70, \\ 266.20b_0 + 4162.36b_1 + 36.47b_2 + 907.21b_3 = 4373.80, \\ 2.52b_0 + 36.47b_1 + 0.32b_2 + 8.08b_3 = 38.54, \\ 256.80b_0 + 907.21b_1 + 8.08b_2 + 256.80b_3 = 1045.82. \end{cases}$$

解方程组得

$$b_0 = 11.892,\ b_1 = 0.398,\ b_2 = 2.659,\ b_3 = -0.608.$$

于是，烟叶焦油释放量（y）与叶质重（x_1）、叶片厚度（x_2）、填充值（x_3）的三元线性回归方程为

$$y = 11.892 + 0.398x_1 + 2.659x_2 - 0.608x_3.$$

或者根据式（4-55），得

$$\begin{cases} b_0 = \bar{y} - b_1\bar{x}_1 - b_2\bar{x}_2 - b_3\bar{x}_3, \\ L_{11}b_1 + L_{12}b_2 + L_{13}b_3 = L_{1y}, \\ L_{21}b_1 + L_{22}b_2 + L_{23}b_3 = L_{2y}, \\ L_{31}b_1 + L_{32}b_2 + L_{33}b_3 = L_{3y}. \end{cases}$$

其中，

$$\bar{y} = \frac{1}{20},\ \sum_{i=1}^{20} y_i = 15.680,\ \bar{x}_1 = \frac{1}{20},\ \sum_{i=1}^{20} x_{1i} = 14.170,$$

$$\bar{x}_2 = \frac{1}{20},\ \sum_{i=1}^{20} x_{2i} = 0.126,\ \bar{x}_3 = \frac{1}{20},\ \sum_{i=1}^{20} x_{3i} = 3.605,$$

$$L_{11} = \sum_{i=1}^{20} x_{1i}^2 - 20\times(\bar{x}_1)^2 = 442.422,\ L_{22} = \sum_{i=1}^{20} x_{2i}^2 - 20\times(\bar{x}_2)^2 = 0.031,$$

$$L_{33} = \sum_{i=1}^{20} x_{3i}^2 - 20\times(\bar{x}_3)^2 = 7.770,\ L_{12} = L_{21} = \sum_{i=1}^{20} x_{1i}x_{2i} - 20\times\bar{x}_1\bar{x}_2 = 5.575,$$

$$L_{13} = L_{31} = \sum_{i=1}^{20} x_{1i}x_{3i} - 20\times\bar{x}_1\bar{x}_3 = -57.687,$$

$$L_{23} = L_{32} = \sum_{i=1}^{20} x_{2i}x_{3i} - 20\times\bar{x}_2\bar{x}_3 = -0.467,$$

$$L_{1y} = \sum_{i=1}^{20} x_{1i}y_i - 20\times\bar{x}_1\bar{y} = 220.768,\ L_{2y} = \sum_{i=1}^{20} x_{2i}y_i - 20\times\bar{x}_2\bar{y} = 1.789,$$

$$L_{3y} = \sum_{i=1}^{20} x_{3i}y_i - 20\times\bar{x}_3\bar{y} = -28.938.$$

将计算所得的数据代入上述正规方程组中，得到如下的方程组

$$\begin{cases}b_0 = 15.680 - 14.170b_1 - 0.126b_2 - 3.605b_3, \\ 442.422b_1 + 5.575b_2 - 57.687b_3 = 220.768, \\ 5.575b_1 + 0.031b_2 - 0.467b_3 = 1.789, \\ - 57.687b_1 - 0.467b_2 + 7.770b_3 = - 28.938.\end{cases}$$

解方程组得

$$b_0 = 11.892,\ b_1 = 0.398,\ b_2 = 2.659,\ b_3 = - 0.608.$$

于是，烟叶焦油释放量（y）与叶质重（x_1）、叶片厚度（x_2）、填充值（x_3）的三元线性回归方程为

$$y = 11.892 + 0.398x_1 + 2.659x_2 - 0.608x_3.$$

正如一元线性回归分析一样，得到的回归方程是否有统计学意义，还需进行显著性检验.

4.3.2 多元线性回归方程的显著性检验

在多元线性回归分析中，构建的多元线性回归方程是否具有统计学意义需要经过显著性检验才能知道. 常用的显著性检验方法主要有复相关系数 R 检验法和 F 检验法，复相关系数 R 检验、F 检验的检验结果显著表示变量 y 与作为一个整体的 x_i（$i = 1, 2, \cdots, p$）之间存在密切的线性相关关系，即构建的变量 y 与 x_i（$i = 1, 2, \cdots, p$）的多元线性回归方程具有统计学意义，或者说变量 y 与 x_i（$i = 1, 2, \cdots, p$）之间的关系用多元线性回归方程来表达是科学合理的.

4.3.2.1 复相关系数 R 检验

在一元线性回归分析中，以决定系数 R^2 来反映回归方程的拟合优度：R^2 越接近于 1，表示回归拟合的效果越好，R^2 越接近于 0，表示回归拟合的效果越差. 在多元线性回归分析中，同样可以以样本决定系数 R^2 来反映回归方程的拟合优度. 同样地，决定系数 R^2 越大，说明在因变量数据的总的波动中，由自变量引起的波动占比越大. 换言之，就是因变量由自变量解释的部分相对越多，即线性回归方程的拟合效果越好.

在多元回归分析中，复相关系数 R 表示因变量 y 与多个自变量 x_i（$i = 1, 2, \cdots, p$）之间的线性相关的密切程度，衡量作为一个整体的 x_i（$i = 1, 2, \cdots, p$）与变量 y 之间的线性关系. 由于回归值 $\hat{y}_i$ 包含了 $x_i(i = 1, 2, \cdots, p)$ 的综合线性影响. 因此，变量 y 与 $x_i(i = 1, 2, \cdots, p)$ 的复相关系数 R 相当于 y 与 $\hat{y}$ 的简单相关系数，即 $R = r_{y\hat{y}}$. 显然，复相关系数 R 的符号不能由某个自变量的回归系数的符号来确定，一般都取正值，常通过决定系数开平方的方式来计算.

$$R = \sqrt{R^2} = \sqrt{\frac{S_R}{S_T}}. \tag{4-58}$$

复相关系数 R 的取值介于 0 到 1 之间：当 $R = 1$ 时，说明变量 y 与 $x_i(i = 1, 2, \cdots, p)$ 之间有严格的线性相关关系；当 $R = 0$ 时，说明变量 y 与 $x_i(i = 1, 2, \cdots, p)$ 之间不存在线性相关关系. 但不排除存在其他非线性形式的相关关系；当 $0 < R < 1$ 时，说明变量 y 与 $x_i(i = 1, 2, \cdots, p)$ 之间有一定程度的线性相关关系. 在自由度一定的情况下，复相关系数 R 越接

近于1，说明因变量 y 与多个自变量 x_i（$i=1, 2, \cdots, p$）之间的线性相关程度越强；复相关系数 R 越接近于0，说明因变量 y 与多个自变量 x_i（$i=1, 2, \cdots, p$）之间的线性相关程度越弱．当 $p=1$ 时，即一元线性回归分析时，复相关系数与一元线性回归的相关系数 r 相等．

与一元线性回归相关系数检验类似，变量 y 与 x_i（$i=1, 2, \cdots, p$）之间是否存在密切的线性相关关系，或者说变量 y 与 x_i（$i=1, 2, \cdots, p$）之间的关系用线性回归方程来表示是否有统计学意义，可用复相关系数 R 进行显著性检验．

对于给定显著性水平 α，在已知试验组数 n 和自变量个数 p 的基础上，可由附录9查得复相关系数的临界值 R_{cri}．只有当多元线性回归方程的复相关系数 $R>R_{cri}$ 时，才能说明变量 y 与 x_i（$i=1, 2, \cdots, p$）之间存在密切的线性相关关系，或者说变量 y 与 x_i（$i=1, 2, \cdots, p$）之间的线性回归方程才有统计学意义．否则，出现复相关系数 $R<R_{cri}$ 时，则说明变量 y 与 x_i（$i=1, 2, \cdots, p$）之间的线性回归方程没有统计学意义，基于没有统计学意义的回归方程对因变量进行预测或控制的结果可能存在较大偏差，此时应改用其他更贴合实际情况的经验公式拟合回归方程．

由于回归平方和 S_R 易受到试验次数 n 的影响，当 n 较小时，决定系数 R^2 可能会较大，容易被认为拟合优度是好的，但实际拟合优度未必好，因此在多元回归分析中，引入修正自由度的调整决定系数 R_{adj}^2 表示模型拟合的优度．

$$R_{adj}^2 = 1 - \frac{n-1}{n-p-1}(1-R^2). \tag{4-59}$$

式中，n 为试验数据的组数，p 为自变量个数，R^2 为决定系数．显然，当决定系数 R^2 与调整决定系数 R_{adj}^2 的值越大，且二者越接近时，线性回归模型的实际拟合优度越好．此时，利用通过复相关系数显著性检验的回归方程，可为科学研究或生产实践提供更科学、可靠的指导作用．

例4-10　收集烟叶样品的焦油释放量、叶质重、叶片厚度和填充值试验数据（结果见表4-9），试用相关系数检验法对烟叶样品焦油释放量和叶质重、叶片厚度、填充值的线性回归方程（例4-9）进行显著性检验（$\alpha=0.05$）.

解　由题意可知，$n=20$，$p=3$，$n-p-1=16$，$\alpha=0.05$，由附录9查得 $R_{cri}=0.615$，则

$$S_R = \sum_{i=1}^{n}(\hat{y}_i-\bar{y})^2 = 110.167,\ S_T = \sum_{i=1}^{n}(y_i-\bar{y})^2 = 111.652,$$

$$R = \sqrt{R^2} = \sqrt{\frac{S_R}{S_T}} = \sqrt{\frac{110.167}{111.652}} = 0.9933.$$

显然

$$R > R_{cri}.$$

因此，判断焦油释放量（y）与叶质重（x_1）、叶片厚度（x_2）、填充值（x_3）之间存在显著的线性相关关系，即焦油释放量（y）与叶质重（x_1）、叶片厚度（x_2）、填充值（x_3）之间的线性回归方程（$y=11.892+0.398x_1+2.659x_2-0.608x_3$）是有统计学意义的．

4.3.2.2　*F* 检验

F 检验法用于检验回归方程是否显著，或者说是回归方程是否有统计学意义．与一元线性回归分析类似，对于多元线性回归方程，*F* 检验法的一般步骤主要为：

（1）偏差平方和的分解

$$S_T = S_R + S_e,$$

$$S_T = \sum_{i=1}^{n}(y_i - \bar{y})^2,\ S_R = \sum_{i=1}^{n}(\hat{y}_i - \bar{y})^2,\ S_e = \sum_{i=1}^{n}(y_i - \hat{y}_i)^2.$$

（2）不同来源偏差平方和的自由度

$$f_T = f_R + f_e,\ f_T = n - 1,$$

$$f_R = p f_e = f_T - f_R = n - p - 1.$$

（3）均方差的计算

$$MS_R = \frac{S_R}{f_R},\ MS_e = \frac{S_e}{f_e}.$$

（4）显著性检验

$$F = \frac{MS_R}{MS_e} \sim F_{(f_R,\ f_e)}.$$

对于给定显著性水平 α，查 F 分布表（附录 2）得 $F_{\alpha(f_R,\ f_e)}$；根据试验数据计算 F_0；将 F_0 与 $F_{\alpha(f_R,\ f_e)}$ 比较，如果 $F_0 > F_{\alpha(f_R,\ f_e)}$，则判定变量 y 与自变量 x_i（$i=1,\ 2,\ \cdots,\ p$）之间存在密切的线性相关关系，即构建的多元线性回归方程具有统计学意义；如果 $F_0 \leqslant F_{\alpha(f_R,\ f_e)}$，则判定变量 y 与自变量 x_i（$i=1,\ 2,\ \cdots,\ p$）之间没有明显的线性相关关系，即构建的多元线性回归方程没有统计学意义 .

（5）列出方差分析表（表 4-10）

表 4-10　多元线性回归方程显著性检验方差分析表

变异来源	平方和	自由度	均方	F 值	显著性
回归	S_R	f_R	MS_R	F_0	
剩余	S_e	f_e	MS_e		
总计	S_T	f_T			

例 4-11　收集烟叶样品的焦油释放量、叶质重、叶片厚度和填充值试验数据（表 4-9），试用 F 检验法对烟叶样品焦油释放量和叶质重、叶片厚度、填充值的线性回归方程（例 4-9）进行显著性检验（$\alpha=0.05$）.

解　由题意可知，$n=20$，则

$$\bar{y} = \frac{1}{20}\sum_{i=1}^{20} y_i = 15.680,\ S_R = \sum_{i=1}^{n}(\hat{y}_i - \bar{y})^2 = 110.167,$$

$$S_T = \sum_{i=1}^{n}(y_i - \bar{y})^2 = 111.652,\ S_e = S_T - S_R = 1.485.$$

依据题意，$n=20$，$p=3$，则

$$f_T = n - 1 = 19,\ f_R = p = 3,\ f_e = n - p - 1 = 16,$$

$$MS_R = \frac{S_R}{f_R} = \frac{110.167}{3} = 36.722,\ MS_e = \frac{S_e}{f_e} = \frac{1.485}{16} = 0.0928,$$

$$F_0 = \frac{MS_R}{MS_e} = \frac{36.722}{0.0928} = 395.711,\ F_{\alpha(f_R, f_e)} = F_{0.05(3, 16)} = 3.24.$$

显然

$$F_0 = \frac{MS_R}{MS_e} = \frac{36.722}{0.0928} = 395.711,$$

$$F_0 > F_{\alpha(f_R, f_e)}.$$

烟叶焦油释放量与叶质重、叶片厚度、填充值的多元线性回归方程的 F 检验结果见表 4-11.

表 4-11　烟叶焦油量与叶质重、叶片厚度、填充值的线性回归方程 F 检验结果

变异来源	平方和	自由度	均方	F 值	显著性
回归	110.167	3	36.722	395.711	**
剩余	1.485	16	0.0928		
总计	111.652	19			

由表 4-11 可知，焦油释放量（y）与叶质重（x_1）、叶片厚度（x_2）、填充值（x_3）之间存在十分显著的线性相关关系，经 F 检验，说明焦油释放量（y）与叶质重（x_1）、叶片厚度（x_2）、填充值（x_3）之间的线性回归方程（$y = 11.892 + 0.398x_1 + 2.659x_2 - 0.608x_3$）是具有统计学意义的.

4.3.3　多元线性回归系数的显著性检验

复相关系数 R 检验、F 检验只是表示整体的显著性假设检验，也就是说，复相关系数 R 检验、F 检验的检验结果显著只是表示所建立的多元线性回归方程具有统计学意义，但并不意味着多元线性回归方程中的每一个自变量 x_j 都与因变量 y 的线性关系显著. 在解决实际问题的过程中，我们往往比较关注哪些是对试验结果影响比较大的主要影响因素，哪些因素是对试验结果影响比较小的次要影响因素，甚至是可以忽略的影响因素. 找出并剔除对试验结果影响较小的因素，更有利于构建稳健可靠的回归模型.

在多元线性回归分析中，偏回归系数 b_j 的大小，表示在多元线性回归方程中，其他自变量保持不变的情况下，自变量 x_j 每增加一个单位时因变量 y 的平均增加幅度，由于受到不同因素的量纲单位和取值的影响，偏回归系数 b_j 的大小并不能直接反映试验因素的相对重要性. 因此，我们需要通过对偏回归系数进行显著性检验来判断影响试验结果的主次因素，即逐一对各自变量对应的偏回归系数进行显著性检验，确定各试验因素的相对重要性即主次顺序. 对偏回归系数进行显著性检验的方法主要有 t 检验法和 F 检验法.

4.3.3.1　t 检验

在多元线性回归分析中，t 检验可用于判断某个自变量 x_j 对因变量 y 影响的显著性，考察各试验因素对试验结果影响的主次顺序. t 检验法的一般步骤如下所示.

偏回归系数的标准误差

$$S_{b_j} = \sqrt{\frac{MS_e}{L_{jj}}} j = 1,\ 2,\ \cdots,\ p. \tag{4-60}$$

其中，$\sqrt{MS_e}$ 为剩余标准误差，反映变量 y 的回归估测值 $\hat{y}$ 与实测值的偏离程度．

$$|t_j| = \frac{|b_j|}{S_{b_j}} = \frac{|b_j|}{\sqrt{MS_e/L_{jj}}} = \sqrt{\frac{b_j^2 L_{jj}}{MS_e}} j = 1，2，\cdots，p， \tag{4-61}$$

对于给定显著性水平 α，查 t 分布表（附录4）得 $t_{\frac{\alpha}{2}, f_e}$；根据试验数据计算获得 $|t_j|$ 值；将 $|t_j|$ 与 $t_{\frac{\alpha}{2}, f_e}$ 比较，如果 $|t_j| > t_{\frac{\alpha}{2}, f_e}$，则说明自变量 x_j 对因变量 y 有显著影响；如果 $|t_j| \leqslant t_{\frac{\alpha}{2}, f_e}$，则说明自变量 x_j 对因变量 y 影响不显著．对因变量影响不显著的因素可从回归方程中剔除，以简化回归方程．值得注意的是，也可以根据 $|t_j|$ 值的大小，判断试验因素的主次顺序，$|t_j|$ 值越大，说明对应的试验因素对试验结果的影响越大，即表明该因素越重要．

例 4-12　收集烟叶样品的焦油释放量、叶质重、叶片厚度和填充值试验数据（表 4-9），试用 t 检验法检验三元线性回归方程（例 4-9）中叶质重、叶片厚度、填充值等因素对焦油释放量的影响是否显著（α=0.05）.

解　由例 4-10 可知，

$$b_1 = 0.398，b_2 = 2.659，b_3 = -0.608，$$

$$L_{11} = \sum_{i=1}^{20} x_{1i}^2 - 20 \times (\bar{x}_1)^2 = 442.422，L_{22} = \sum_{i=1}^{20} x_{2i}^2 - 20 \times (\bar{x}_2)^2 = 0.0307，$$

$$L_{33} = \sum_{i=1}^{20} x_{3i}^2 - 20 \times (\bar{x}_3)^2 = 7.770.$$

由例 4-11 可知，

$$MS_e = \frac{S_e}{f_e} = \frac{1.485}{16} = 0.0928.$$

所以，

$$|t_1| = \sqrt{\frac{b_1^2 L_{11}}{MS_e}} = \sqrt{\frac{0.398^2 \times 442.422}{0.0928}} = 27.481，$$

$$|t_2| = \sqrt{\frac{b_2^2 L_{22}}{MS_e}} = \sqrt{\frac{2.659^2 \times 0.0307}{0.0928}} = 1.529，$$

$$|t_3| = \sqrt{\frac{b_3^2 L_{33}}{MS_e}} = \sqrt{\frac{(-0.608)^2 \times 7.770}{0.0928}} = 5.563.$$

对于给定显著性水平 α=0.05，$f_e = n-p-1 = 16$，查单侧 t 分布表（附录4）得 $t_{0.025,16}$ = 2.120，显然 $|t_1| > t_{0.025,16}$．$|t_3| > t_{0.025,16}$ 说明变量 x_1（叶质重）、x_3（填充值）对变量 y（焦油释放量）有显著影响；$|t_2| < t_{0.025,16}$ 说明变量 x_2（叶片厚度）对变量 y（焦油释放量）没有显著影响．这说明变量 x_1（叶质重）、x_3（填充值）是影响变量 y（焦油释放量）的主要因素，而变量 x_2（叶片厚度）是影响变量 y（焦油释放量）的次要因素．从 $|t_j|$ 值判断，在现有考察因素范围内，影响烟叶焦油释放量的主次因素为 x_1（叶质重）$>x_3$（填充值）$>x_2$（叶片厚度）.

4.3.3.2　*F* 检验

在多元线性回归分析中，回归平方和 S_R 反映了所有自变量（试验因素）x_i（i=1，2，⋯，

p）对因变量（试验指标）的总的线性影响．随着自变量个数的增多，回归平方和 S_R 逐渐增加；而随着自变量个数的减少，回归平方和 S_R 逐渐减小．因此，在考察的所有自变量中，如果我们去掉其中的一个自变量，回归平方和 S_R 肯定会减小，S_R 减小的幅度越大，则说明该自变量在多元线性回归方程中所起的作用越大，即该自变量对试验结果的影响越大；而如果去掉某自变量后回归分析中的回归平方和 S_R 减小的幅度越小，则说明该自变量对试验结果的影响越小．

设 S_R 为 p 个自变量 x_1，x_2，…，x_p 的回归平方和，S'_R 为去掉自变量 x_j 后剩余的（$p-1$）个自变量的回归平方和，那么（$S_R-S'_R$）即为去掉自变量 x_j 之后回归平方和的减小幅度，称之为自变量 x_j 的偏回归平方和，记为 S_{b_j}，即

$$S_{b_j}=S_R-S'_R. \tag{4-62}$$

偏回归平方和的大小表示对应自变量对因变量的影响程度大小．值得注意的是，只有当 p 个自变量相互独立时，回归平方和才等于各偏回归平方和的加和，即

$$S_R=\sum_{i=1}^{p}S_{b_j}\quad j=1,\ 2,\ \cdots,\ p. \tag{4-63}$$

在一般情况下，由于各自变量之间存着不同程度的相关性，即并非相互独立．这时，不同自变量对因变量的作用存在着相互影响，就会出现回归平方和并不等于各偏回归平方和的加和．偏回归平方和 S_{b_j} 是去掉一个自变量 x_j 后使回归平方和 S_R 减少的部分，也可以理解为在原有回归分析的基础上引入一个自变量 x_j 使回归平方和 S_R 增加的部分，其自由度称为偏回归自由度，记为 f_{b_j}，显然，$f_{b_j}=1$. 因此，

$$MS_{b_j}=\frac{S_{b_j}}{f_{b_j}}=S_{b_j}=b_jL_{jy}=b_j^2L_{jj}\quad j=1,\ 2,\ \cdots,\ p. \tag{4-64}$$

于是有

$$F_{b_j}=\frac{MS_{b_j}}{MS_e}=\frac{b_j^2L_{jj}}{MS_e}\sim F_{(f_{b_j},\ f_e)}\quad j=1,\ 2,\ \cdots,\ p. \tag{4-65}$$

对于多元线性回归，

$$f_e=f_T-f_R=n-p-1. \tag{4-66}$$

即构建的统计量 F_{b_j}：

$$F_{b_j}\sim F_{(1,\ n-p-1)}(j=1,\ 2,\ \cdots,\ p).$$

对于给定显著性水平 α，查 F 分布表（附录 2）得 $F_{\alpha,\ (1,\ n-p-1)}$；根据试验数据计算各自变量对应的 F_{b_j} 值；将 F_{b_j} 与 $F_{\alpha,\ (1,\ n-p-1)}$ 比较，如果 $F_{b_j}>F_{\alpha,\ (1,\ n-p-1)}$，则说明自变量 x_j 对因变量 y 有显著影响；如果 $F_{b_j}\leq F_{\alpha,\ (1,\ n-p-1)}$，则说明自变量 x_j 对因变量 y 影响是不显著的．可将对因变量影响不显著的因素从回归方程中剔除，以简化回归方程．也可根据 F_{b_j} 的大小，判断试验因素的主次顺序，F_{b_j} 越大，说明对应的试验因素对试验结果的影响越大，即该因素越重要．

例 4-13 收集烟叶样品的焦油释放量、叶质重、叶片厚度和填充值试验数据（表 4-9），试用 F 检验法检验三元线性回归方程（例 4-9）中，自变量叶质重、叶片厚度、填充值对焦油释放量影响是否显著（$\alpha=0.05$）.

解 由例 4-10 可知，

$$b_1 = 0.398,\ b_2 = 2.659,\ b_3 = -0.608,$$

$$L_{11} = \sum_{i=1}^{20} x_{1i}^2 - 20 \times (\bar{x}_1)^2 = 442.422,\ L_{22} = \sum_{i=1}^{20} x_{2i}^2 - 20 \times (\bar{x}_2)^2 = 0.0307,$$

$$L_{33} = \sum_{i=1}^{20} x_{3i}^2 - 20 \times (\bar{x}_3)^2 = 7.770.$$

由例 4-11 可知，

$$MS_e = \frac{S_e}{f_e} = \frac{1.485}{16} = 0.0928.$$

所以，

$$F_{b_1} = \frac{MS_{b_1}}{MS_e} = \frac{b_1^2 \times L_{11}}{MS_e} = \frac{0.398^2 \times 442.422}{0.0298} = 755.188,$$

$$F_{b_2} = \frac{MS_{b_2}}{MS_e} = \frac{b_2^2 \times L_{22}}{MS_e} = \frac{2.659^2 \times 0.0307}{0.0298} = 2.339,$$

$$F_{b_3} = \frac{MS_{b_3}}{MS_e} = \frac{b_3^2 \times L_{33}}{MS_e} = \frac{(-0.608)^2 \times 7.770}{0.0298} = 30.951.$$

对于给定显著性水平 $\alpha = 0.05$，$f_e = n-p-1 = 16$，查 F 分布表（附录 2）得 $F_{0.05,(1,16)} = 4.49$，显然 $F_{b_1} > F_{0.05,(1,16)}$. $F_{b_3} > F_{0.05,(1,16)}$ 说明变量 x_1（叶质重）、x_3（填充值）对变量 y（焦油释放量）有显著影响；$F_{b_2} < F_{0.05,(1,16)}$ 说明变量 x_2（叶片厚度）对变量 y（焦油释放量）没有显著影响．也就是说，变量 x_1（叶质重）、x_3（填充值）是影响变量 y（焦油释放量）的主要因素，而变量 x_2（叶片厚度）是影响变量 y（焦油释放量）的次要因素．

从 F_{b_j} 值判断，在现有考察因素范围内，影响烟叶焦油释放量的主次因素为 x_1（叶质重）> x_3（填充值）>x_2（叶片厚度）.

偏回归系数的 F 检验结果与 t 检验结果是一致的．实际上，从 F_{b_j} 和 $|t_j|$ 的计算公式［分别见式（4-67）、式（4-62）］可以看出，$F_{b_j} = (|t_j|)^2$. 所以，偏回归系数的 F 检验结果与 t 检验结果一般情况下都是一致的，在实际问题中，可任选一种方法对多元线性回归分析中的偏回归系数进行显著性检验．

4.3.4 多元线性回归方程的应用

多元线性回归方程反映变量 y 与 x_j（$j = 1, 2, \cdots, p$）之间的线性相关关系，根据检验显著、拟合优度好的多元线性回归方程，可以判断试验因素对试验指标影响的主次顺序，具体做法可参见 4.3.3 部分；另外还可以对试验优方案进行预测．

试验优方案的预测是在试验范围内，找出使因变量 y 达到最优值时对应的 x_j（$j=1, 2, \cdots, p$）的取值．针对实际问题，当试验指标值越高越好时，如天然产物有效成分提取率，我们可通过求偏导等方法计算因变量 y 的极大值，并确定因变量 y 达到最大值时相应的各自变量 x_j（$j=1, 2, \cdots, p$）的取值．当试验指标值越低越好时，如生产过程产生的危害性副产物的量，则可通过求偏导等方法计算因变量 y 的极小值，并确定因变量 y 达到最小值时相应的各

自变量 x_j ($j=1$, 2, …, p) 的取值．当因变量 y 达到最优值（最大、最小或最适中）时对应的 x_j ($j=1$, 2, …, p) 的取值即为试验优方案．

对于多元线性回归问题，回归方程相对简单，可以直观地从各自变量偏回归系数 b_j 的正负来预测试验的优方案．如果偏回归系数 b_j 为正，则表示试验指标 y 的值随自变量 x_j 的增加而增加；如果偏回归系数 b_j 为负，则表示试验指标 y 的值随自变量 x_j 的增加而减小．显然，使偏回归系数 b_j 为正、负的自变量 x_j，分别在试验范围内取最大、最小值，则因变量 y 达到最大值；使偏回归系数 b_j 为正、负的自变量 x_j，分别在试验范围内取最小、最大值，则因变量 y 达到最小值．

在寻找试验优方案的过程中，各自变量的取值均应在试验范围内，否则就无实际意义．根据回归方程计算得出的试验优方案是"预测结果"，实际上是不是最优的试验方案，还需通过试验验证．同时，由于实际问题中涉及到的试验误差、试验经济性、安全性等诸多因素，试验最优方案还需结合生产或科研实际来确定．

例 4-14 利用分子蒸馏技术精制纯化丁香花蕾油天然香料，以乙酸丁香酚酯含量衡量纯化效果，丁香花蕾油的纯化效果与蒸馏温度/℃（x_1）、蒸馏压力/Pa（x_2）、刮膜转速/(r/min)（x_3）等因素有关，收集试验数据见表 4-12. 假设乙酸丁香酚酯含量（y）与 x_1、x_2、x_3 之间呈线性关系，试给出 y 与 x_1、x_2、x_3 之间的多元线性回归方程，并预测精制纯化丁香花蕾油的优方案（$\alpha=0.05$）.

表 4-12 丁香花蕾油精制纯化试验数据

序号	x_1	x_2	x_3	y
1	65	120	450	44.6
2	60	90	425	42.6
3	75	60	400	36.5
4	70	130	375	48.9
5	85	100	350	47.9
6	80	70	325	46.5
7	95	140	300	51.8
8	90	110	275	50.2
9	100	80	250	52.9

解 (1) 建立三元线性回归方程

依题意，$n=9$，$p=3$. 根据最小二乘法拟合三元线性回归方程，根据式 (4-63)，得

$$\begin{cases} b_0=\bar{y}-b_1\bar{x}_1-b_2\bar{x}_2-b_3\bar{x}_3, \\ L_{11}b_1+L_{12}b_2+L_{13}b_3=L_{1y}, \\ L_{21}b_1+L_{22}b_2+L_{23}b_3=L_{2y}, \\ L_{31}b_1+L_{32}b_2+L_{33}b_3=L_{3y}. \end{cases}$$

其中，

$$\bar{y} = \frac{1}{9}\sum_{i=1}^{9} y_i = 46.878, \quad \bar{x}_1 = \frac{1}{9}\sum_{i=1}^{9} x_{1i} = 80,$$

$$\bar{x}_2 = \frac{1}{9}\sum_{i=1}^{9} x_{2i} = 100, \quad \bar{x}_3 = \frac{1}{9}\sum_{i=1}^{9} x_{3i} = 350,$$

$$L_{11} = \sum_{i=1}^{9} x_{1i}^2 - 9 \times (\bar{x}_1)^2 = 1500, \quad L_{22} = \sum_{i=1}^{9} x_{2i}^2 - 9 \times (\bar{x}_2)^2 = 6000,$$

$$L_{33} = \sum_{i=1}^{9} x_{3i}^2 - 9 \times (\bar{x}_3)^2 = 37500, \quad L_{12} = L_{21} = \sum_{i=1}^{9} x_{1i}x_{2i} - 9\bar{x}_1\bar{x}_2 = 100,$$

$$L_{13} = L_{31} = \sum_{i=1}^{9} x_{1i}x_{3i} - 9\bar{x}_1\bar{x}_3 = -7000,$$

$$L_{23} = L_{32} = \sum_{i=1}^{9} x_{2i}x_{3i} - 9\bar{x}_2\bar{x}_3 = 0,$$

$$L_{1y} = \sum_{i=1}^{9} x_{1i}y_i - 9\bar{x}_1\bar{y} = 384, \quad L_{2y} = \sum_{i=1}^{9} x_{2i}y_i - 9\bar{x}_2\bar{y} = 594,$$

$$L_{3y} = \sum_{i=1}^{9} x_{3i}y_i - 9\bar{x}_3\bar{y} = -2105.$$

将计算所得的数据代入上述正规方程组中，得到如下的方程组：

$$\begin{cases} b_0 = 46.878 - 80b_1 - 100b_2 - 350b_3, \\ 1500b_1 + 100b_2 - 7000b_3 = 384, \\ 100b_1 + 6000b_2 - 0 \times b_3 = 594, \\ -7000b_1 - 0 \times b_2 + 37500b_3 = -2105. \end{cases}$$

解方程组得

$$b_0 = 70.741, \quad b_1 = -0.098, \quad b_2 = 0.101, \quad b_3 = -0.074.$$

于是，乙酸丁香酚酯含量（y）与蒸馏温度（x_1）、蒸馏压力（x_2）、刮膜转速（x_3）的三元线性回归方程为

$$y = 70.741 - 0.098x_1 + 0.101x_2 - 0.074x_3.$$

（2）回归方程的显著性检验

$$S_R = \sum_{i=1}^{9} (\hat{y}_i - \bar{y})^2 = 177.902,$$

$$S_T = \sum_{i=1}^{9} (y_i - \bar{y})^2 = 207.996,$$

$$S_e = S_T - S_R = 207.996 - 177.902 = 30.094.$$

依据题意，$n = 9$，$p = 3$，则

$$f_T = n - 1 = 8, \quad f_R = p = 3, \quad f_e = n - p - 1 = 5,$$

$$MS_R = \frac{S_R}{f_R} = \frac{177.902}{3} = 59.301, \quad MS_e = \frac{S_e}{f_e} = \frac{30.094}{5} = 6.181,$$

$$F_0 = \frac{MS_R}{MS_e} = \frac{59.301}{6.181} = 9.594,$$

$$F_{\alpha(f_R,\ f_e)} = F_{0.05(3,\ 5)} = 5.41.$$

显然,

$$F_0 > F_{\alpha(f_R, f_e)}.$$

乙酸丁香酚酯含量与蒸馏温度、蒸馏压力、刮膜转速的三元线性回归方程的 F 检验结果见表 4-13.

表 4-13　三元线性回归方程 F 检验结果

变异来源	平方和	自由度	均方	F 值	显著性
回归	177.902	3	59.301	9.594	*
剩余	30.094	5	6.181		
总计	207.996	9			

由表 4-13 可知，乙酸丁香酚酯含量与蒸馏温度、蒸馏压力、刮膜转速的三元线性回归方程（$y = 70.741 - 0.098x_1 + 0.101x_2 - 0.074x_3$）是具有统计学意义的.

（3）试验优方案的预测

根据乙酸丁香酚酯含量与蒸馏温度、蒸馏压力、刮膜转速的三元线性回归方程（$y = 70.741 - 0.098x_1 + 0.101x_2 - 0.074x_3$），$x_1$ 和 x_3 的偏回归系数为负值. 所以，在试验范围内，蒸馏温度、刮膜转速的取值越小，则乙酸丁香酚酯的含量越高；x_2 的偏回归系数为正值，即蒸馏压力在试验范围内取值越大，则乙酸丁香酚酯的含量越高. 因此，预测分子蒸馏技术精制纯化丁香花蕾油的优方案为：蒸馏温度（x_1）为 60℃、蒸馏压力（x_2）为 140Pa、刮膜转速（x_3）为 250r/min，此时所得丁香花蕾油中乙酸丁香酚酯的含量为 60.501%. 该优方案并不在 9 组试验中，针对此类情况，建议进一步做验证试验.

4.3.5 可转化为多元线性回归的非线性回归分析

4.3.5.1 可转化为多元线性回归的一元非线性关系

我们知道，并非所有的一元非线性函数都能转换成一元线性回归方程，不过一元连续函数大多都可以用高阶多项式来近似表达，即可用式（4-67）来表达：

$$\hat{y} = b_0 + b_1 x + b_2 x^2 + \cdots + b_p x^p. \tag{4-67}$$

令 $X_1 = x$，$X_2 = x^2$，$X_3 = x^3$，…，$X_p = x^p$，则式（4-67）可转化为多元线性方程［见式（4-68）］：

$$\hat{y} = b_0 + b_1 X_1 + b_2 X_2 + \cdots + b_p X_p. \tag{4-68}$$

这样可以用多元线性回归分析的方法计算系数 b_0，b_1，b_2，…，b_p，将各自变量 X_i 转换回原来的 x^i 即可得到一元非线性函数的表达式.

如果在一元回归分析中，发现因变量 y 与自变量 x 的关系是非线性的，但又不符合非线性的经验函数，或者说是找不到合适的函数曲线来拟合时，可考虑采用一元高阶多项式回归. 一般情况下，多项式的阶数越高，回归方程与实际数据的拟合程度就会越高，也就是说，多项式回归可以通过增加 x 的高次项逐步逼近实测点，直到满意为止，这是多项式回归的一大优点. 在通常的实际问题中，通常可采用多项式回归来进行分析因变量 y 与其他自变量 x 的关系.

虽然增加 x 的高阶项能使回归方程和实际数据的拟合度提高，但阶数过高时，回归过程的舍入误差积累过大，回归方程的精度反而会降低，甚至得不到合理的结果．所以，高阶多项式回归的阶数一般不超过 4.

一元非线性函数（高阶多项式）转换为多元线性关系后，可采用多元线性回归分析的方法进行回归方程的建立、回归方程的显著性检验（F 检验或复相关系数 R 检验法）、偏回归系数的显著性检验（F 检验或 t 检验法）等．需要指出的是，偏回归系数 b_i 检验结果是否显著实质上是判断自变量 x 的 i 次方项（x^i）对因变量 y 的影响是否显著．

4.3.5.2　可转化为多元线性回归的多元非线性关系

如果因变量 y 与自变量 x_i 之间呈非线性相关关系：

$$\hat{y} = b_0 + b_1x_1 + b_2x_2 + b_3x_1^2 + b_4x_2^2 + b_3x_1x_2. \tag{4-69}$$

令 $X_1 = x_1$，$X_2 = x_2$，$X_3 = x_1^2$，$X_4 = x_2^2$，$X_5 = x_1x_2$，则式（4-69）可转化为多元线性方程：

$$\hat{y} = b_0 + b_1X_1 + b_2X_2 + b_1X_3 + b_2X_4 + b_5X_5. \tag{4-70}$$

这样可以用多元线性回归分析的方法计算系数 b_0、b_1、b_2、b_3、b_4、b_5. 然后，将各自变量 X_1、X_2、X_3、X_4、X_5 转换回原来的 x_1、x_2、x_1^2、x_2^2、x_1x_2，即可得到多元非线性函数的表达式．值得注意的是，随着自变量个数的增加，多元回归分析的计算量会急剧增加．同样的道理，因变量 y 与自变量 x_i 的多元非线性函数转换为因变量 y 与自变量 X_i 之间的多元线性关系后，可采用多元线性回归分析的方法进行回归方程的建立、回归方程的显著性检验（F 检验或复相关系数 R 检验法）、偏回归系数的显著性检验（F 检验或 t 检验法）等．需要指出的是，偏回归系数 b_i 检验结果是否显著实质上是判断对应的自变量 x_i 或 x_i^j 或 $x_k^m x_i^j$ 对因变量 y 的影响是否显著．

4.4　回归分析在 Excel 软件中的实现

回归分析是一种非常重要的数据处理方法，在 Excel 软件中，也提供了如图表功能、分析工具库、内置函数、规划求解等回归分析手段，分析者只需提供相应的数据和参数，选择适宜的数据处理方法，即可利用 Excel 软件输出回归分析模型及显著性检验结果，使繁杂的回归分析计算过程极大地得到简化．

Excel 软件中，一般默认的工具栏不显示“数据分析”“规划求解”工具模块，因此在进行数据处理前，需先安装“分析工具库”，使数据工具栏下显示“数据分析”模块．具体做法详见本书第 3 章方差分析的 3.5 部分．“规划求解”工具模块的安装可参考“分析工具库”的安装步骤，光标置于 Excel 文件工具栏，点击右键，选择“自定义功能区”，点击“加载项”，选择“规划求解加载项”，点击“转到”，选择“规划求解加载项”，点击“确定”按钮，“数据”工具栏的选项卡中就出现了“规划求解”模块．

4.4.1　一元线性回归分析在 Excel 软件中的实现

4.4.1.1　利用“图表功能”进行一元回归分析

图表功能适用于解决一元线性（或非线性）回归的问题，下面通过例 4-15 来说明．

例 4-15 利用分光光度仪测定烟叶中的镉含量，试验数据见表 4-1，试用 Excel 中的图解法确定样品中镉的浓度与吸光度的关系式（即建立分光光度法分析镉的标准曲线）.

解 ①按图 4-15 的格式输入试验数据.

②选中图 4-15 中 x、y 两列数据，做散点图（图 4-16）.

	A	B	C
1	试验号	x（镉浓度）	y（吸光度）
2	1	0	0
3	2	1	0.075
4	3	2	0.144
5	4	3	0.235
6	5	4	0.312
7	6	5	0.395
8	7	6	0.465

图 4-15　例 4-15 的试验数据表

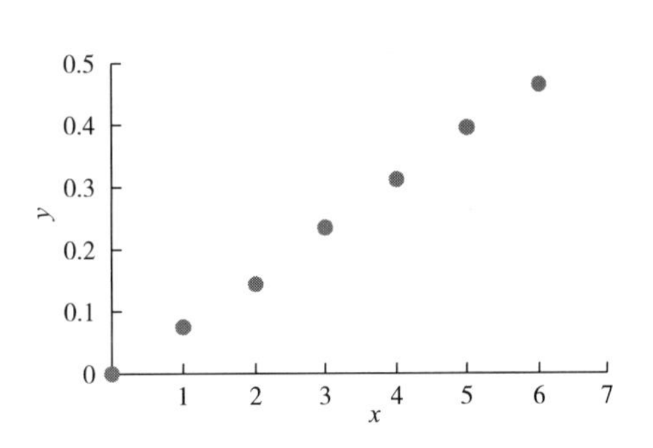

图 4-16　变量 y 与 x 的散点图

③选中图形，在“图表设计”下拉菜单的“图表布局”工具模块中点击“添加图表元素”，点击“趋势线”出现下拉菜单（图 4-17）. 根据变量 y 与 x 散点图的规律，选择合适的趋势线（本例明显表现为“线性”），或者选择“其他趋势线选项”，弹出“设置趋势线格式”的对话框（图 4-18）. 先根据变量 y 与 x 散点图的规律，在“趋势线选项”选择合适的趋势线，然后勾选“显示公式”和“显示 R 平方值”复选框.

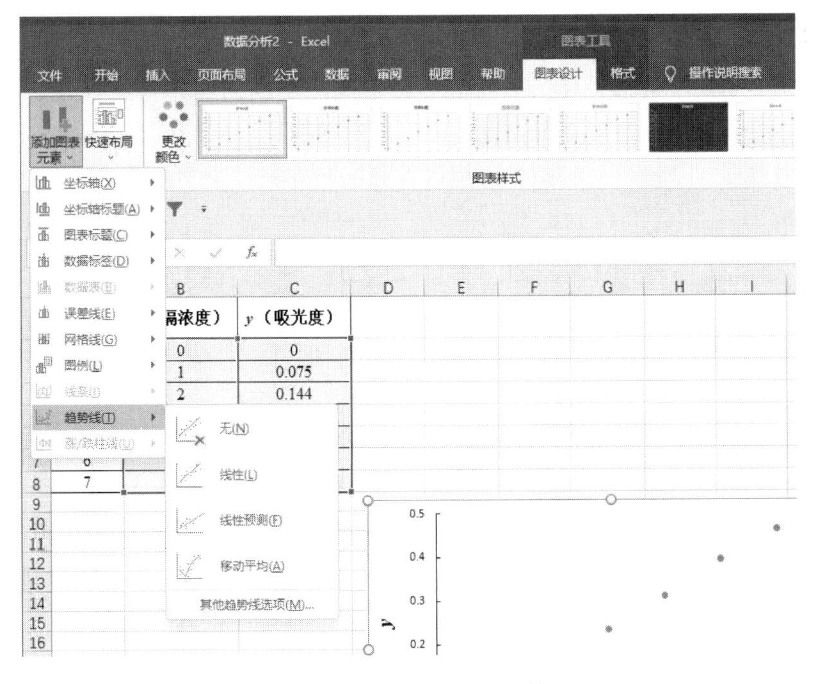

图 4-17　“趋势线”对话框

或者光标置于散点图的某个散点上，点击鼠标右键，出现图 4-19 的对话框，选择“添加趋势线”，即可出现“设置趋势线格式”的对话框（图 4-18）. 根据散点图规律选择合适的趋势线并勾选“显示公式”和“显示 R 平方值”复选框 .

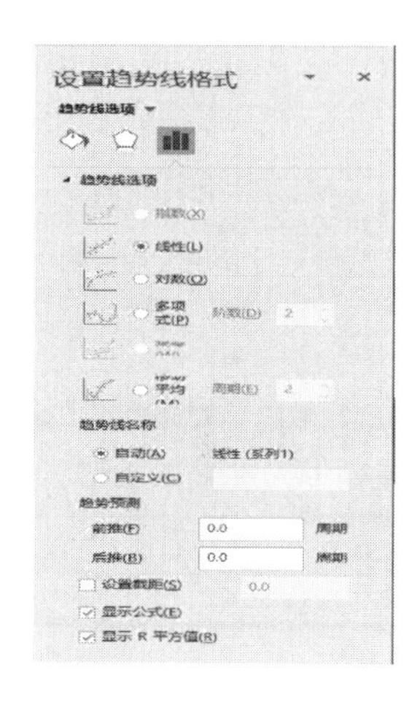

图 4-18　“设置趋势线格式”对话框

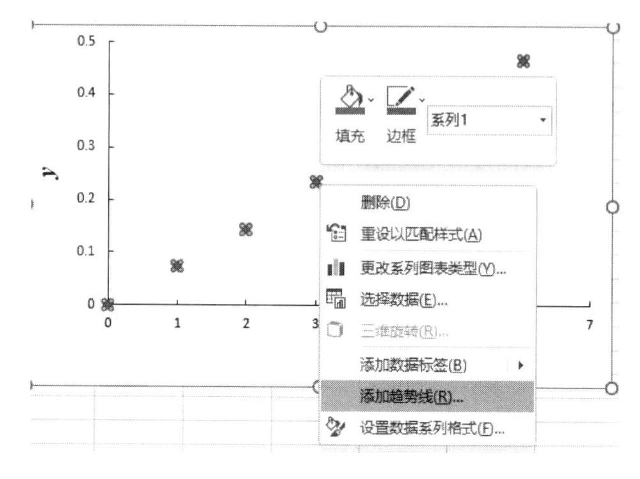

图 4-19　添加或设置图表元素的对话框

④点击关闭“设置趋势线格式”对话框，散点图中会出现趋势线、回归方程和决定系数 R^2（图 4-20）.

由图 4-20 可知，变量 y 与 x 之间的一元线性回归方程为 $y=0.0787x-0.0038$，回归方程的决定系数 R^2 为 0.9991，说明回归方程拟合度很高 .

值得注意的是，Excel 中的图表功能只适用于一元线性（或非线性）回归分析，不能用于解决多元线性（或非线性）回归的问题 .

从“设置趋势线格式”的对话框（图 4-18）可以看出，Excel 软件中提供了指数、线性、对数、高阶多项式、乘幂、移动平均等多种不同类型的回归趋势线形式 . 如例 4-7 中，观察变量 y 与 x 的试验数据的散点图，发现可以用对数的形式来表达变量 y 与 x 之间的关系，则可以选择用对数形式来进行回归拟合，可以得到回归方程和决定系数 R^2（图 4-21）.

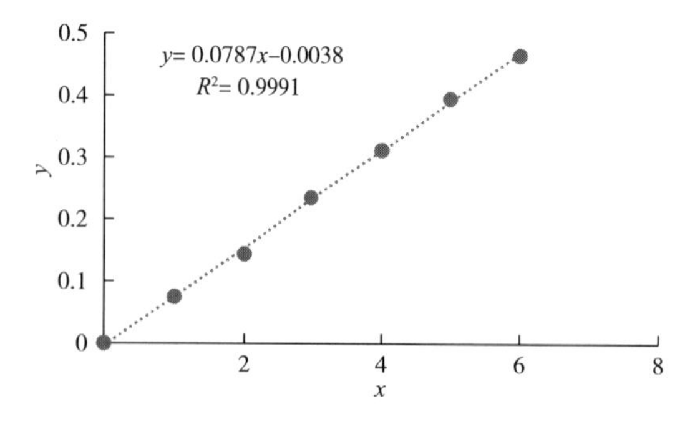

图 4-20　一元线性回归分析结果

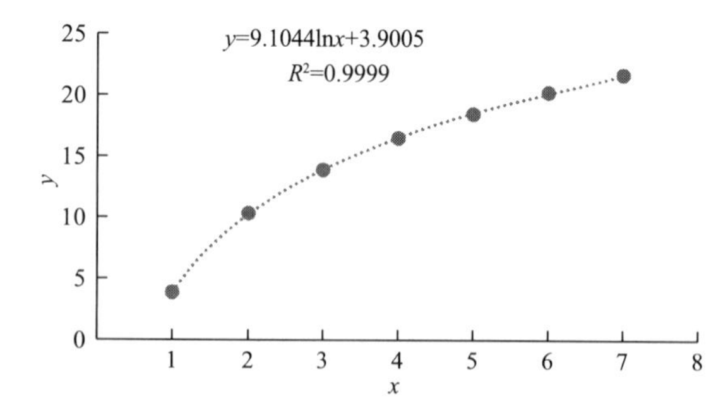

图 4-21　图表功能在一元非线性回归分析中的应用

再如，例 4-6 中，观察变量 y 与 x 的试验数据的散点图，发现可以用双曲线的形式来表达变量 y 与 x 之间的关系，而“设置趋势线格式”的对话框（图 4-18）中并没有“双曲线”

的函数类型．此时，可令 $Y=\dfrac{1}{y}$，$X=\dfrac{1}{x}$ 进行数据变换（图 4–22），然后采用图表法得到一元线性回归分析结果（图 4–23），即变量 Y 与 X 的回归方程和决定系数 R^2，再将变量 Y 还原为变量 y，变量 X 还原为 x，即得变量 y 与 x 之间相关关系的表达式 $\dfrac{1}{y}=2.741+\dfrac{17.168}{x}$，$R^2=0.9994$.

	A	B	C	D	E
1	试验号	x	y	$X={}^1/_x$	$Y={}^1/_y$
2	1	1	0.05	1	20
3	2	2	0.09	0.5	11.11
4	3	3	0.12	0.33	8.33
5	4	4	0.14	0.25	7.14
6	5	5	0.16	0.2	6.25
7	6	6	0.18	0.17	5.56
8	7	7	0.19	0.14	5.26

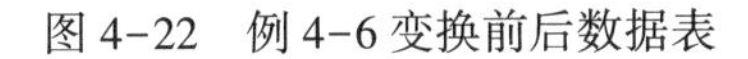

图 4–22　例 4–6 变换前后数据表

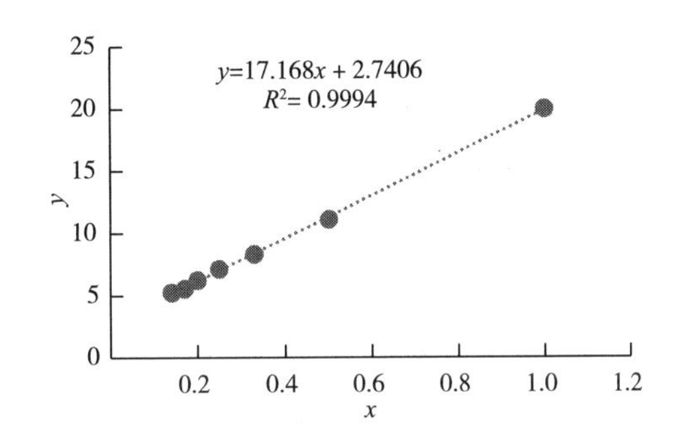

图 4–23　变量 Y 与 X 的一元线性回归分析结果

利用 Excel 的图表功能解决一元非线性回归问题，有两种途径．一是根据散点图表现规律直接选用合适的趋势线，这是在 Excel 中有适合选用的趋势线类型的基础上；二是经过变换，转化成一元线性回归问题，求解后再转换为原来变量，给出变量间的表达式．拟合一元非线性回归方程，尤其是直接选用合适的趋势线，需要对变量间散点图的规律先有正确的判断．

4.4.1.2　利用"分析工具库"进行一元回归分析

下面举例来说明如何利用"分析工具库"来进行一元回归分析．

例 4–16　利用分光光度仪测定烟叶中的镉含量，试验数据见表 4–1，试用 Excel"分析工具库"提供的"回归"工具，确定样品中镉的浓度与吸光度的回归方程，并进行显著性检验．

解　①按图 4–15 的格式输入试验数据．

②选择"数据"下拉菜单中的"数据分析"，弹出"分析工具"的对话框（图 4–24）.

③在"分析工具"对话框中选择"回归"，点击"确定"，弹出"回归"的对话框（图 4–25）.

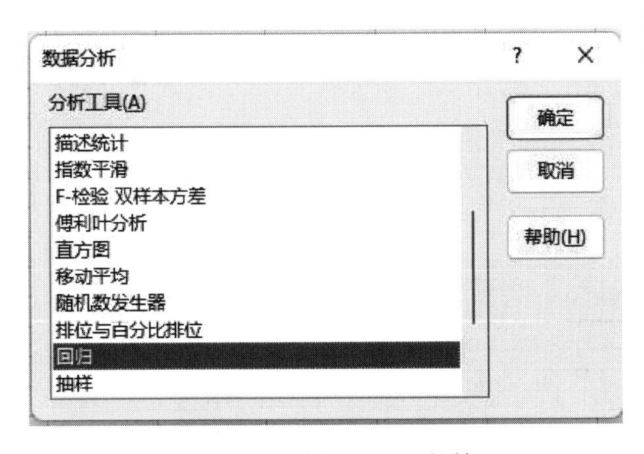

图 4–24　"分析工具"对话框

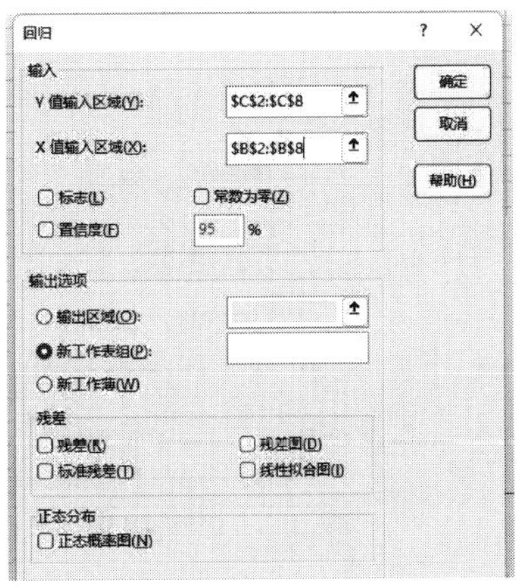

图 4–25　"回归"对话框

④在“回归”对话框中，需在“Y值输入区域”点击[↑]，选中因变量 y 那一列的数据，在“X值输入区域”点击[↑]，选中因变量 x 那一列的数据．其他选项如“标志”“置信度”“残差”“正态概率图”等，则根据实际需要选择性地勾选即可．

“标志”：如果在输入区域的第一行包含标志项，则勾选；否则，则不选．Excel在数据表中会生成适宜的数据标志．

“常数为零”：如果实际问题要求回归线过原点，则勾选此项，输出结果会强制回归线过原点．

“置信度”：Excel默认的置信度是95%，相当于显著性水平；如果实际需要设置的置信水平不止95%置信度，则可勾选“置信度”，并在方框中输入实际需要设置的置信水平，如99%.

“输出选项”：选择“输出区域”，并选中输出分析结果表左上角的单元格；选择“新工作表组”，则会在该Excel表中插入新的工作表并在新工作表输出回归分析结果表；选择“新工作簿”，则会另建新的Excel表并在此表输出回归分析结果表．

“残差”：如果需要输出残差表，则需勾选“残差”项；如果需要输出一张图表，绘制每个自变量及其残差，则需勾选“残差图”项；如果需要在残差输出表中输出标准残差，则需勾选“标准残差”项；如果需要生成一个预测值和观察值的图表，则需勾选“线性拟合图”项．在Excel软件中这些“残差”项默认是不选的．

“正态分布”：如果需要绘制正态概率图，则需勾选“正态概率图”项．在解决实际问题时，可根据实际需要勾选“回归”对话框中的相关项．

⑤“回归”对话框填好之后，点击“确定”，即可得到回归分析结果（图4-26）．由图4-26中第一张表可以看出，回归方程的相关系数 $R=0.9996$，决定系数 $R^2=0.9991$，调整决定系数 $R_{adj}^2=0.9989$，决定系数 R^2、调整决定系数 R_{adj}^2 均接近于1，说明回归方程的拟合度好．由图4-26中第二张表可以看出，回归方程的 F 检验结果Significance $F=8.0435\times10^{-9}$，显然Significance $F<0.01$，说明该回归方程极显著（“**”）或者说在 $\alpha=0.01$ 的水平下显著，即变量 y 与 x 之间具有极显著的线性相关关系，同时说明变量 y 与 x 的线性回归方程具有统计学意义．由图4-26中第三张表可以看出，$b_0=-0.0038$，$b_1=0.0787$，所以得到的一元线性回归方程为 $y=0.0787x-0.0038$. 由第二张表和第三张表我们不难发现，在一元线性回归分析中，方程中回归系数的 t 检验结果与回归方程的 F 检验结果是一致的．

	A	B	C	D	E	F	G	H	I
1	SUMMARY OUTPUT								
2									
3	回归统计								
4	Multiple R	0.999555							
5	R Square	0.999109							
6	Adjusted R	0.998931							
7	标准误差	0.005559							
8	观测值	7							
9									
10	方差分析								
11		df	SS	MS	F	Significance F			
12	回归分析	1	0.173329	0.173329	5608.053	8.04348E-09			
13	残差	5	0.000155	3.09E-05					
14	总计	6	0.173483						
15									
16		Coefficients	标准误差	t Stat	P-value	Lower 95%	Upper 95%	下限 95.0%	上限 95.0%
17	Intercept	-0.00375	0.003788	-0.98994	0.367659	-0.01348764	0.0059876	-0.013488	0.0059876
18	X Variable	0.078679	0.001051	74.88693	8.04E-09	0.075977837	0.0813793	0.0759778	0.0813793
19									

图4-26　回归分析结果

Excel 输出的回归分析结果的表格中，各数值均保留到小数点后 6 位，可根据实际情况，酌情选择小数点后的保留位数．在本例的分析过程描述中，相关系数 R 、决定系数 R^2、调整决定系数 R^2_{adj} 、显著性 P 值及各回归系数 b_j 均保留了小数点后 4 位．

对比例 4-15 和例 4-16 发现，针对相同的试验数据，利用 Excel 中的图表功能或分析工具库，得到的回归方程和决定系数 R^2 均是一致的．图表功能的优势表现在直观、简便，在通过散点图可准确判断变量 y 与 x 之间的关系所符合的经验公式时，可不经变换进行一元非线性回归分析．分析工具库的优势在于回归分析结果，除了输出回归方程和决定系数 R^2 外，还可以输出 F 检验法对回归方程的显著性检验结果（Significance F）和 t 检验法对回归系数的显著性检验结果（P 值），同时输出调整决定系数 R^2_{adj}，更利于判断回归方程的拟合优度．

4.4.2　多元线性回归分析在 Excel 软件中的实现

4.4.2.1　利用“分析工具库”进行多元线性回归分析

如何利用“分析工具库”来进行多元线性回归分析、一元高阶多项式回归分析及多元非线性回归分析，下面我们通过例 4-17、例 4-18、例 4-19 来分别进行说明．

例 4-17　收集烟叶样品的焦油释放量、叶质重、叶片厚度和填充值试验数据（表 4-9），试用 Excel“分析工具库”中提供的“回归”工具，确定烟叶焦油释放量与叶质重、叶片厚度、填充值的回归方程，并考察叶质重、叶片厚度、填充值等因素对焦油释放量的影响是否显著（$\alpha=0.05$）．

解　①按图 4-27 的格式输入试验数据．

	A	B	C	D	E
1	序号	叶质重 x_1/(mg/cm^2)	叶片厚度 x_2/(mm)	填充值 x_3/(cm^3/g)	焦油量 y/(mg/支)
2	1	7.5	0.065	4.4	12.6
3	2	20.5	0.176	2.7	19.2
4	3	17.8	0.17	3	17.2
5	4	11.5	0.097	4.2	14.3
6	5	8.2	0.07	4.3	12.9
7	6	8.6	0.081	4.3	13.2
8	7	14.6	0.124	3.7	15.6
9	8	16.8	0.136	3.2	16.8
10	9	19.4	0.171	2.8	18.5
11	10	21.6	0.182	2.6	19.8
12	11	22.7	0.196	2.6	20.3
13	12	15.7	0.127	3.3	16.1
14	13	15.2	0.125	3.5	15.7
15	14	13.1	0.117	4	14.9
16	15	10.1	0.109	4.1	13.8
17	16	12.2	0.113	3.8	14.6
18	17	14.2	0.123	3.6	15.5
19	18	9.7	0.113	4.2	13.6
20	19	6.8	0.062	4.5	12.1
21	20	17.2	0.166	3.3	16.9

图 4-27　例 4-17 的试验数据表

②选择“数据”下拉菜单中的“数据分析”，弹出“分析工具”的对话框．选择“回

归”，点击“确定”，弹出“回归”的对话框．如果不勾选“标志”项，Y值、X值的输入区域见图 4-28（a），点击“确定”，输出的回归分析结果见图 4-29. 如果勾选“标志”项，Y值、X值的输入区域见图 4-28（b），点击“确定”，输出的回归分析结果见图 4-30. 值得注意的是，多元回归分析中，X值输入区域的引用要包括所有自变量数据的单元格．

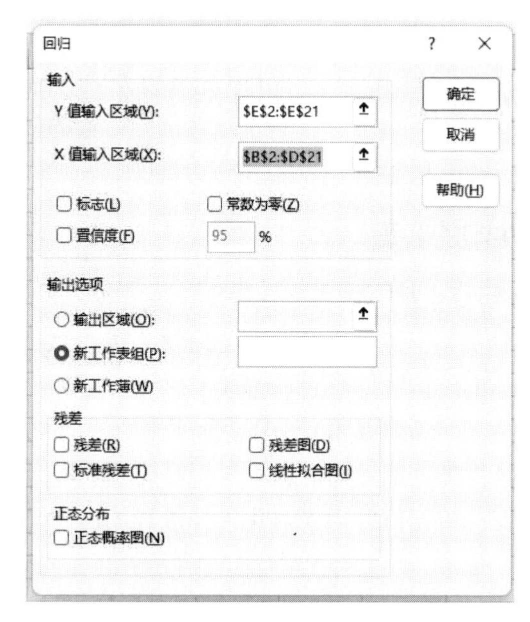

（a）不勾选“标志”项

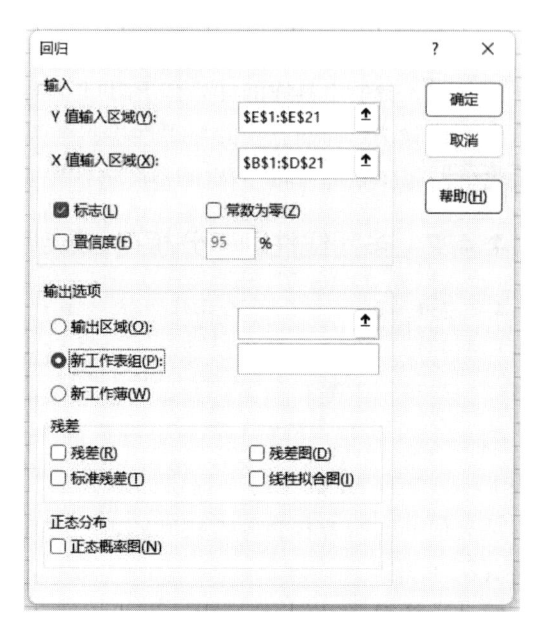

（b）勾选“标志”项

图 4-28　“回归”对话框

③由图 4-29、图 4-30 输出的回归分析结果可以看出，图 4-29、图 4-30 输出的第一张表是一样的，回归方程的相关系数 $R=0.9938$，决定系数$R^2=0.9876$，调整决定系数$R_{adj}^2=0.9853$，决定系数R^2、调整决定系数R_{adj}^2 均接近于 1，说明多元线性回归方程的拟合度好．

图 4-29、图 4-30 输出的第二张表也是一样的，回归方程的 F 检验法显著性检验结果 Significance $F=1.83\times10^{-15}$，很明显，Significance $F<0.01$，说明该回归方程极显著（“**”）或者说在 $\alpha=0.01$ 的水平下显著，即因变量 y 与自变量 x_1、x_2、x_3 之间具有极显著的线性相关关系，或者说因变量 y 与自变量 x_1、x_2、x_3 的三元线性回归方程具有统计学意义．

图 4-29、图 4-30 输出的第三张表是有区别的，我们发现回归分析过程中没有勾选“标志”项的输出结果中，自变量是 Excel 软件按照数据列表自变量的排布顺序默认为“X Variable 1、X Variable 2、X Variable 3”，它们分别代指的哪个自变量需要到试验数据列表中去确认；勾选了“标志”项的输出结果中，自变量很清晰标识出“叶质重 x_1/（mg/cm^2）、叶片厚度 x_2/（mm）、填充值 x_3/（cm^3/g）”. 由此可见，在多元回归分析中，当自变量较多时，建议选择“标志”项，这样输出结果更清晰．由图 4-29、图 4-30 中第三张表可以看出，$b_0=11.892$、$b_1=0.398$、$b_2=2.659$、$b_3=-0.608$，所以得到的三元线性回归方程为 $y=11.892+0.398x_1+2.659x_2-0.608x_3$. 偏回归系数 b_j 的 t 检验结果中，如果显著性 $P_j>0.05$，则对应

因素 x_j 对试验结果无显著影响；如果 $0.01 < P_j < 0.05$，说明对应因素 x_j 对试验结果有显著影响；如果 $P_j < 0.01$，说明对应因素 x_j 对试验结果有极显著影响．在本例中，$t_1 = 4.213$、$t_2 = 0.388$、$t_3 = -1.029$，对应的显著性检验 P 值分别为 $P_1 = 0.0007$、$P_2 = 0.7028$、$P_3 = 0.3189$．显然，$P_1 < 0.01$，说明叶质重（x_1）对焦油释放量（y）有极显著影响；$P_2 > 0.05$、$P_3 > 0.05$，说明叶片厚度（x_2）、填充值（x_3）对焦油释放量（y）没有显著影响；而且 $|t_1| > |t_3| > |t_2|$，说明影响烟叶焦油释放量（y）的因素主次顺序为叶质重（x_1）>填充值（x_3）>叶片厚度（x_2）．对于常数项，P 值表示常数项为零的概率．

	A	B	C	D	E	F	G	H	I
1	SUMMARY OUTPUT								
2									
3	回归统计								
4	Multiple R	0.99379							
5	R Square	0.987618							
6	Adjusted R Square	0.985297							
7	标准误差	0.293943							
8	观测值	20							
9									
10	方差分析								
11		df	SS	MS	F	gnificance F			
12	回归分析	3	110.2696	36.75652	425.411	1.83E-15			
13	残差	16	1.382438	0.086402					
14	总计	19	111.652						
15									
16		Coefficient:	标准误差	t Stat	P-value	Lower 95%	Upper 95%	下限 95.0%	上限 95.0%
17	Intercept	11.89215	3.231591	3.679967	0.002026	5.041483	18.74282	5.041483	18.74282
18	X Variable 1	0.398266	0.094529	4.213177	0.00066	0.197874	0.598658	0.197874	0.598658
19	X Variable 2	2.658878	6.844456	0.388472	0.702787	-11.8507	17.16848	-11.8507	17.16848
20	X Variable 3	-0.60777	0.590817	-1.02869	0.318928	-1.86024	0.64471	-1.86024	0.64471

图 4-29　不勾选“标志”项的回归分析结果

	A	B	C	D	E	F	G	H	I
1	SUMMARY OUTPUT								
2									
3	回归统计								
4	Multiple R	0.99379							
5	R Square	0.987618							
6	Adjusted R Square	0.985297							
7	标准误差	0.293943							
8	观测值	20							
9									
10	方差分析								
11		df	SS	MS	F	gnificance F			
12	回归分析	3	110.2696	36.75652	425.411	1.83E-15			
13	残差	16	1.382438	0.086402					
14	总计	19	111.652						
15									
16		Coefficient:	标准误差	t Stat	P-value	Lower 95%	Upper 95%	下限 95.0%	上限 95.0%
17	Intercept	11.89215	3.231591	3.679967	0.002026	5.041483	18.74282	5.041483	18.74282
18	叶质重x1/(mg/cm2	0.398266	0.094529	4.213177	0.00066	0.197874	0.598658	0.197874	0.598658
19	叶片厚度x2/(mm)	2.658878	6.844456	0.388472	0.702787	-11.8507	17.16848	-11.8507	17.16848
20	填充值x3/(cm3/g)	-0.60777	0.590817	-1.02869	0.318928	-1.86024	0.64471	-1.86024	0.64471
21									

图 4-30　勾选“标志”项的回归分析结果

例 4-18　收集变量 y 与 x 的试验数据（表 4-14），试用 Excel“分析工具库”中的“回归”工具，对变量 y 与 x 之间的关系进行回归分析（$\alpha = 0.05$）．

表 4-14　变量 y 与 x 的试验数据

序号	x	y	序号	x	y
1	0.5	13.8	11	5.5	27.5
2	1.0	16.4	12	6.0	26.8
3	1.5	17.8	13	6.5	25.8
4	2.0	19.5	14	7.0	25.5
5	2.5	20.6	15	7.5	24.2
6	3.0	23.1	16	8.0	20.6
7	3.5	24.2	17	8.5	18.6
8	4.0	24.9	18	9.0	16.5
9	4.5	26.4	19	9.5	10.5
10	5.0	26.6	20	10.0	7.2

解　①画出变量 y 与 x 的散点图（图 4-31）.由图 4-31 可知，变量 y 与 x 之间呈非线性相关关系，考虑采用一元高阶多项式进行回归分析.

②整理变量 y 与 x 的试验数据（图 4-32）.

③选择“数据”下拉菜单中的“数据分析”，弹出“分析工具”的对话框.选择“回归”，点击“确定”，弹出“回归”的对话框.填写“回归”对话框（图 4-33），即完成 Y 值、X 值的输入区域单元格引用，并勾选“标志”项，点击“确定”，输出回归分析的结果（图 4-34）.

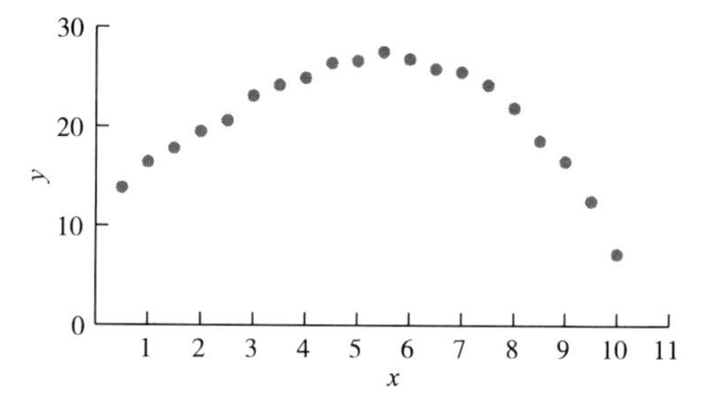

图 4-31　变量 y 与 x 的散点图

	A	B	C	D	E
1	序号	x	x^2	x^3	y
2	1	0.5	0.25	0.125	13.8
3	2	1.0	1	1	16.4
4	3	1.5	2.25	3.375	17.8
5	4	2.0	4	8	19.5
6	5	2.5	6.25	15.625	20.6
7	6	3.0	9	27	23.1
8	7	3.5	12.25	42.875	24.2
9	8	4.0	16	64	24.9
10	9	4.5	20.25	91.125	26.4
11	10	5.0	25	125	26.6
12	11	5.5	30.25	166.375	27.5
13	12	6.0	36	216	26.8
14	13	6.5	42.25	274.625	25.8
15	14	7.0	49	343	25.5
16	15	7.5	56.25	421.875	24.2
17	16	8.0	64	512	21.9
18	17	8.5	72.25	614.125	18.6
19	18	9.0	81	729	16.5
20	19	9.5	90.25	857.375	12.5
21	20	10.0	100	1000	7.2

图 4-32　变量 y 与 x 的试验数据整理列表

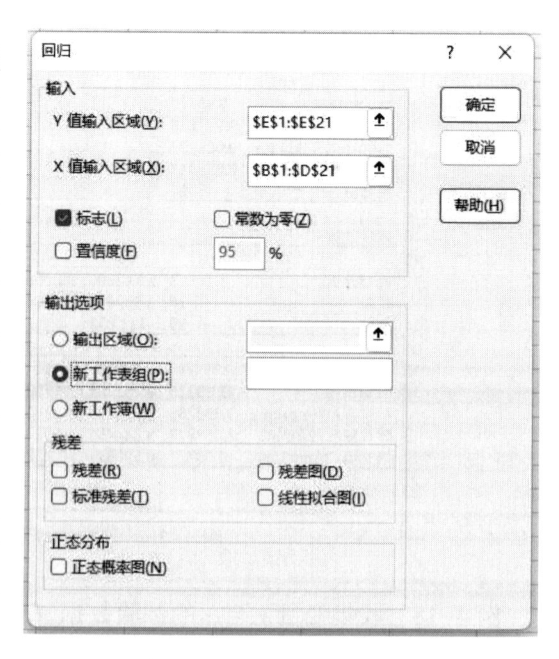

图 4-33　“回归”对话框

④由回归分析结果（图 4-34）可以看出，回归方程的相关系数 $R = 0.9978$，决定系数 $R^2 = 0.9956$，调整决定系数 $R_{adj}^2 = 0.9948$，R^2、R_{adj}^2 均接近于 1，说明回归方程的拟合度好．回归方程的 F 检验法显著性检验结果 Significance $F=4.47\times10^{-19}$，说明该回归方程在 $\alpha = 0.01$ 的水平下显著，即回归方程具有统计学意义．$b_0 = 12.307$、$b_1 = 3.531$、$b_2 = 0.144$、$b_3 = -0.054$，所以得到的回归方程为 $y = 12.307 + 3.531x + 0.144x^2 - 0.054x^3$. 偏回归系数 b_j 的 t 检验结果表明，$t_1 = 9.960$、$t_2 = 1.855$、$t_3 =-11.211$，对应的显著性检验 P 值分别为 $P_1<0.01$、$P_2>0.05$、$P_3<0.01$，说明 x 的一次项、三次项对因变量 y 有极显著影响，x 的二次项对因变量 y 没有显著影响．

	A	B	C	D	E	F	G	H	I
1	SUMMARY OUTPUT								
2									
3	回归统计								
4	Multiple R	0.99781							
5	R Square	0.995626							
6	Adjusted F	0.994805							
7	标准误差	0.40331							
8	观测值	20							
9									
10	方差分析								
11		df	SS	MS	F	gnificance F			
12	回归分析	3	592.3555	197.4518	1213.903	4.47E-19			
13	残差	16	2.602539	0.162659					
14	总计	19	594.958						
15									
16		Coefficient:	标准误差	t Stat	P-value	Lower 95%	Upper 95%	下限 95.0%	上限 95.0%
17	Intercept	12.30718	0.440548	27.93608	5.26E-15	11.37326	13.2411	11.37326	13.2411
18	x	3.530966	0.35452	9.95984	2.9E-08	2.779417	4.282516	2.779417	4.282516
19	x2	0.143655	0.077461	1.854548	0.082185	-0.02055	0.307865	-0.02055	0.307865
20	x3	-0.05445	0.004857	-11.211	5.48E-09	-0.06475	-0.04416	-0.06475	-0.04416

图 4-34　回归分析结果

⑤由回归分析结果得出，x 的二次项对因变量 y 没有显著影响．剔除 x 的二次项后，重新整理数据（图 4-35），进行回归分析：

由回归分析结果（图 4-36）可知，回归方程的相关系数 $R' = 0.9973$，决定系数 $R'^2=0.9947$，调整决定系数 $R'^2_{adj}=0.9941$，该回归方程的拟合度好．与考虑 x 的二次项所建的回归方程拟合程度（$R = 0.9978$、$R^2 = 0.9956$、$R_{adj}^2 = 0.9948$）相比，相关系数、决定系数、调整决定系数的减小幅度均极小，说明 x 的二次项对因变量 y 的影响较小，可忽略不计．剔除 x 的二次项后，回归方程的 Significance $F=4.64\times10^{-20}$，该回归方程极显著（"**"）. $b'_0 = 11.648$、$b'_1 = 4.171$、$b'_2 = -0.046$，所以回归方程为 $y = 11.648 + 4.171x - 0.046x^3$. 偏回归系数 b'_j 的 t 检验结果表明，$t'_1 = 48.269$、$t'_2 =-55.804$，对应的显著性检验 P 值分

	A	B	C	D
1	序号	x	x^3	y
2	1	0.5	0.125	13.8
3	2	1.0	1	16.4
4	3	1.5	3.375	17.8
5	4	2.0	8	19.5
6	5	2.5	15.625	20.6
7	6	3.0	27	23.1
8	7	3.5	42.875	24.2
9	8	4.0	64	24.9
10	9	4.5	91.125	26.4
11	10	5.0	125	26.6
12	11	5.5	166.375	27.5
13	12	6.0	216	26.8
14	13	6.5	274.625	25.8
15	14	7.0	343	25.5
16	15	7.5	421.875	24.2
17	16	8.0	512	21.9
18	17	8.5	614.125	18.6
19	18	9.0	729	16.5
20	19	9.5	857.375	12.5
21	20	10.0	1000	7.2

图 4-35　剔除 x 的二次项后数据列表

别为 $P'_1 < 0.01$、$P'_2 < 0.01$，回归方程中保留的自变量均是对因变量 y 有极显著影响的.

	A	B	C	D	E	F	G	H	I
1	SUMMARY OUTPUT								
2									
3	回归统计								
4	Multiple R	0.997339							
5	R Square	0.994685							
6	Adjusted F	0.99406							
7	标准误差	0.431276							
8	观测值	20							
9									
10	方差分析								
11		df	SS	MS	F	gnificance F			
12	回归分析	2	591.796	295.898	1590.86	4.64E-20			
13	残差	17	3.161979	0.185999					
14	总计	19	594.958						
15									
16		Coefficient:	标准误差	t Stat	P-value	Lower 95%	Upper 95%	下限 95.0%	上限 95.0%
17	Intercept	11.64808	0.278389	41.84106	1.37E-18	11.06073	12.23543	11.06073	12.23543
18	x	4.171133	0.086414	48.26913	1.23E-19	3.988815	4.353451	3.988815	4.353451
19	x3	-0.04556	0.000816	-55.8035	1.06E-20	-0.04728	-0.04383	-0.04728	-0.04383

图 4-36　回归分析结果

在解决实际问题的过程中，我们通常希望回归模型是精练的．因此，在考察因素对试验结果并非都有显著影响的情况下，往往需要精简回归模型．值得注意的是，在回归模型的精简过程中，建议不要一次把所有影响不显著的因素都剔除，由于受因素间相互作用的影响，剔除某个影响不显著的因素后，另一个原本影响不显著的因素可能对试验结果就有显著影响．因此，建议先剔除影响不显著的因素中影响最小的那个变量，再次进行回归分析，由回归模型的决定系数、调整决定系数、偏回归系数显著性检验结果综合判断，被剔除的因素是否是影响较小的因素．如此反复循环，直到得到符合实际的精简的回归方程为止．

例 4-19　收集变量 y 与 x_1、x_2、x_3 的试验数据（表 4-15），经研究发现，变量 y 与 x_1、x_2、x_3 之间符合经验公式 $y = b_0 + b_1x_1 + b_2x_2^2 + b_3x_1x_3 + b_4x_3^2$，试用 Excel“分析工具库”中的“回归”工具，对变量 y 与 x_1、x_2、x_3 之间的关系进行回归分析（$\alpha = 0.05$）.

表 4-15　变量 y 与 x_1、x_2、x_3 的试验数据

序号	x_1	x_2	x_3	y	序号	x_1	x_2	x_3	y
1	1.0	2.5	4.2	7.8	8	2.6	2.7	3.6	39.2
2	1.2	3.4	4.0	26.2	9	2.8	3.1	4.1	46.9
3	1.4	3.2	3.8	27.6	10	3.0	3.5	4.5	56.6
4	1.6	2.8	3.9	24.3	11	3.2	3.8	3.8	66.7
5	1.8	2.2	3.7	19.5	12	3.4	3.0	4.6	52.4
6	2.0	3.6	4.3	39.8	13	3.6	2.9	4.2	57.5
7	2.2	2.4	3.5	28.6	14	3.8	2.7	3.9	58.6

解　①根据题意，依经验公式整理试验数据表（图 4-37）.

②选择“数据”下拉菜单中的“数据分析”，弹出“分析工具”的对话框．选择“回归”，点击“确定”，弹出“回归”对话框．填写“回归”对话框（图 4-38），点击“确定”，输出回归分析的结果（图 4-39）．

	A	B	C	D	E	F
18	序号	x_1	x_2^2	x_1x_3	x_3^2	y
19	1	1.0	6.3	4.2	17.6	7.8
20	2	1.2	11.6	4.8	16.0	26.2
21	3	1.4	10.2	5.3	14.4	27.6
22	4	1.6	7.8	6.2	15.2	24.3
23	5	1.8	4.8	6.7	13.7	19.5
24	6	2.0	13.0	8.6	18.5	39.8
25	7	2.2	5.8	7.7	12.3	28.6
26	8	2.6	7.3	9.4	13.0	39.2
27	9	2.8	9.6	11.5	16.8	46.9
28	10	3.0	12.3	13.5	20.3	56.6
29	11	3.2	14.4	12.2	14.4	66.7
30	12	3.4	9.0	15.6	21.2	52.4
31	13	3.6	8.4	15.1	17.6	57.5
32	14	3.8	7.3	14.8	15.2	58.6

图 4-37　例 4-19 数据表整理结果

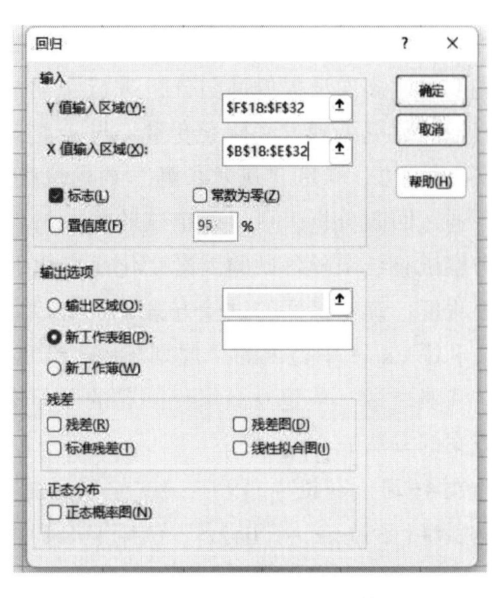

图 4-38　“回归”对话框

	A	B	C	D	E	F	G	H	I
1	SUMMARY OUTPUT								
2									
3	回归统计								
4	Multiple R	0.999036							
5	R Square	0.998072							
6	Adjusted F	0.997215							
7	标准误差	0.927434							
8	观测值	14							
9									
10	方差分析								
11		df	SS	MS	F	gnificance F			
12	回归分析	4	4007.788	1001.947	1164.874	3.33E-12			
13	残差	9	7.7412	0.860133					
14	总计	13	4015.529						
15									
16		Coefficient	标准误差	t Stat	P-value	Lower 95%	Upper 95%	下限 95.0%	上限 95.0%
17	Intercept	−7.1078	7.669754	−0.92673	0.378248	−24.458	10.24239	−24.458	10.24239
18	x1	9.845477	5.746163	1.7134	0.120788	−3.15325	22.8442	−3.15325	22.8442
19	x22	2.592255	0.099867	25.95717	9.02E-10	2.366341	2.818169	2.366341	2.818169
20	x1x3	1.659312	1.419707	1.168771	0.272521	−1.55229	4.870914	−1.55229	4.870914
21	x32	−1.0422	0.487951	−2.13588	0.061432	−2.14603	0.061618	−2.14603	0.061618

图 4-39　回归分析结果

③由回归分析结果（图 4-39）可以看出，回归方程的相关系数 $R=0.9990$，决定系数 $R^2=0.9980$，调整决定系数 $R_{adj}^2=0.9972$，回归方程的拟合度好．回归方程的 Significance $F=3.33\times10^{-12}$，该回归方程极显著（“**”）．$b_0=-7.108$、$b_1=9.845$、$b_2=2.592$、$b_3=1.659$、$b_4=-1.042$，所以回归方程为 $y=-7.108+9.845x_1+2.592x_2^2+1.659x_1x_3-1.042x_3^2$．偏回归系数 b_j 的 t 检验结果表明，$t_1=1.713$、$t_2=25.957$、$t_3=1.169$、$t_4=-2.136$，对应的显著性检验 P

值分别为 $P_1>0.05$、$P_2<0.01$、$P_3>0.05$、$P_3>0.05$，说明 x_2 的二次项对因变量 y 有极显著影响，而 x_1 的一次项、x_1 和 x_3 的交互作用、x_3 的二次项对因变量 y 的影响没有达到显著水平．

针对多个自变量与一个因变量的回归分析问题，我们首先要知道因变量 y 与多个自变量 x_i 之间符合什么样的经验公式，这是多元线性回归分析的关键，也是针对实际问题时存在的难点．如果由实践经验、专业知识无法得知因变量 y 与多个自变量 x_i 之间所符合的经验公式，则需要通过多次反复的回归分析进行探索，以得到贴合实际、检验显著的回归方程，或者通过其他的数据处理方法探索变量 y 与 x_i 之间的相关关系．

4.4.2.2 利用“规划求解”确定试验优方案

通过回归分析，可以确定试验指标与各试验因素之间的回归方程，通过回归方程不仅可以考察试验结果随各试验因素变化而变化的趋势；还可以考察各试验因素对试验结果影响的重要程度，确定最优的试验方案．由回归方程确定试验优方案，就是试验最优化问题，此时可以利用 Excel 中提供的“规划求解”工具来解决回归方程的最优化问题．在使用“规划求解”工具之前，应建立最优化问题的回归模型．下面通过举例来说明“规划求解”确定试验优方案的方法．

例 4-20 在例 4-19 中，试验数据见表 4-15. 建立的回归方程为 $y=-7.108+9.845x_1+2.592x_2^2+1.659x_1x_3-1.042x_3^2$，试用 Excel 中“规划求解”工具求解当 x_1、x_2、x_3 各取什么值时，因变量 y 可能达到最大值．

解 ①在 Excel 工作表中，选中单元格，输入自变量和目标函数，如图 4-40 所示．在目标单元格 D2 中输入回归方程的公式“=-7.108+9.845 * *B2*+2.592 * *B3* * *B3*+1.659 * *B2* * *B4*-1.042 * *B4* * *B4*”，这里引用的单元格 B2、B3、B4 分别是自变量 x_1、x_2、x_3 对应的可变单元格．

D2 =-7.108+9.845*B2+2.592*B3*B3+1.659*B2*B4-1.042*B4*B4

	A	B	C	D	E	F	G	H	I
1	自变量		目标函数						
2	x_1		y	-7.108					
3	x_2								
4	x_3								

图 4-40 例 4-20 的 Excel 工作表

②选择“数据”下拉菜单中的“规划求解”工具，单击后弹出“规划求解参数”对话框（图 4-41），设置目标单元格，选中“最大值”. 引用“通过更改可变单元格”，即引用单元格 B2、B3、B4，在“遵守约束”部分，通过“添加”逐一设置每个引用单元格即对应 x_1、x_2、x_3 的取值范围．

③完成“规划求解参数”对话框的参数填写后，单击“求解”即可得到规划求解结果（图 4-42），即在试验范围内，当 $x_1=3.8$、$x_2=3.8$、$x_3=3.5$ 时，因变量 y 可能达到最大值 77.032. 值得注意的是，$y=77.032$ 是在试验范围内根据回归方程对 y 的预测值，$x_1=3.8$、$x_2=3.8$、$x_3=3.5$ 这一试验条件并不在试验方案中，即收集试验数据的过程中，并未做过该条件下的试验，因此还需要在该试验条件下进行验证试验．

图 4-41 “规划求解参数”对话框

	A	B	C	D	E
1	**自变量**		**目标函数**		
2	x_1	**3.8**	**y**	**77.03168**	
3	x_2	**3.8**			
4	x_3	**3.5**			
5					

图 4-42 规划求解结果

由例 4-20 可知，Excel 中的“规划求解”适于解决回归方程的最优化问题，省去了人工计算、人工编程的大量麻烦，使最优工艺条件的确定能够快速便捷地完成．但在解决实际问题的过程中，规划求解给出的“最优解”通常需要进一步通过试验进行验证．

思考与练习

①一元回归分析和多元回归分析适用的场合分别是什么？

②一元线性回归方程的显著性检验方法有哪些？

③如何判断多元线性回归中各自变量对因变量影响的主次顺序？

④利用分光光度法分析葡萄籽提取物中原花青素的含量，试验数据如表 4-16 所示，试画出散点图，建立原花青素浓度（μg/mL）与溶液吸光度之间的回归方程（标准工作曲线），并检验所建回归方程是否有统计学意义（$\alpha=0.05$）．

表 4-16　回归方程数据

浓度	20	50	80	110	140	170
吸光度	0. 025	0. 088	0. 129	0. 182	0. 218	0. 278

⑤研究某烟叶产区栽培条件对烟叶原料糖碱比影响的试验中，选择施氮量（kg/亩）、种植密度（株/亩）和打顶留叶数（片/株）3 个因素进行考察，试验结果见表 4-17，试采用多元线性回归分析建立烟叶糖碱比与施氮量、种植密度和打顶留叶数的回归方程，检验回归方程的显著性，确定各因素对烟叶糖碱比影响的主次顺序（$\alpha=0.05$）.

表 4-17　各因素对烟叶糖碱的影响

序号	施氮量（x_1）	种植密度（x_2）	留叶数（x_3）	糖碱比（y）
1	8	1400	17	13. 88
2	9	950	21	9. 85
3	5	1100	15	15. 77
4	7	800	19	11. 23
5	6	1250	23	13. 84

5　试验设计基础知识

统计推断结论的可靠程度与数据的质量和分析方法密切相关，在科学研究和生产实践的过程中，我们为了获得可靠的数据资料，通常需要在人为控制的条件下进行试验，即试验是我们获得数据资料的主要手段．试验设计的任务就是要经济、科学、合理地安排试验，尽可能地控制和排除非试验因素的干扰，力求用较少的人力、物力、财力和时间，最大限度地获得丰富而可靠的试验数据资料；充分地利用和科学地分析所获取的试验信息，以期达到解决科学研究或生产实践中的问题、获取最优方案的目的．在研究探索的过程中，以概率论与数理统计知识为理论基础，结合专业知识和实践经验，合理地进行试验设计、准确地进行试验，不仅能控制和降低试验误差、提高试验的精确性、保证试验数据的质量，也能使获取的试验信息具有充分的代表性和良好的可重复性．

科学合理的试验设计，可以提高试验的可靠程度，使试验结果能够在生产实践和科学研究中发挥更好的指导作用．如果试验设计不合理，不仅达不到试验目的，还可能导致整个试验结果的不可靠，根本无法用于指导生产或科研．科学合理的试验设计是获取高质量数据的重要前提，高质量数据是获得可靠的统计推断结果的重要基础．因此，能否科学合理地进行试验设计，很大程度上决定了试验数据分析结果能否正确地指导生产实践或科学研究．

试验设计方法作为统计数学的重要分支，包含的内容是极其丰富的，如全面试验设计、正交试验设计、均匀试验设计、分割法试验设计、回归正交设计等．各试验设计方法均有优劣，需结合实际问题，选择合适的方法进行试验设计．本章主要从试验设计的基本概念、试验数据的组成、试验设计的基本原则等方面进行详细介绍．

5.1　试验设计基本概念

5.1.1　试验指标

试验指标指根据试验目的选定的用以衡量试验效果的特性指标．在考察加香方式和加香量对卷烟感官质量的影响时，感官质量得分就是该研究的试验指标；考察贮存方式、贮存时间对烟叶原料霉变现象的影响时，烟叶霉变率就是试验指标．

试验指标是根据试验目的来确定的，如以烟叶为原料，制备烟草浸膏时，以浸膏得率为试验指标，提取有效成分烟碱时，则以烟碱的提取率为试验指标．根据试验目的的实际需求，可以选用一个试验指标，也可以选用多个试验指标．选用一个试验指标时，称为单指标试验．同时选用两个或两个以上的试验指标时，称为多指标试验．例如，研究烘焙温度、烘焙时间、烘焙方式对干燥大枣品质的影响时，可选用色泽变化、香味成分总量的变化作为试验指标；

研究烟支圆周、烟支长度、滤嘴通风率对烟气常规成分的影响时，可选用烟气烟碱、焦油释放量、CO 生成量作为试验指标．针对多指标试验，试验优方案的选择不像单指标试验那么简单直接，需要综合权衡来确定．

根据指标特点，试验指标可分为定量指标和定性指标．定量指标指通过测量等方法获取数据表示试验效果的特性指标，或者我们称能用数值表示的试验指标为定量指标或数量指标．如研究加工过程参数对卷烟产品卷制质量的影响时，吸阻、圆周、长度、单支重、硬度等物理指标也属于定量指标．研究烟叶原料中常规化学成分的变化规律时，糖、氮、碱的含量等属于定量指标，以及由化学成分含量计算的糖碱比、氮碱比、两糖差等衍生指标也属于定量指标．定性指标指不能通过测量的方法以数据表示试验结果而只能用文字描述来表示试验效果的特性指标，如烟叶原料调制后分级过程中的外观质量指标中的成熟度、色泽、油分、叶片结构等．研究叶组配方、加料加香、卷烟材料对卷烟产品感官质量的影响时，香气质、香气量、劲头、余味、谐调等感官质量指标属于定性指标．在实际科研或生产过程中，为了便于分析统计试验结果，常常会通过赋分等不同方法把描述性的定性指标进行赋分量化，转化为定量指标．如卷烟感官技术（GB 5606.4—2005）要求分别将光泽、香气、谐调、杂气、刺激性、余味等感官质量定性指标通过赋分转化为定量指标光泽（5）、香气（32）、谐调（6）、杂气（12）、刺激性（20）、余味（25），并在此基础上提出了各价类卷烟的质量分数下限要求，如一类不低于 85，二、三类不低于 75，四、五类不低于 60.

值得注意的是，虽然可以同时有多个试验指标，但试验指标数量的选择不宜过多，需结合问题实际选择最能突出反映研究目的的几个指标．另外，在确定试验指标时，还需兼顾指标的客观性、可量化性以及灵敏性和准确性等因素，既要保证选定的试验指标能精准地反映试验效果，又要兼顾试验指标数据获取的准确程度、难易程度以及受其他因素干扰的程度等．

5.1.2 试验因素

在科研或生产试验中，可能使试验指标发生变化或对试验指标产生影响的原因，都可以称之为因素或因子．如开发卷烟新产品，从产品配方设计、香精香料设计、规格设计、材料设计、包装装潢设计到推出产品、上市销售，各阶段环环紧扣，密切相关，这一产品是否能在市场上推广开来，与宣传力度、消费者心理、市场接受度等外在因素也有着错综复杂的相关关系．所以，围绕产品研发所开展的一系列试验研究不是孤立进行的，需考虑的因素有很多．如烟草种植地区、栽培技术、调制方法、醇化周期、贮存方式、应用对象等，都是影响烟叶原料可用性的因素．在特色植物制备天然香原料的研究中，前处理方法、提取方式、所用溶剂、处理时间、处理温度、溶剂用量等都是影响天然香原料品质的因素．不难发现，试验因素可以是定量的，也可以是定性的．

在研究过程中，很多情况下考虑所有因素的影响既是不现实的也是不必要的．所以，在解决实际问题时，我们通常会挑选一些对试验指标影响较大的因素作为考察对象．我们把试验研究中所要考察的因素称为试验因素，通常用大写英文字母来表示，如因素 A、因素 B、因素 C 等．把除试验因素以外其他所有对试验指标有影响的因素，都称为条件因素或者是试验条件．例如，研究反应体系 pH 对 Maillard 反应香料的影响时，反应体系 pH 就是试验因素，而反应温度、反应时间、反应原料（氨基酸、还原糖）、溶剂用量等则均为条件因素，都是本研究的试验条件；考察烟叶部位、产地对烟叶原料糖碱比的影响时，烟叶部位、烟叶产地就是试验因素，而烟叶品种、种植密度、施肥量等则为条件因素或者试验条件．考察试验因素对试验指标的影响时，试验条件应尽可能地保持一致．

在试验设计中，试验因素可以是一个或多个．我们把只考察一个因素的试验称为单因素试验，这是最基本、最简单的试验．相应地，把考察两个因素的试验称为双因素试验，考察三个及以上因素的试验称为多因素试验．

试验因素的选择需要在充分认识试验目的、试验任务的基础上，选择那些对试验指标影响较大的关键因素、没有考察过的主要因素或者是考察过但还没有完全掌握影响规律的重要因素．为了能抓住“主要矛盾”有效解决问题，试验因素的选择一般不宜太多，尽量做到重要因素不遗漏，次要因素少选择或不选择．

5.1.3 试验因素水平

为了考察试验因素对试验指标的影响情况，在试验设计中通常要把试验因素置于不同的状态，试验因素所处的各种状态就称为试验因素水平，常简称为水平．一个试验因素选了几个水平，我们就称该因素为几水平因素．因素水平通常用表示因素的字母加阿拉伯数字下标的方法来表示．如某试验中因素 A 选了 A_1、A_2 两个水平，因素 B 选了 B_1、B_2、B_3 三个水平，则称因素 A 为二水平因素，因素 B 为三水平因素．

因素水平有时是用具体的数值来表示，如处理时间、反应温度、溶剂用量等，有时是用定性的描述性语言来表示，如酶解试验添加酶的种类、加工过程的不同设备型号、烟叶原料产地、试验操作人员等．一般来说，数值型因素水平的选择余地相对较大，需根据专业知识、实践经验、因素特点、要求高低等综合考虑决定，能反映出试验指标随该因素水平变化而变化的规律．定性型因素水平的选择则应视问题的实际情况而确定，通常情况下，实际情况有多少种就取多少个水平，如产品加工设备型号、产品加工生产线等．

因素水平的设置要科学合理，水平数不宜过多，以免加大不必要的试验工作量，水平数也不宜过少，以免重要的信息被漏掉，一般优选 3~5 个．对试验指标反应灵敏的因素，水平间隔宜取得窄一些，否则应相对取宽一些．总而言之，水平的设置要尽可能地把水平值取在试验指标达到最佳的区域内或接近最佳区域，保证重要的信息不遗漏，同时减少不必要的试验以控制试验规模．

水平间隔的设置方法常见的有等差法、等比法、选优法和随机法等．其中，等差法是指因素水平等间隔选取，如处理时间这一因素的水平可选择 10min、20min、30min、40min 和 50min 水平，相邻水平间隔相等（10min）．当试验指标与因素水平之间呈线性相关关系时，多采用等差法设置因素水平．

等比法是指因素水平是等比设置的，如考察某香精添加量对卷烟产品感官质量的影响，加香比例的设置分别为 0.5‰、1.0‰、2.0‰、4.0‰，相邻水平之比相等（1∶2）．这种设置方法使试验指标变化率大的地方因素水平间隔较小，而试验指标变化率小的地方水平间隔较大．等比间隔设置因素水平的方法一般适用于试验指标与因素水平之间呈对数或指数关系的试验设计．

选优法是指先确定因素水平的两个端点值，再以 0.618 倍的全距（最大值-最小值）作为水平间距，用最小值与水平间距之和、最大值与水平间距之差的方法逐一确定因素各水平．如加香试验中，先确定最大允许添加量为 10%和最小添加量为 0，则水平间距为（10-0）× 0.618=6.18，那么 0+6.18=6.18，10-6.18=3.82．那么，加香试验设置的因素水平分别为：0（空白对照）、3.82%、6.18%、10%．优选法设置因素水平的方法比较适用于试验指标与因素水平呈二次曲线关系的试验设计．

随机法是指因素水平随机设置，水平间隔没有明显的规律可循，随机法设置因素水平的方法通常适用于试验指标与因素水平之间的关系不太清楚的情况，也就是说因素水平变化对试验指标的影响规律不太明确的情况下多选用随机法设置因素水平，这在预试验中比较常见．

5.1.4 试验处理

所谓试验处理，是指试验各因素的不同水平之间的联合搭配，也叫因素的水平组合或者组合处理，常简称处理．简言之，有多少个试验处理就需要至少做多少次试验，如果不同试验处理各做一次平行试验，则试验次数为试验处理的 2 倍．在单因素试验中，水平和处理的数量是一致的，试验的一个水平就是一个处理，三水平因素 A，相应的有 A_1、A_2、A_3 共 3 个处理；在多因素试验中，由于因素和水平较多，可以形成若干个水平组合，即若干个试验处理，各因素各水平组合就是一个处理，试验处理的多少等于试验各因素水平的乘积，如因素 A 为三水平因素，因素 B 为四水平因素，则全面试验会有 12 个试验处理（表 5-1）．

表 5-1　不同水平双因素的试验处理

因素水平	B_1	B_2	B_3	B_4
A_1	A_1B_1	A_1B_2	A_1B_3	A_1B_4
A_2	A_2B_1	A_2B_2	A_2B_3	A_2B_4
A_3	A_3B_1	A_3B_2	A_3B_3	A_3B_4

5.1.5 全面试验

全面试验是指对所选取的试验因素的所有水平组合全部实施一次以上的试验．其要求每一个因素的每个水平都要搭配一次，由于全部组合处理等于各试验因素水平的乘积，所以全面试验的试验次数等于各试验因素水平的乘积．全面试验的优点是能够获得全面的试验信息，无一遗漏，能够掌握每个因素及其每一个水平对试验结果的影响，各因素及各级交互作用对试验指标的影响剖析得也比较清楚，所以又称析因试验．例如，三因素三水平的全面试验，因素 A、B、C 各有 3 个水平，则共有 3×3×3=27 个水平组合（处理）．

在解决实际问题的过程中，为了获得全面的试验信息，正确地判断试验因素及其各级交互作用对试验指标的影响，有必要进行全面试验．但当因素数和水平数较多时，试验处理可能会有很多，尤其当试验处理还设置重复时，试验规模会十分庞大，如三因素三水平的全面试验共有 27 个试验处理，四因素四水平的试验则有 $4^4=256$ 个试验处理．在试验实施的过程中，不仅会耗费大量的人力、物力、财力等资源，试验的误差也不易控制，在实际中实施的难度很大．全面试验的局限性在于试验因素和水平较多时，试验处理的数量过于庞大．因此，全面试验适用于因素数和水平数相对较少的场合．

5.1.6 部分实施

思政元素——
部分与整体的关系

由于全面试验的工作量较大，因素水平数较多时难以实现，所以在试验设计中，常采用部分实施的方法．部分实施指从全部组合处理中选取部分有代表性的处理进行试验，即将试验因素的某些水平进行组合形成少数几个试验处理，如正交试验设计、均匀试验设计．如三因素三水平的试验，全面试验共有 $3^3=27$ 个试验处理，若用正交表［$L_9(3^4)$］安排试验方案，则共有 9 个试验处理，仅为全面试验次数的 1/3；再如四因素五水平试验，全面试验共有 $5^4=625$ 个试验处理，若用均匀设计表［$U_5(5^4)$］安排试验方案，则仅有 5 个试验处理．在不影响试验结果科学分析的前提下，部分实施可使试验规模大为缩小．所以，在试验因素和水平较多时，常采用部分实施方法．

5.2 试验设计的基本原则

在试验设计中，为了尽量减少试验误差，就必须严格控制试验干扰．试验干扰指那些可能对试验结果产生影响，但在试验中未加以考虑，也未加以精确控制的条件因素．例如，试验材料的不均匀性，仪器设备和操作人员的不同，试验周围环境、气候、时间的差异与变化等．这些干扰的影响是随机的，有些是事先无法估计、试验过程中无法控制的．为了保证试验结果的精确度，控制或消除试验干扰的影响，在进行试验设计时必须严格遵循三个基本原则，即重复原则、随机化原则和局部控制原则．

5.2.1 重复原则

重复指将一个试验处理实施 3 次及以上．一个试验处理实施的试验次数称为处理的重复数．重复试验是估计和减小随机误差的基本手段．由于随机误差是客观存在和不可避免的，若在某试验条件下只进行一次试验，则无法从一次试验结果估计随机误差的大小．只有在同一条件下进行重复试验，才能利用同一条件下取得的多个试验数据的差异，估计随机误差的大小．由于随机误差出现的随机性，有大有小，时正时负，随着试验次数的增加，正负相互抵消，随机误差平均值趋于零．因此，多次重复试验的平均值的随机误差比单次试验值的随机误差小，通过设置重复试验，可以减小随机误差，提高试验的精确度．

我们知道，样本标准误差与标准差的关系是 $S_{\bar{x}}=S/\sqrt{n}$，即平均数抽样误差的大小与重复次数的平方根成反比，若有 9 次重复试验，则其误差是只有一次重复试验的同类试验的三分之一．所以，从理论上讲，重复次数越多越好，越利于降低试验误差．但在实际应用时，随着重复次数的增加，试验成本会随之增加，试验的时间跨度和空间跨度也会增大，试验材料、环境、仪器设备、操作等各个环节引起的试验误差反而会增大，这就与重复试验的目的（估计和减小随机误差）背道而驰了．所以，在实际问题中需结合具体情况合理确定重复试验次数．值得注意的是，相同试验条件下重复试验是不能发现和减小系统误差的，只有改变试验条件才能发现或减小系统误差．

5.2.2 随机化原则

在试验研究中，人为地、有序地安排试验可能会引起系统误差．试验结果中的系统误差无法借助数据处理方法消除，系统误差的存在会影响试验数据的准确性，从而影响试验结果分析判断的正确性．换言之，如果存在系统误差，则试验数据就不准确，那么分析这些不准确的试验数据，是很难做出正确的判断的．因此，在试验设计和试验处理实施中，应尽可能地避免出现系统误差，试验设计中的随机化原则就是消除系统误差的有效手段．

随机化指每一个试验处理都有同等的机会被安排在不同的试验单位上或不同的时空范围中，以消除人为有序安排时引起的某些试验处理可能占有的“优势”或“劣势”，保证试验过程中未加控制的因素如时空范围等尽可能地保持一致，这是试验过程中消除试验干扰的重要手段．如评阅试卷时，班级 A_1、A_2 的同一课程的试卷由教师 B_1、B_2 来完成，人为、有序地安排班级 A_1 的试卷给教师 B_1 批阅，班级 A_2 的试卷给教师 B_2 批阅，然后比较两个班的成绩优劣．如果教师 B_1 评阅标准相对较严格，教师 B_2 评阅标准相对较宽松，那么如此安排，就会使班级 A_1 处于相对“劣势”、班级 A_2 处于相对“优势”的情况，影响评分结果（即试验数据）的准确性，可能引起比较结果出现偏差，导致误判．值得注意的是，在试验研究的过程中，每一个重复试验也可同等地视为一个试验处理，按随机化原则进行安排．

随机化可以消除系统误差，使系统误差转化为随机误差，从而正确地估计试验误差，并可保证试验数据的独立性和随机性，以满足统计分析的基本要求．随机化安排通常采用抽签、摸牌、查随机数表等方法实现．

5.2.3 局部控制原则

在考察试验因素对试验指标影响的研究中，我们总是期望试验条件能基本上保持一致．只有这样，因素的不同水平之间的试验结果才具有可比性．如果除了试验因素外，试验条件也在发生变化，那试验指标的变化很难说是因为试验因素水平的变化引起的，还是试验条件的变化引起的，这就对试验结果的分析造成了干扰，影响判断．

在生产实践或科学研究中，有些试验干扰是可以事先排除的，而有些试验干扰是不能排除的．例如，试验实施的时空范围跨度对试验结果是有影响的，时空范围跨度足够小，则时空范围跨度对试验结果的影响程度相应地也就会小到可以忽略不计；如果试验次数很多，时空范围跨度很大，则试验条件之间的差异相应地也会增大，试验条件的均匀一致性受影响的程度也会较大．但任何一项试验研究，都是在一定的时空范围内进行的，不同时空范围对试验条件造成的或大或小的干扰是无法提前排除的．如果我们把时空范围划为几个小的跨度，也就是区组，使得每个区组内的试验条件是尽可能均匀一致的，并在每个区组内将各项处理的试验顺序随机安排，这样的话每个区组内的试验误差减小，区组间试验条件的差异虽然可能较大，但可以用适当的统计方法进行处理．这种进行试验设计的原则我们称为局部控制原则．局部控制原则就是当试验干扰因子不能从试验中排除时，通过试验设计对干扰因子进行控制，达到降低或校正试验条件因素对试验结果的影响、提高统计推断可靠性的目的．如配对设计中，通过配对使不同的试验处理保有最大的一致性，也是局部控制．

在试验设计中实施局部控制时，区组如何划分，应视具体情况而定，一般情况下，通常会把对试验结果影响较大的某个条件因素划分为区组．如果时间跨度会影响试验结果，可把试验时间划分为区组；如果空间跨度会影响试验结果，就把空间划分为区组；如果仪器或设备间的差异影响试验结果，就把仪器或设备划分为区组；如果操作人员技术水平、固有习惯等差异影响试验结果，就把操作人员划分为区组等．在重复原则部分，介绍了重复试验可以减小随机误差，但随重复次数增多，试验规模加大，试验实施的时空范围跨度变大，试验条件的一致性会相对变差，这又会引起试验误差的增大，与重复试验减小随机误差的目的相悖，如果把重复数划分为几个区组，实施局部控制，可减小时空跨度引起的试验条件差异对试验结果的影响．

例 5-1 在某项测定目标产物 Y 的试验研究中，为了评价 A、B、C 三种分析方法的优劣，安排甲、乙、丙 3 名实验员完成检测，每个方法（处理）各重复 3 次．三种不同的方法设计出来的试验方案如表 5-2 所示，试分析方案优劣．

表 5-2 不同方法给出的具体试验方案

试验人员	规则的试验设计法	完全随机化试验设计法	随机化局部控制的试验设计法
甲	A、A、A	B、C、A	B、C、A
乙	B、B、B	C、B、B	C、A、B
丙	C、C、C	A、C、A	A、B、C

解 依题意，试验研究方案安排均遵循了重复原则，以减小随机误差，弱化随机误差对试验结果的干扰；同时可估计随机误差的大小，对比不同分析方法检测的精密度．采用不同的试验设计方法确定出的试验方案各不相同（表 5-2），各试验方案的优劣分析如下．

①规则的试验设计法给出的试验方案．优点是方便实施；缺点是当试验人员存在技术和固有习惯上的差异时，这个方案会引入系统误差，造成分析方法与操作人员两个因素之间的混杂，影响结果分析和判断．也就是说，在这个情况下，如果试验结果表明分析方法 A 结果好，很难说这是因为分析方法 A 好还是试验人员甲的操作技术水平高．因此，这种试验设计方法所得出的结论是不可靠的．

②完全随机化试验设计法给出的试验方案．优点是遵循随机化原则，使每个试验人员做哪个试验完全随机化，试验人员引入的系统误差转变为随机误差，如果增加重复次数，各处理的误差相互抵消，平均值之间的比较则更加公平了．缺点是试验方案安排还不够平衡，因为实验员乙没有做 A 方法，做了两次 B 方法，而实验员丙没有做 B 方法，做了两次 A 方法．如果试验人员乙和丙之间的水平差异较大，则试验人员因素对试验结果的判断还是有干扰的．

③随机化局部控制的试验设计法给出的试验方案．遵循随机化原则，使试验人员因素引入的系统误差转变为随机误差；遵循局部控制原则，以试验人员划分区组，每个试验人员对 A、B、C 三个方法各操作一次，每个试验人员的试验顺序随机化安排，这样就消除了试验人员因素对试验结果的干扰，得到可靠的结论．

试验设计的三个基本原则中，重复原则可减小和估计随机误差；随机化原则可消除系统误差、估计试验误差；重复原则和随机化原则结合使用可减小和估计随机误差；局部控制原则和重复原则、随机化原则相结合，分离消除系统误差、减小随机误差．也就是说，在实际应用中，试验设计的三个基本原则不是孤立的，而是相辅相成、相互补充的．根据三个基本原则进行试验设计，可控制试验干扰，保证试验条件基本均匀一致，提高试验精度，减少试验误差，后期选用合适的统计分析方法，可估计试验误差，评价试验因素对试验指标的影响．

思考与练习

①在获取试验数据的过程中，如果试验误差超出允差范围，可采用什么方法进行校正．试举例说明．

②试述试验设计的基本原则是什么？

③在卷烟产品研发过程中，考察不同配方香精对中支烟感官品质的修饰改善作用，安排7人组成感官评价小组，评价A、B两个配方的香精．试设计感官评价试验方案，并分析方案优劣．

6 正交试验设计方法

6.1 正交设计概述

全面试验设计得到的试验结果的信息量大而全面，适于因素水平数较少的情况，如单因素、双因素试验．在我们遇到的很多实际问题中，要考察的因素常常不止两个，因素的水平数也会较多．这时，全面试验设计方法制定的试验方案的试验规模就会很大，实际上往往是难以实施的．如三因素四水平的全面试验，共有 64 种试验处理，若每个试验处理再做一次平行试验，则共有 128 次试验，试验规模较大，试验方案的实际可执行性较差．因此，对于多因素多水平的试验，常采用部分实施法，减少试验次数，缩短试验周期，提高试验效率．正交试验设计就是部分实施法中最常用的一种试验设计方法．

正交试验设计（orthogonal design）是利用正交表合理安排试验方案，科学分析试验结果，考察试验因素对试验效果的影响规律，确定最优或较优试验方案的一种试验设计方法，常简称为正交设计．正交表是进行正交试验设计的基本工具．正交试验设计的特点是通过较少的有代表性的试验，研究各试验因素及因素间的交互作用对试验结果的影响，找出试验因素的最佳水平组合．实践证明，由正交试验获得的优方案与通过全面试验获得的优方案是基本一致的．但与全面试验相比，正交试验的试验次数可大大减少，试验成本可大幅降低，试验效率可显著提高．尤其是对于试验费用昂贵、操作条件要求严苛的研究，人们更期望能以较少的试验次数找到试验（生产）的优方案（或较优方案），此时，正交试验设计法的优势则相对更为明显．

6.2 正交设计的基本思想

例 6-1 采用超声波辅助从废弃烟末中提取多酚类物质，研究超声功率、超声时间、料液比对多酚提取效果的影响，试验指标为多酚提取率（%），各因素水平安排见表 6-1. 试设计试验方案．

表 6-1 因素水平表

水平	试验因素		
	超声功率 A（W）	超声时间 B（min）	料液比 C（g/mL）
1	80	15	1∶20
2	120	30	1∶30
3	160	45	1∶40

解 显然，这是一个三因素三水平的单指标试验，常用下列方法来安排试验方案.

（1）全面试验设计法

三因素三水平的全面试验共需进行 $3 \times 3 \times 3 = 27$ 次试验（图6-1）. 由图6-1可知，各因素的各水平组合均做试验，在因素水平立方体的27个交叉点安排的均有试验，试验信息全面，可找到最佳的工艺条件，缺点在于试验工作量偏大.

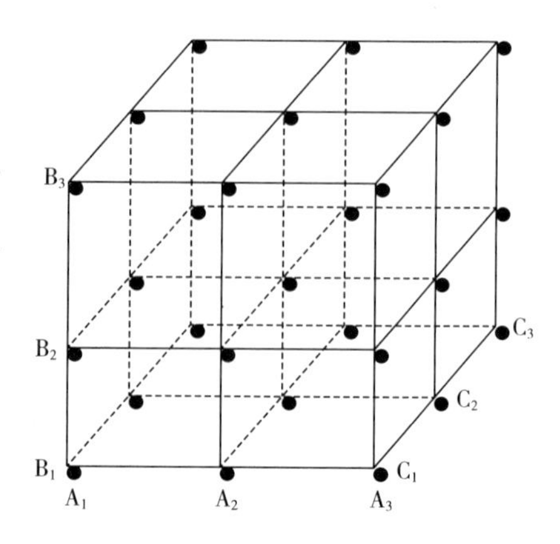

图6-1 全面试验方案试验点分布图

（2）因素轮换法

每次只改变某个因素的水平，而其他因素的水平固定，依次类推，逐个研究各因素不同水平下的试验指标变化即各因素对试验结果的影响. 研究因素A对试验结果的影响时，先暂时将因素B、C固定在某一水平上如 B_1、C_1，试验安排为 $B_1C_1A_1$、$B_1C_1A_2$、$B_1C_1A_3$，如果试验结果发现 A_2 水平最好，则将因素A固定在 A_2 水平、因素C仍固定在 C_1 水平. 考察因素B对试验结果的影响，试验安排为 $A_2C_1B_1$、$A_2C_1B_2$、$A_2C_1B_3$，如果试验结果发现 B_3 水平最好，则将因素B固定在 B_3 水平、因素A仍固定在 A_2 水平. 考察因素C对试验结果的影响，试验安排为 $A_2B_3C_1$、$A_2B_3C_2$、$A_2B_3C_3$，如果试验结果发现 C_1 水平最好，则认为最佳工艺条件就是 $A_2B_3C_1$. 这就是因素轮换法安排试验方案的思路.

因素轮换法安排的试验点分布如图6-2所示. 由图6-2可知，与全面试验法相比，因素轮换法的试验次数大幅减少，这是它的突出优势，但缺点也很明显. 首先，试验点的代表性差. 7个试验点较为集中地分布在局部区域，在立体图中，很大范围内没有试验点分布，这样一来，这7个试验显然不能客观地反映全面试验（27个试验点）的情况. 其次，采用不同的轮换方法可能会得出完全不同的结论，因此由因素轮换法获得的最佳条件，不一定是与全面试验中的最佳条件一致. 再次，采用因素轮换法，无法考察因素间的交互作用. 最后，在因素轮换的过程中，没有重复试验，无法估计试验误差，试验结果的可靠性较差.

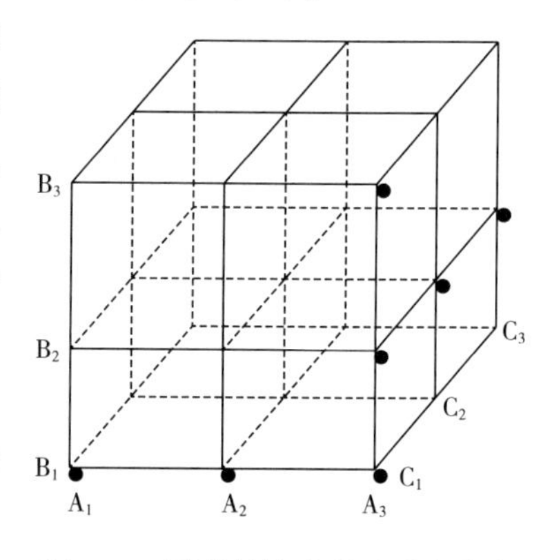

图6-2 因素轮换法的试验点分布

两种方法各有优缺点，全面试验法的试验结果信息全面，但试验次数过多；因素轮换法的试验次数少，但试验结果的代表性、可靠性较差. 那么，有没有试验安排能兼取两者之长，使试验结果既能反映全面信息，又能减少试验次数呢？这就要求试验点的安排要有足够的代表性. 针对例6-1，如果我们把试验点的分布安排如图6-3所示，则各试验点均匀分布在试验范围内，每个因素的每个水平下安排的都有试验点，而且各因素平面上的试验点数量均为3个，每个因素平面的各行各列都有一个且只有一个试验点. 如此一来，试验方案安排的试验点分布很均匀，试验结果能在很大程度上反映全面信息，同时试验次数也不多. 对例6-1，我们通过立体图的方法找出了有代表性的试验点，给出了既能反映全面信息的同时试验次数又少的方案. 当因素数、水平数较多时，通过做图找代表性试验点的方法显然就不可行. 科研工作者在长期的工作积累中总结出一套可靠的方法——创造出了正交表，用正交表来安排试验，既能使试验点具有代表性，又能减少试验次数．这种用正交表安排试验方案并分析试验结果的方法，称为正交试验设计法．

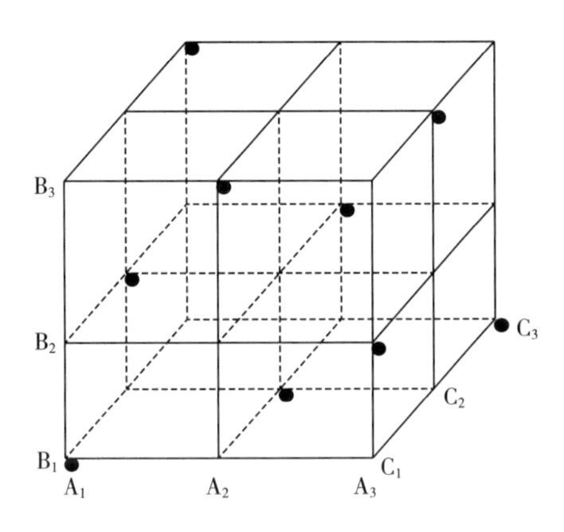

图 6-3　正交试验设计法的试验点分布

6.3　正交表

正交表是进行正交试验设计的基本工具，安排试验方案、分析试验结果均需在正交表中进行，因此进行正交试验设计必须先了解正交表．

6.3.1　正交表的定义与格式

设有两组元素 a_1，a_2，…，a_α 与 b_1，b_2，…，b_β，我们把 $\alpha\beta$ 个“元素对”叫作由元素 a_1，a_2，…，a_α 与 b_1，b_2，…，b_β 所构成的“完全对”：

$$(a_1, b_1), (a_1, b_2), \cdots, (a_1, b_\beta),$$
$$(a_2, b_1), (a_2, b_2), \cdots, (a_2, b_\beta),$$
$$\cdots$$
$$(a_\alpha, b_1), (a_\alpha, b_2), \cdots, (a_\alpha, b_\beta).$$

例如，由两组元素 1，2，3 和 1，2，3，4 构成的“完全对”为：

$$(1, 1), (1, 2), (1, 3), (1, 4),$$
$$(2, 1), (2, 2), (2, 3), (2, 4),$$
$$(3, 1), (3, 2), (3, 3), (3, 4).$$

如果一个矩阵的某两列中，同行的元素所构成的元素对是一个完全对，而且每对出现的次数相同时，则这两列为“均衡搭配”；否则称为“不均衡搭配”．所谓两列不均衡搭配，或者是这两列所构成的元素对不是一个完全对，或者虽然是完全对，但每个元素对出现的次数不相同．

例如，对于矩阵：

$$\begin{pmatrix} 1 & 1 & 1 \\ 1 & 1 & 2 \\ 1 & 2 & 1 \\ 1 & 2 & 2 \\ 2 & 1 & 2 \\ 2 & 1 & 2 \\ 2 & 2 & 2 \\ 2 & 2 & 2 \end{pmatrix},$$

第 1、2 列这两列所构成的元素对是一个完全对，而且每对出现的次数也一样，所以第 1、2 列是均衡搭配．但是，第 1、3 两列为不均衡搭配，因为这两列构成的元素对根本就不是一个完全对，有（1，1）、（1，2）、（2，2），没有（2，1）．同样，第 2、3 两列也为不均衡搭配，因为这两列构成的元素对虽然是一个完全对，但并不是每个元素对出现的次数都一样，（1，2）、（2，2）分别出现了 3 次，（1，1）、（2，1）分别出现了 1 次．

如果矩阵（$n \times k$）的任两列都是均衡搭配，则称其为正交表，为便于使用和记忆，正交表一般记为 $L_n(m_1 \times m_2 \times \cdots \times m_k)$，其中，“$L$”为正交表符号，“$n$”表示正交表的行数，即试验次数，“$k$”表示正交表共有 k 列，即最多可以安排 k 个因素，每列（每个因素）的水平数分别为 m_1，m_2，$\cdots$，m_k. 如矩阵 $\boldsymbol{A}$（4×3）、矩阵 $\boldsymbol{B}$（8×5），均为正交表：

$$\boldsymbol{A} = \begin{pmatrix} 1 & 1 & 1 \\ 1 & 2 & 2 \\ 2 & 1 & 2 \\ 2 & 2 & 1 \end{pmatrix}, \quad \boldsymbol{B} = \begin{pmatrix} 1 & 1 & 1 & 1 & 1 \\ 1 & 2 & 2 & 2 & 2 \\ 2 & 1 & 1 & 2 & 2 \\ 2 & 2 & 2 & 1 & 1 \\ 3 & 1 & 2 & 1 & 2 \\ 3 & 2 & 1 & 2 & 1 \\ 4 & 1 & 2 & 2 & 1 \\ 4 & 2 & 1 & 1 & 2 \end{pmatrix}.$$

正交表常以表格的形式出现，如正交表 A，以表 6-2 表示，记为 $L_4(2^3)$. 这是一张三因素两水平的正交表，也是最简单的正交表．而正交表 B，记为 $L_8(4 \times 2^4)$. 利用该正交表安排的试验方案共有 8 次试验，最多可安排 1 个四水平的因素和 4 个二水平的因素．

表 6-2　正交表 $L_4(2^3)$

试验号	1	2	3
1	1	1	1
2	1	2	2
3	2	1	2
4	2	2	1

6.3.2　正交表的分类

正交表根据因素的水平数是否相等，可分为等水平正交表和混水平正交表．

6.3.2.1 等水平正交表

正交表 $L_n(m_1 \times m_2 \times \cdots \times m_k)$ 中，如果 $m_1 = m_2 = \cdots = m_k$，则称为等水平正交表，一般记为 $L_n(m^k)$. 其中，“L”为正交表符号；“n”表示试验次数；“m”表示各因素的水平数；“k”表示正交表的列数，也是利用该正交表最多可以安排的因素数.

等水平正交表根据是否可以考察因素间的交互作用，分为标准表和非标准表两类. 利用标准表可以考察因素间的交互作用，即如果要考察因素间的交互作用，则须选用标准表来安排试验方案，而不能选用非标准表.

常用的等水平标准正交表有：

二水平：$L_4(2^3)$、$L_8(2^7)$、$L_{16}(2^{15})$；三水平：$L_9(3^4)$、$L_{27}(3^{13})$、$L_{81}(3^{40})$；四水平：$L_{16}(4^5)$、$L_{64}(4^{21})$……五水平：$L_{25}(5^6)$、$L_{125}(4^{31})$……

标准表的结构特点：

$$n_i = m^{1+i}, \tag{6-1}$$

$$k_i = (n_i - 1)/(m - 1) \qquad (i = 1,\ 2,\ \cdots). \tag{6-2}$$

例如，若 $i = 1$、$m = 2$，则 $n = 4$、$k = 3$，即 3 因素，2 水平，4 次试验，即正交表 $L_4(2^3)$.

水平数相同的标准表，任意相邻表具有以下关系：

$$n_{i+1} = mn_i, \tag{6-3}$$

$$k_{i+1} = n_i + k_i \qquad (i = 1,\ 2,\ \cdots). \tag{6-4}$$

当 $m = 2$：若 $i = 1$，则 $n = 2^2 = 4$，$k = (4 - 1)/(2 - 1) = 3$，即 $L_4(2^3)$；若 $i = 2$，则 $n = 2^3 = 8$，$k = (8 - 1)/(2 - 1) = 7$，即 $L_8(2^7)$. 显然，只要水平数确定了，第 i 张标准正交表就随之确定了. 由此可见，水平数 m 是构造标准正交表的重要参数. 对于任何水平的标准表，当 $i=1$ 时，即为该水平数下的最小号正交表，如 $L_4(2^3)$、$L_9(3^4)$、$L_{16}(4^5)$ 分别为水平数为 2、3、4 时的最小号正交表.

非标准正交表某种意义上是为了缩小标准表试验次数的间隔，如常用的二水平非标准正交表 $L_{12}(2^{11})$、$L_{20}(2^{19})$、$L_{24}(2^{23})$，以及其他水平数的非标准表 $L_{18}(3^7)$、$L_{32}(4^9)$、$L_{50}(5^{11})$ 等.

利用正交设计安排六因素三水平的试验方案时：选用三水平的第一张标准正交表 $L_9(3^4)$ 不可行，因为这个正交表最多只能安排 4 个因素；选用第二张标准正交表 $L_{27}(3^{13})$，可以安排 6 个因素，但试验次数偏多；如果不考虑因素间的交互作用，选用 $L_{18}(3^7)$ 既可安排六因素三水平的试验方案，且试验次数相对较少，是相对较为理想的安排. 因此，非标准表缩小试验次数的间隔，可让有些实际问题可以得到相对更为合理的试验安排. 值得注意的是，如果要考察因素间的交互作用，则不宜选用非标准表安排试验.

6.3.2.2 混水平正交表

正交表 $L_n(m_1 \times m_2 \times \cdots \times m_k)$ 中，如果 m_1，m_2，$\cdots$，m_k 不完全相等，则称为混水平正交表. 比较常用的混水平正交表通常是有水平数为 m_1 的因素有 k_1 个，水平数为 m_2 的因素有 k_2 个，一般记为 $L_n(m_1^{k_1} \times m_2^{k_2})$. 其中，“$L$”为正交表符号；“$n$”表示试验次数. 利用该正交表安排试验方案时，水平数为 m_1 的因素最多可安排 k_1 个，水平数为 m_2 的因素最多可安排 k_2

个，正交表的列数共有“ k_1+k_2”列．如前述的 8×5 阶矩阵 B 就是一个混水平正交表 $L_8(4\times2^4)$，利用 $L_8(4\times2^4)$ 混水平正交表最多可安排一个四水平的因素和四个二水平的因素．

常用的混水平正交表有：$L_8(4\times2^4)$，$L_{12}(3\times2^4)$，$L_{16}(6\times2^2)$，$L_{16}(4\times2^{12})$，$L_{16}(4^2\times2^9)$，$L_{16}(4^3\times2^6)$，$L_{16}(4^4\times2^3)$，$L_{18}(2\times3^7)$，$L_{18}(6\times3^6)$，$L_{20}(5\times2^8)$，$L_{20}(10\times2^2)$ ……

用混水平正交表一般不能考察因素间的交互作用，但如果是由标准表通过并列法改造的混水平正交表，如 $L_8(4\times2^4)$ 是由 $L_8(2^7)$ 并列得到，$L_{16}(4\times2^{12})$、$L_{16}(4^2\times2^9)$ 等是由 $L_{16}(2^{15})$ 并列得到，则可以考察因素间的交互作用，但必须回到原标准表上进行交互作用的考察．常用的正交表及其交互作用表见附录 10.

6.3.3 正交表的基本性质

正交表具有正交性、代表性和综合可比性的基本性质．其中，正交性是正交表的核心和基础，代表性和综合可比性是正交性的必然结果．

6.3.3.1 正交性

（1）在任一列中，各水平都出现，且出现的次数相等

如正交表 $L_4(2^3)$，每个因素有 1、2 两个水平，任意一列中，1、2 两个水平均出现，且出现次数均为 2 次；如 $L_9(3^4)$，每个因素有 1、2、3 三个水平，在任意一列上，1、2、3 三个水平均出现，且各水平出现的次数均为 3 次．

（2）任两列之间各种不同水平的所有可能组合都出现，且出现的次数相等

如正交表 $L_4(2^3)$ 中（1，1），（1，2），（2，1），（2，2）各出现 1 次；$L_9(3^4)$ 中（1，1），（1，2），（1，3），（2，1），（2，2），（2，3），（3，1），（3，2），（3，3）各出现 1 次．每个因素的各个水平与另一因素的各个水平所有可能组合次数相等，表明任意两列各个数字之间的搭配是均匀的．

对于等水平正交表，特点具体表现为：

①正交表中各列地位是平等的，列间可以互换，称为列间置换．

②各行之间也可以互换，称为行间置换．

③正交表同一列的不同水平间也可以置换，称为水平置换．

上述三种置换得到的正交表为原正交表的等价表．在实际应用中，可根据不同的试验要求，把正交表转换为与之等价的其他等价表来使用．

6.3.3.2 代表性

一方面，由于正交表具有正交性，任一列的各个水平都出现，使部分试验中包括了所有因素的所有水平；任两列的所有水平组合都出现，使对任意两个因素的所有水平信息及两因素间所有水平组合信息无一遗漏．这样一来，虽然正交表安排的试验方案只是部分试验，但却能了解到全面试验的情况．所以，在某种意义上，这种部分试验是可以代表全面试验的．

另一方面，由于正交表的正交性，正交试验的试验点必然均衡地分布在全面试验的试验点之中，具有很强的代表性．因此，部分试验寻找的最优条件与全面试验所找的最优条件，应有一致的趋势．

6.3.3.3 综合可比性

由于正交表正交性，任一列各水平出现的次数相等；在两列间所有水平组合出现的次数

相等，使任一因素各水平的试验条件相同．这就保证了在每列因素各水平的效果中，最大限度地排除了其他因素的干扰，因为正交表中每一因素的任一水平下都均衡地包含着另外因素的各个水平，当比较某个因素不同水平时，其他因素的效应彼此抵消，从而可以综合比较该因素不同水平对试验指标的影响．我们称这种每一因素的各个水平之间具有可比性的性质为正交表的综合可比性．

如正交表 $L_4(2^3)$ 安排三因素二水平的试验方案中（表 6-3），A、B、C 三个因素，每个因素各有两个水平，正交试验设计方案共有 4 次试验．A_1 的试验条件指出现 A_1 的 1 号、2 号试验中，显然 B_1、B_2 和 C_1、C_2 各出现一次；A_2 的试验条件是指出现 A_2 的 3 号、4 号试验中，B_1、B_2 和 C_1、C_2 也是各出现一次．可以认为，A_1、A_2 具有相同的试验条件．换言之，考察 A_1、A_2 对试验指标的影响时，因素 B 和因素 C 对试验指标的影响是相同的，这样一来，就排除了因素 B 和因素 C 对试验指标的影响，可以比较 A_1、A_2 对试验指标的影响，即因素 A 的两个水平之间具有综合可比性．同样地，因素 B 的两个水平之间、因素 C 的两个水平之间也具有综合可比性．综合可比性是正交试验设计进行结果分析的理论基础．

表 6-3　正交表 $L_4(2^3)$ 的三因素二水平试验方案

试验号	A	B	C
1	A_1	B_1	C_1
2	A_1	B_2	C_2
3	A_2	B_1	C_2
4	A_2	B_2	C_1

6.4　正交试验设计的基本程序

正交试验设计的基本程序包括试验方案设计和试验结果分析两大部分．

6.4.1　试验方案设计

6.4.1.1　不考察交互作用的正交试验方案设计

例 6-2　大枣浸膏是卷烟产品的重要天然香原料，为了提高微波萃取仪制备大枣浸膏的得率，试通过正交试验设计安排试验方案，寻求最佳的制备工艺条件．

解　（1）确定试验指标

试验目的决定试验指标，因此在进行试验设计前，必须明确试验目的，对试验要解决的问题，应有全面而清晰的认识．试验指标是衡量试验效果的指标，可以是定量指标，如得率、纯度等；也可以是定性指标，如色泽、口感等．为了便于分析试验结果，常通过赋分（如卷烟感官质量的色泽、香气质、香气量、杂气、余味等）、仪器设备（如色差计、质构仪等）等方法将定性指标转化为定量指标来衡量试验结果的优劣．

例 6-2 中试验目的很明确，即为了提高大枣浸膏的得率．因此，确定大枣浸膏得率为试验指标，显然得率越高，表明试验效果越好．

（2）选择试验因素

选择试验因素时：首先，根据专业知识、已有研究的结果、相关研究的经验教训，尽可能全面地考虑影响试验指标的诸多因素；然后，根据试验要求和尽量少选因素的一般原则，筛选出本试验需要考察的试验因素．

实际选择试验因素时，一般应优先考虑选择对试验指标影响较大的因素、尚未被考察研究过的因素，以及还没有完全掌握其对试验指标影响规律的因素，少选或不选对试验指标影响较小的因素、对试验指标影响规律已完全掌握的因素，但这些因素要作为试验的可控条件因素．值得注意的是，试验要求考察的因素必须选定为试验因素，不能遗漏，必要时要作为重点考察的主要因素．

在某些情况下，可以考虑适当多安排一些因素，如因素的增加并不会引起试验次数的增加时，可以多选定一些试验因素．

例 6-2 中影响大枣浸膏得率的因素很多，如大枣的品种、大枣的产地、大枣的破碎程度、提取溶剂乙醇的浓度、提取溶剂的添加量、微波处理的时间、微波处理的功率等，结合专业知识和已有研究，经全面考虑，最终选定微波处理功率、微波处理时间、提取溶剂用量（料液比）为试验因素，各试验因素分别以大写字母 A、B、C 表示，其余因素作为试验条件因素加以控制．

（3）选择因素水平，列出因素水平表

试验因素选定后，根据实际情况和相关研究基础，确定每个因素的水平．如果因素水平属于计量型，如时间、温度、溶剂用量等，取值相对较为灵活，一般以 2~4 个水平为宜，以便尽量减少试验次数，不过对于重点考察的主要试验因素，也可以根据具体情况多选取几个水平，但也不宜过多，一般不超过 6 个．如果因素水平属于计数型，如设备型号、添加剂种类、原料品种等，则其水平数要根据问题实际确定，如考察的设备因素中只有两种型号的卷接设备，那么设备因素的水平只能取 2.

值得注意的是，应根据实际情况和相关研究基础，尽可能地把因素水平的值取在最佳的区域．这样一来，从利于试验结果分析的角度考虑，水平数取 3 比取 2 更合适．例如，考察提取温度对试验结果的影响时，水平数分别取 2、3 的试验结果如图 6-4 所示，显然图 6-4（b）呈现的是因素水平效应的一种趋势，由图 6-4（b）可以得出“120℃时的目标产物得率比 80℃时高”，但很难说，80~120℃是目标产物得率高的最佳区域，温度的最佳条件也可能在比 120℃更高的温度处．图 6-4（a）呈现的是试验因素水平的最佳区域，如果试验指标是望大指标，即越高越好，那么由图 6-4（a）可以得出“温度因素的最佳条件在 80~120℃之间”的结论．也就是说，三因素水平与试验指标的趋势图多数呈二次曲线，二次曲线更利于呈现试验因素水平的最佳区域．二因素水平与试验指标的趋势图为直线，可以得到因素水平效应的趋势，很难呈现出最佳区域．因此，在水平数可以取 3 或 4 时，尽量不取 2. 另外，为保证尽可能地把因素水平的值取在最佳的区域或接近最佳区域，水平的幅度不宜选得过宽或过窄．如果经验或前期研究基础不足，不能保证把水平取在最佳区域或其附近，则需把水平距离先拉开，尽可能使最佳区域包含在拉开的区间内，然后逐步缩小水平区间，以保证获取适宜的水平间距．

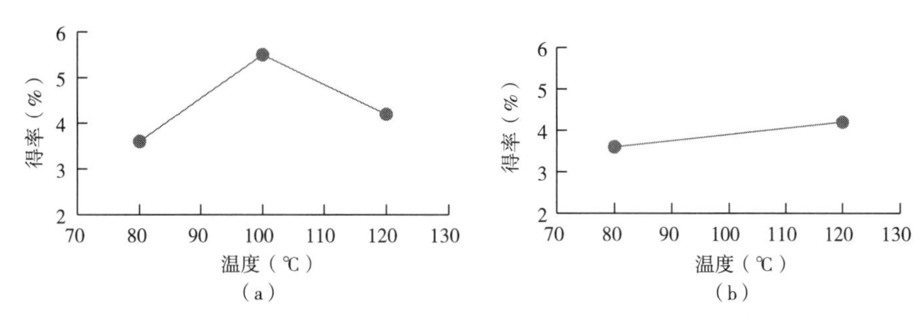

图 6-4 不同水平数的试验结果

对于例 6-2，微波处理功率、微波处理时间、料液比三个试验因素均选取三个水平，试验因素水平表如表 6-4 所示．

表 6-4 微波辅助提取大枣浸膏试验的因素水平

水平	因素		
	微波功率（W）	提取时间（min）	料液比（g/mL）
	A	B	C
1	100	10	1∶3
2	200	15	1∶6
3	300	20	1∶9

（4）选择合适的正交表

确定了试验因素水平后，要根据因素、水平以及是否需要考察交互作用来选择合适的正交表．对于各因素的水平数均相等的试验，选等水平正交表，所选正交表的水平数与试验因素的水平数保持一致，所选正交表的列数应大于或等于因素数和所要考察的交互作用之和．对于各因素的水平数不相等的试验，选混水平正交表，所选混水平正交表的某一水平的列数应大于或等于相应水平的因素的个数．

选择合适的正交表是正交试验设计的关键．如果正交表选得太小，试验因素和所要考察的交互作用可能安排不下，无法输出合理的试验方案；如果正交表选得过大，那么试验次数相应地也会增多，不符合经济节约的原则．合适的正交表的选择原则是在能够安排下试验因素和交互作用的前提下，尽可能选用较小的正交表，以减少试验次数．另外，为了考察试验误差，所选正交表安排完试验因素及要考察的交互作用后，最好能留有一列空列．否则，要考察试验误差就必须进行重复试验．

对于例 6-2 的三因素三水平试验，先确定选择三水平的等水平正交表，由附录 10 可知，我们可选正交表 $L_9(3^4)$ 或 $L_{27}(3^{13})$，由于本例只考察三个因素，不考察交互作用，那么，所选正交表至少要有 3 列，因此选三水平中最小号的正交表 $L_9(3^4)$ 即可．选 $L_{27}(3^{13})$ 当然也可以，但试验次数太多，不符合尽量选取小号正交表的原则．如果本例要考察因素间的交互作用，则可能需选用更大号的正交表如 $L_{27}(3^{13})$．

（5）设计正交表的表头

表头设计是将试验因素和所要考察的交互作用合理地安排到所选正交表的各列中的过程．在试验中，如果不考虑试验因素间的交互作用，各因素可以任意安排到正交表的各列中；如果要考察因素间的交互作用，那么各因素在正交表中所占的具体列就不能随意安排，应该按照与所选正交表相对应的交互作用列表“对号入座”，分别安排各因素及交互作用到相应的列中，以免出现“混杂”现象．例如，在正交表的同一列上，出现了两个或两个以上的因素或交互作用，试验结果分析中就无法输出同一列中这些不同因素或交互作用对试验指标的作用效果．为了防止“混杂”现象出现，一般优先安排那些主要因素、重点考察的因素、涉及交互作用较多的因素，而一些次要因素、涉及交互作用少的因素及不涉及交互作用的因素，则可适当推后安排．例如，在将主要因素及交互作用对号入座安排好后，再在正交表的剩余空列中适当安排次要因素、不涉及或少涉及交互作用的因素．

安排好各因素及交互作用后，列出表头设计．对于例 6-2 的三因素三水平试验，不考虑因素间的交互作用，各因素可任意安排到各列中，表头设计见表 6-5.

表 6-5　微波辅助提取大枣浸膏试验的正交表的表头设计

列号	1	2	3	4
因素	A	B	C	空列

（6）编制试验方案

在表头设计的基础上，将所选正交表中各列的不同水平数字换成对应各因素相应的具体水平值，便形成了试验方案，它是实际进行试验操作的具体依据．值得注意的是，交互作用所占的列保持原水平数字即可．对于例 6-2，正交试验方案安排及试验结果如表 6-6 所示．

表 6-6　微波辅助提取大枣浸膏的试验方案及结果

试验号	因素				大枣浸膏得率（%）
	微波功率 A（W）	提取时间 B（min）	料液比 C（g/mL）	空列 D	
1	1（100）	1（10）	1（1：3）	1	21.35
2	1（100）	2（15）	2（1：6）	2	23.88
3	1（100）	3（20）	3（1：9）	3	24.52
4	2（200）	1（10）	2（1：6）	3	25.63
5	2（200）	2（15）	3（1：9）	1	27.64
6	2（200）	3（20）	1（1：3）	2	26.85
7	3（300）	1（10）	3（1：9）	2	27.15
8	3（300）	2（15）	1（1：3）	3	25.64
9	3（300）	3（20）	2（1：6）	1	26.56

试验方案设计完成后，就可以按照试验方案实施试验．在试验实施过程中，必须严格按照各号试验的组合处理进行，不得随意改动．试验因素必须严格控制，试验条件应尽量保持

一致．另外，需要说明的是，试验方案中的试验号并不是实际进行试验的顺序，为了加快试验，最好同时进行试验，同时取得试验结果．如果条件不允许，试验只能一个一个地进行，那么，为了排除或减少外界干扰，应随机化安排各试验号的试验顺序，即采用抽签或查随机数字表等方法来确定试验顺序．不管采用什么顺序进行试验，一般都应进行重复试验，以减少随机误差对试验结果的影响．

例 6-3 试通过正交试验设计安排正交试验方案，确定打叶复烤的打叶工艺参数．

解 （1）确定试验指标

本试验的目的是研究打叶复烤加工阶段中的打叶工艺参数，新版《卷烟工艺规范》中对打叶复烤加工阶段提出的目标是降大片、提中片，降叶中含梗率．那么，根据新版《卷烟工艺规范》中提出的“打后大片率<45%，大中片率 ≥ 80%，叶中含梗率<1.5%”的要求，本试验以大片率、大中片率、叶中含梗率作为试验指标．而且，大片率越低越好，大中片率越高越好，叶中含梗率越低越好．

（2）选择试验因素、因素水平，列出因素水平表

根据专业知识和实践经验，结合打叶复烤厂生产线实际情况，确定试验因素和水平见表 6-7.

表 6-7 因素水平表

水平	试验因素		
	框栏形状 A	打辊转速（r/min） B	框栏尺寸（mm） C
1	菱形	639	76.2
2	六边形	803	101.6
3	圆形		
4	蝶形		

（3）选择合适的正交表

由试验因素水平表（表 6-7）可知，共有三个试验因素．其中，框栏形状因素为四水平因素，打辊转速、框栏尺寸因素均为二水平因素，各因素的水平数不完全相等，需选用混水平正交表，所选正交表中四水平的列数应大于等于 1，二水平的列数应大于等于 2，查附录 10.2，选用 $L_8(4\times2^4)$ 混水平正交表．

（4）设计正交表的表头，安排试验方案

将各试验因素按水平数安排在混水平正交表 $L_8(4\times2^4)$ 相应的列中，列出表头设计如表 6-8 所示．各列的不同水平数字换成对应各因素相应的具体水平值，即为试验方案（表 6-9），根据试验方案进行试验研究，试验结果见表 6-9.

表 6-8 打叶工艺参数优化试验的正交表表头设计

列号	1	2	3	4	5
因素	A	B	C	空列	空列

表 6-9　打叶工艺参数优化试验的正交试验方案及试验结果

试验号	因素					大片率（%）	大中片率（%）	叶中含梗率（%）
	框栏形状 A	打辊转速 B（r/min）	框栏尺寸 C（mm）	空列 D	空列 E			
1	1（菱形）	1（639）	1（76.2）	1	1	51.00	83.36	1.79
2	1（菱形）	2（803）	2（101.6）	2	2	42.66	78.32	1.54
3	2（六边形）	1（639）	1（76.2）	2	2	15.87	62.72	0.98
4	2（六边形）	2（803）	2（101.6）	1	1	29.39	72.43	1.16
5	3（圆形）	1（639）	2（101.6）	1	2	28.91	72.92	1.26
6	3（圆形）	2（803）	1（76.2）	2	1	17.15	62.42	1.11
7	4（蝶形）	1（639）	2（101.6）	2	1	34.87	75.45	1.21
8	4（蝶形）	2（803）	1（76.2）	1	2	22.61	65.67	1.17

6.4.1.2　考察交互作用的正交试验方案设计

（1）交互作用的一般处理原则

各因素之间的交互作用实际上是一种普遍存在的客观现象，区别在于作用程度大小．试验因素对试验结果的影响其实是各个因素的单独作用和各因素之间的交互作用的累计效果．一般情况下，在实际生产或科学研究中，当因素间的交互作用较小或对试验结果的影响不大时，对各因素之间的交互作用常做忽略不计处理．

在有些试验研究中，如果因素间的交互作用对试验结果的影响较大，则不能忽略不计．否则，在试验寻优的过程中，可能会对试验结果或下一步研究方向的探究造成误判．因此，应结合相关专业知识和实践经验，合理选择因素间的交互作用进行考察．

在试验设计中，因素 I 与因素 J 之间的交互作用，常记为 $I×J$，称为一级交互作用；因素 I、因素 J、因素 K 之间的交互作用，常记为 $I×J×K$，称为二级交互作用；其他如三级、四级交互作用等，以此类推．二级以上（含二级）的交互作用都称为高级交互作用．在正交试验设计中，通常情况下，高级交互作用往往很少考察，考察一级交互作用的情况相对较多．

在试验设计中，处理交互作用的首要原则是把交互作用视为试验因素．如此一来，各交互作用均可以安排到能考察交互作用的正交表中，从而由试验结果分析它们对试验指标的影响程度．但交互作用显然又不能完全等同于试验因素，区别主要表现在：

①考察交互作用的因素列不影响试验方案安排及实施．

②交互作用在正交表中所占的列数与因素的水平数 m 和交互作用级数 p 有关，即一个交互作用在正交表中可能占不止一列，所占列数为 $(m-1)^p$. 比如三水平因素，一级交互作用占 2 列（$(3-1)^1$），二级交互作用占 4 列（$(3-1)^2$），以此类推，m 和 p 越大，交互作用所占列数相应地就越多．当然，二水平因素的各级交互作用列均只占一列．

③考察交互作用时，各因素及其交互作用在正交表中所占的列不能随意安排，必须严格按照交互作用列表来安排因素及相互作用．

显然，在多因素试验中，如果因素间的各级交互作用全部考虑，则所选正交表的试验次数必然等于全面试验的次数．这样一来，正交试验设计的部分实施优势就不存在了，显然是不可取的．

为了使正交试验设计减少试验次数的优点充分发挥，在满足试验要求的前提下，综合考虑试验目的，结合专业知识、实践经验及现有条件，忽略某些对试验结果影响很小的可以忽略的交互作用，科学合理地安排交互作用考察．

通常情况下，高级交互作用对试验结果的影响一般都较小，可以忽略不计．一级交互作用通常也不必考察全部，结合实际情况，考察那些对试验结果影响较大或试验要求必须考察的一级交互作用．考察交互作用时，试验因素的水平数宜少不宜多，以减少交互作用所占的列数．满足试验要求的前提下，试验因素尽量取二水平．

综上，试验设计中考察交互作用的处理原则为忽略高级交互作用、科学选择一级交互作用、因素水平数以 2 为宜．由于正交表中的交互作用所占列不能随意安排，与相关因素所占的列密切相关．因此，考察交互作用时，在正交表表头设计中，应优先安排重点考察的主要因素、涉及交互作用较多的因素．对于某些次要因素、不涉及交互作用的因素可以稍后安排．

（2）考察交互作用的正交试验方案设计

考察交互作用的正交试验，正交表表头设计和试验结果分析与前面介绍的只考察各因素对试验结果单独作用时均有所不同．下面以例 6-4 为例，介绍交互作用时的正交试验方案设计．

例 6-4　以卷烟生产加工过程中产生的废弃烟末为原料，通过热化学转化法，在高温高压的水热装置中经过一系列热反应过程，制备高附加值的烟草源热反应香料．因素间的交互作用不可忽略，试通过正交试验设计安排正交试验方案，确定烟草源热反应香料的制备条件．

解　（1）确定试验指标

本试验的目的是研究水热液化反应制备香料过程中，各试验因素对液化香料得率的影响，因此选择液化产物得率为试验指标，且该试验指标为望大指标，即产物得率越高越好．

（2）选择试验因素、因素水平，列出因素水平表

根据专业知识和实践经验，在前期研究的基础上，选择正交试验的试验因素和水平如表 6-10 所示．

表 6-10　因素水平表

水平	反应温度（℃）	反应时间（min）	液固比（mL/g）
	A	B	C
1	200	60	5
2	220	70	6

（3）选择合适的正交表

由试验因素水平表（表 6-10）可知，共有 A、B、C 三因素二水平试验因素．根据前期研究，因素 A、B、C 之间的交互作用对试验指标有一定影响．因此，在考察因素对试验指标影响的同时，还需考察交互作用 $A\times B$、$A\times C$、$B\times C$ 对试验结果的影响．

二水平试验因素的交互作用在正交表中只占一列，试验设计按照将交互作用视为试验因

素的原则，本试验要考察 6 个二水平的“试验因素”对试验结果的影响．因此，选用能安排的因素数即列数大于等于 6 的二水平正交表中的最小号正交表．查附录 10，选择正交表 $L_8(2^7)$ 来安排试验方案．

（4）设计正交表的表头，安排试验方案

考察因素间的交互作用时，正交表中的各试验因素及交互作用所占的列必须严格按照相应正交表的交互作用列表来安排．以正交表 $L_8(2^7)$ 的交互作用表（表 6-11）为例，说明将各因素及交互作用安排在正交表 $L_8(2^7)$ 相应列中的规则．

在交互作用表中，数字表示正交表的列号．其中，括号内的数字表示各因素所占的列，任意两个括号列纵横所交叉的数字，表示这两个括号列中的因素之间的交互作用所占的列．例如，如果将因素 A 安排在第 2 列，因素 B 安排在第 3 列，则交互作用 $A\times B$ 应放在第 1 列，此时第 1 列不能安排其他因素，只能将交互作用 $A\times B$ 视为一个因素放在第 1 列，以免出现混杂不清的现象．如果将因素 C 安排在第 4 列，则交互作用 $A\times C$ 应放在第 6 列，交互作用 $B\times C$ 应放在第 7 列，此时正交表的第 5 列可安排不涉及交互作用的因素 D 或留作估计误差大小的空列．

表 6-11　正交表 $L_8(2^7)$ 的交互作用表

列号	1	2	3	4	5	6	7
1	(1)	3	2	5	4	7	6
2		(2)	1	6	7	4	5
3			(3)	7	6	5	4
4				(4)	1	2	3
5					(5)	3	2
6						(6)	1
7							(7)

值得注意的是，有时为了减少试验次数或满足某些试验的特殊要求，可能存在一级交互作用出现混杂，或次要因素与高级交互作用出现混杂的现象．但一般情况下，因素与一级交互作用混杂的现象是不允许出现的．

对例 6-4，根据正交表 $L_8(2^7)$ 的交互作用表（表 6-11），将各试验因素及交互作用安排在等水平正交表 $L_8(2^7)$ 相应的列中，列出表头设计如表 6-12 所示．各列的不同水平数字换成对应各因素相应的具体水平值，即为试验方案（表 6-13），根据试验方案进行试验实施，例 6-4 的试验结果见表 6-13. 不难发现，安排交互作用的各列不影响试验的具体实施．

表 6-12　水热反应香料制备试验的正交表表头设计

列号	1	2	3	4	5	6	7
因素	A	B	$A\times B$	C	$A\times C$	$B\times C$	空列

表 6-13 水热反应香料制备试验的正交试验方案及试验结果

试验号	因素							产物得率（mg/g）
	反应温度 A（℃）	反应时间 B（min）	$A\times B$	液固比 C（mL/g）	$A\times C$	$B\times C$	空列	
1	1（200）	1（60）	1	1（5）	1	1	1	1.78
2	1（200）	1（60）	1	2（6）	2	2	2	2.25
3	1（200）	2（70）	2	1（5）	1	2	2	2.46
4	1（200）	2（70）	2	2（6）	2	1	1	2.75
5	2（220）	1（60）	2	1（5）	2	1	2	2.98
6	2（220）	1（60）	2	2（6）	1	2	1	3.19
7	2（220）	2（70）	1	1（5）	2	2	1	2.88
8	2（220）	2（70）	1	2（6）	1	1	2	3.25

常用正交表对应的交互作用表，以及部分正交表考察一级交互作用时的常见表头设计，可查阅附录 10.

6.4.2 试验结果的极差分析

通过对正交试验结果进行分析，可以解决以下问题：

①分清各因素及其交互作用的主次顺序，即分清哪些因素是对试验指标影响较大的主要因素，哪些因素是对试验指标影响相对较小的次要因素.

②可以判断因素及其交互作用对试验指标影响的显著程度.

③可以找出试验因素的优水平和试验范围内的优组合，即各试验因素取什么水平时，试验指标最好.

④可以分析因素与试验指标之间的关系，即当因素水平变化时，试验指标是如何变化的. 找出指标随因素水平变化的规律和趋势，为进一步试验指明方向.

⑤可以了解各因素之间的交互作用情况.

⑥可以估计试验误差的大小.

通过正交试验结果提供的信息，了解各因素对试验指标的影响规律、重要程度以及确定最优条件，须借助一些方法对试验结果进行分析. 正交试验结果常用的分析方法有极差分析法、方差分析法.

6.4.2.1 正交试验结果的极差分析法

极差分析法又称直观分析法，具有计算简单、直观形象、简单易懂等优点，是正交试验结果分析最常用的方法. 极差分析法简称 R 法，包括计算和判断两个步骤，其内容如图 6-5 所示.

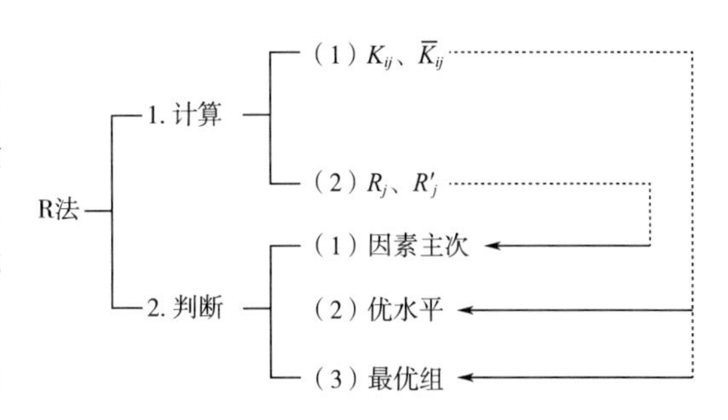

图 6-5 R 法分析正交试验结果的示意图

K_{ij} 为第 j 列因素第 i 水平所对应的试验指标的和，$\bar{K}_{ij}$ 为 K_{ij} 的平均值. 由 $\bar{K}_{ij}$ 大小可以判

断第 j 列因素优水平．由各因素的优水平可以得出优组合，即最优试验条件．

R_j 为第 j 列因素的 $\bar{K}_{ij}$ 值的极差，即第 j 列因素水平下的最大平均值与最小平均值的差值：

$$R_j = \max(\bar{K}_{ij}) - \min(\bar{K}_{ij})(i = 1,\ 2,\ \cdots,\ n). \tag{6-5}$$

R_j 反映了第 j 列因素的水平波动时，试验指标的变动幅度．R_j 越大，说明该因素的水平变化对试验指标的影响越大，相应的该因素对试验指标就越重要．

因此，当各因素水平数相等时，根据极差 R_j 大小，可以判断试验因素对试验指标影响的主次顺序．

对于混水平正交试验的结果，由于各因素的水平数不完全相等，不能直接依据极差 R_j 值的大小对比来判断各因素对某一试验指标影响的主次顺序．这是因为因素水平数的多少对极差值的大小有一定影响，一般情况下，水平数多的因素，相应的极差值可能会大．

因此，当各因素水平数不相等时，需采用极差 R_j 的折算值 R'_j（即折算极差 R'_j）判断各因素对某一试验指标影响的主次顺序．

极差折算公式：

$$R'_j = dR_j\ \sqrt{r}. \tag{6-6}$$

式中，R'_j 为折算极差；d 为折算系数；R_j 为因素 j 对应的极差；r 为因素 j 各水平的重复次数．

正交试验设计的极差折算系数如表 6-14 所示．

表 6-14　正交试验极差分析折算系数

水平数（m）	2	3	4	5	6	7	8	9	10
折算系数（d）	0.71	0.52	0.45	0.40	0.37	0.35	0.34	0.32	0.31

6.4.2.2　不考察交互作用的正交试验结果极差分析

以例 6-5 为例，从如何确定因素的优水平、试验处理优组合、因素的主次顺序以及由因素与指标的趋势图如何判断下一步试验的方向等方面介绍正交试验结果的极差分析法．

例 6-5　以例 6-2 的试验结果数据（表 6-6），利用极差分析法确定微波辅助提取大枣浸膏的最佳工艺条件，以及各因素对试验结果影响的主次顺序．

解　（1）因素的优水平和最优水平组合

从单指标正交试验结果（表 6-6）可以看出，A_1 的作用只反映在第 1、2、3 号试验中，A_2 的作用只反映在第 4、5、6 号试验中，A_3 的作用只反映在第 7、8、9 号试验中．为了考察 A_1 的作用，进行了一组试验，这组试验由 1、2、3 号试验组成；为了考察 A_2 的作用，进行了一组试验，即由 4、5、6 号试验组成；为了考察 A_3 的作用，进行了一组试验，即由 7、8、9 号试验组成．

那么，对于因素 A 的第 1 个水平所对应的试验指标值之和 $K_{1A} = 21.35 + 23.88 + 24.52 = 69.75$，相应的平均值 $\bar{K}_{1A} = 69.75/3 = 23.25$. 同理，因素 A 的第 2 个水平所对应的试验指标值之和 $K_{2A} = 25.63 + 27.64 + 25.72 = 78.99$，相应的平均值 $\bar{K}_{2A} = 78.99/3 = 26.33$. 因素 A 的第 3 个水平所对应的试验指标值之和 $K_{3A} = 26.89+25.64+26.34 = 78.87$，相应的平均值 $\bar{K}_{3A} =$

78.87/3=26.29.

由于正交设计的结果具有综合可比性的特征，对于因素 A 三个水平下的三组试验中，因素 B、C、D 各水平都只出现了一次，且各因素之间无相互作用，所以因素 A 三个水平下的试验条件是一致的．如果因素 A 对试验指标无影响，则会有 $\bar{K}_{1A}=\bar{K}_{2A}=\bar{K}_{3A}$，但计算结果实际上并不相等，显然这是由于因素 A 的水平变动引起的．

因此，$\bar{K}_{1A}$，$\bar{K}_{2A}$，$\bar{K}_{3A}$ 的大小反映了因素 A 在第 1，2，3 个水平下试验指标的表现，本例中试验指标浸膏得率属于望大指标，即指标值越大越好，从 $\bar{K}_{1A}$，$\bar{K}_{2A}$，$\bar{K}_{3A}$ 的大小可以看出，$\bar{K}_{2A}>\bar{K}_{3A}>\bar{K}_{1A}$，据此判断 A_2 为因素 A 的优水平．

同理，对于因素 B，可以计算 K_{1B}，$\bar{K}_{1B}$，K_{2B}，$\bar{K}_{2B}$，K_{3B}，$\bar{K}_{3B}$；对于因素 C，可以计算 K_{1C}，$\bar{K}_{1C}$，K_{2C}，$\bar{K}_{2C}$，K_{3C}，$\bar{K}_{3C}$．通过对比，判断因素 B 的优水平为 B_2，因素 C 的优水平为 C_3．各因素的优水平组合 $A_2B_2C_3$ 即为正交试验确定的最优试验条件，即微波功率 200W、提取时间 15min、料液比 1∶9.

本例中，优组合 $A_2B_2C_3$ 是 9 次正交试验中的其中一个，一般找出最优组合后，需安排重复试验，考察最优组合下试验的重复性和再现性．实际中，正交设计找出的最优组合可能并不在正交设计安排的试验方案中，此时需按最优组合安排验证试验，验证该最优组合下的试验指标值是否优于正交设计的其他组合，并考察最优组合下试验的重复性和再现性．

值得注意的是，最优组合指在试验所考虑的范围内的最优组合，超出了这个范围，情况可能发生变化．如果要扩大适用范围，就必须再进行扩大范围的试验．

（2）因素的主次顺序

R_j 表示第 j 列因素 $\bar{K}_{ij}$ 的极差，即 j 列因素各水平下的指标值 $\bar{K}_{ij}$ 的最大值与最小值之差．R_j 反映了第 j 列因素的水平波动时，试验指标的变动幅度．R_j 越大，说明该因素的水平变动对试验指标值的影响越大．因此，可以根据极差 R_j 的大小判断各因素对试验指标影响的主次顺序．

由式（6-5）可知，对于因素 A：

$R_A=\max(\bar{K}_{iA})-\min(\bar{K}_{iA})=26.33-23.25=3.08.$

对于因素 B：

$R_B=\max(\bar{K}_{iB})-\min(\bar{K}_{iB})=25.72-24.62=1.10.$

对于因素 C：

$R_C=\max(\bar{K}_{iC})-\min(\bar{K}_{iC})=26.35-24.24=2.11.$

由 $R_A>R_C>R_B$ 可判断因素的主次顺序为 $A>C>B$，即微波功率对试验指标的影响相对最大，料液比次之，提取时间对试验指标的影响相对最小．

另外，在正交试验设计的极差分析中，空列的极差 R 值也要计算，可以用来判断各因素影响的可靠性．一般情况下，各因素的 R 值应大于空列的 R 值．空列的 R 值反映的是试验误差或未加控制的因素如一些交互作用等对试验指标的影响，如果空列的 R 值大于某因素的 R 值，则说明试验误差或未加控制的一些因素对试验结果的影响大于该因素的影响．结果的原因有可能是试验过程中由于人员操作、仪器差异等问题导致试验结果的误差较大；也有可能是试验因素、水平选择不够理想，如忽略了对试验结果有较大影响的重要因素、因素水平过窄等问题，需进一步讨论或重新安排试验．对于例 6-2，空列 D 的极差为 0.39，明显小于各因素的极差，说明试验误差相对较小或未加控制的因素对试验结果的影响不大，可以忽略不计．

综上，例 6-5 单指标正交试验的极差法分析结果如表 6-15 所示．由表 6-15 可知，影响微波辅助提取大枣浸膏的因素主次顺序为 $A>C>B$，即微波功率>料液比>提取时间，微波辅助提取大枣浸膏的最优处理条件为 $A_2B_2C_3$，即微波功率 200W、提取时间 15min、料液比 1∶9. 由此可见，极差分析可以找出微波辅助提取大枣浸膏的最优工艺条件，还可以确定各试验因素对浸膏得率的影响大小．

表 6-15　微波辅助提取大枣浸膏的正交试验极差分析结果

试验号	因素				大枣浸膏得率（%）
	微波功率 A（W）	提取时间 B（min）	料液比 C（g/mL）	空列 D	
1	1（100）	1（10）	1（1∶3）	1	21.35
2	1（100）	2（15）	2（1∶6）	2	23.88
3	1（100）	3（20）	3（1∶9）	3	24.52
4	2（200）	1（10）	2（1∶6）	3	25.63
5	2（200）	2（15）	3（1∶9）	1	27.64
6	2（200）	3（20）	1（1∶3）	2	25.72
7	3（300）	1（10）	3（1∶9）	2	26.89
8	3（300）	2（15）	1（1∶3）	3	25.64
9	3（300）	3（20）	2（1∶6）	1	26.34
K_{1j}	69.75	73.87	72.71	75.33	
K_{2j}	78.99	77.16	75.85	76.49	
K_{3j}	78.87	76.58	79.05	75.79	
$\bar{K}_{1j}$	23.25	24.62	24.24	25.11	
$\bar{K}_{2j}$	26.33	25.72	25.28	25.50	
$\bar{K}_{3j}$	26.29	25.53	26.35	25.26	
R_j	3.08	1.10	2.11	0.39	
主次顺序			$A>C>B$		
优水平	A_2	B_2	C_3		
优组合		$A_2B_2C_3$			

在正交试验结果的分析中，极差分析各项指标值如 K_{ij}，$\bar{K}_{ij}$，R_j 的计算以及各因素优水平、优组合等的判断均在正交表中进行，如表 6-15 所示．这样一来，试验设计方案和试验结果分析输出在一张表中，便于观察和分析．

在实际生产和科学研究中，应根据具体情况确定因素的优水平和试验的最优组合．针对主要因素，对试验指标影响较大，一般须选择最优水平；而对于影响较小的次要因素，则应权衡利弊，综合考虑生产周期、生产成本、操控难易等多方面因素来确定水平，以获得符合生产实践的最优或较优的生产工艺条件．

（3）因素与指标趋势图

在生产实践或科学研究中，有时通过一轮试验不一定能选出最优条件，尤其是在缺乏相关研究基础或资料的情况下，常常需要多次探索．这时，可以利用这一轮试验的因素与指标的趋势图，确定下一步试验的研究方向．

以因素水平为横坐标，以试验指标的均值 $\bar{K}_{ij}$ 为纵坐标，绘制出因素与指标的趋势图，可以直观地观察各因素对试验指标的影响规律和趋势，同时也可以为进一步试验时选择因素水平指明方向．对于例 6-2，各因素与试验指标的趋势如图 6-6 所示．从趋势图可以看出，随因素 C 即料液比的增加，试验指标值呈逐渐增加的趋势．所以，在下一步的试验中，因素 C 的水平可进一步放大，即料液比因素，可考虑增加溶剂用量．

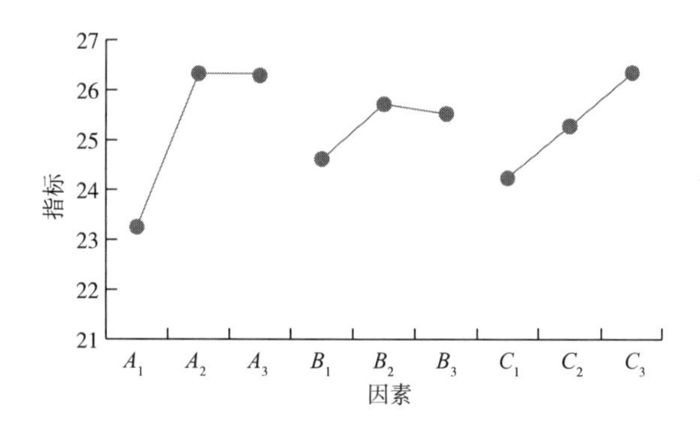

图 6-6　例 6-2 因素与试验指标的趋势图

在生产实践和科学研究中，衡量试验结果好坏的指标有时不止一个，可能会同时有两个或两个以上的试验指标，如浸梗机工艺参数优化试验，就要同时考察 3 个指标．

①梗丝填充值（cm^3/g），要求越高越好．

②整丝率（%），要求越高越好．

③贮梗后的回透率，要求越高越好．

多指标正交试验的试验方案设计与单指标正交试验基本相同．不同的是，试验结果分析时，需要综合权衡多个指标的极差分析结果，确定各因素的优水平和试验的最优条件，也可根据实际情况具体分析，通过权重法可以将多指标转化为综合性单指标，然后按单指标正交试验分析试验结果．

例 6-6　以例 6-3 的试验结果数据（表 6-9），利用极差分析法确定打叶复烤的打叶工艺参数．

解　首先，针对各试验指标，分别计算因素 j 的水平 m 所对应的各试验指标值的和 K_{ij}，以及相应的平均值 $\bar{K}_{ij}$. 根据表 6-9 的正交试验结果，分别计算因素 A 的不同水平所对应的各试验指标值的和以及相应的平均值 K_{1A}，$\bar{K}_{1A}$，K_{2A}，$\bar{K}_{2A}$，K_{3A}，$\bar{K}_{3A}$，K_{4A}，$\bar{K}_{4A}$；计算因素 B 的各水平所对应的各试验指标值之和以及相应平均值 K_{1B}，$\bar{K}_{1B}$，K_{2B}，$\bar{K}_{2B}$；计算因素 C 的各水平所对应的各试验指标值之和以及相应平均值 K_{1C}，$\bar{K}_{1C}$，K_{2C}，$\bar{K}_{2C}$. 针对各试验指标，分别计算第 j 列因素 $\bar{K}_{ij}$ 的极差 R_j 及其折算值 R'_j，计算结果如表 6-16 所示. 在打叶参数正交优化试验研究中，大片率和叶中含梗率均为望小指标，即工艺参数越优则大片率和叶中含梗率的指标值越小；大中片率为望大指标，即打叶工艺参数越优则大中片率越大.

表 6-16　正交试验的极差法分析结果

试验号		因素					大片率（%）	大中片率（%）	叶中含梗率（%）
		框栏形状 A	打辊转速 B（r/min）	框栏尺寸 C（mm）	空列 D	空列 E			
1		1（菱形）	1（639）	1（76.2）	1	1	51.00	83.36	1.79
2		1（菱形）	2（803）	2（101.6）	2	2	42.66	78.32	1.54
3		2（六边形）	1（639）	1（76.2）	2	2	15.87	62.72	0.98
4		2（六边形）	2（803）	2（101.6）	1	1	29.39	72.43	1.16
5		3（圆形）	1（639）	2（101.6）	1	2	28.91	72.92	1.26
6		3（圆形）	2（803）	1（76.2）	2	1	17.15	62.42	1.11
7		4（蝶形）	1（639）	2（101.6）	2	1	34.87	75.45	1.21
8		4（蝶形）	2（803）	1（76.2）	1	2	22.61	65.67	1.17
大片率（%）	K_{1j}	93.66	130.65	106.63	131.91	132.41			
	K_{2j}	45.26	111.81	135.83	110.55	110.05			
	K_{3j}	46.06							
	K_{4j}	57.48							
	$\bar{K}_{1j}$	46.83	32.66	26.66	32.98	33.10			
	$\bar{K}_{2j}$	22.63	27.95	33.96	27.64	27.51			
	$\bar{K}_{3j}$	23.03							
	$\bar{K}_{4j}$	28.74							
	R_j	24.20	4.71	7.30	5.34	5.59			
	R'_j	21.78	4.73	7.33	5.36	5.61			
大中片率（%）	K_{1j}	161.68	294.45	274.17	294.38	293.66			
	K_{2j}	135.15	278.84	299.12	278.91	279.63			
	K_{3j}	135.34							
	K_{4j}	141.12							
	$\bar{K}_{1j}$	80.84	73.61	68.54	73.60	73.42			
	$\bar{K}_{2j}$	67.58	69.71	74.78	69.73	69.91			
	$\bar{K}_{3j}$	67.67							
	$\bar{K}_{4j}$	70.56							
	R_j	13.27	3.90	6.24	3.87	3.51			
	R'_j	11.94	3.92	6.26	3.88	3.52			

续表

试验号		因素					大片率（%）	大中片率（%）	叶中含梗率（%）
		框栏形状 A	打辊转速 B（r/min）	框栏尺寸 C（mm）	空列 D	空列 E			
叶中含梗率（%）	K_{1j}	3.33	5.24	5.05	5.38	5.27			
	K_{2j}	2.14	4.98	5.17	4.84	4.95			
	K_{3j}	2.37							
	K_{4j}	2.38							
	$\bar{K}_{1j}$	1.67	1.31	1.26	1.35	1.32			
	$\bar{K}_{2j}$	1.07	1.25	1.29	1.21	1.24			
	$\bar{K}_{3j}$	1.19							
	$\bar{K}_{4j}$	1.19							
	R_j	0.60	0.07	0.03	0.14	0.08			
	R'_j	0.54	0.07	0.03	0.14	0.08			

由极差分析结果可知，针对不同试验指标各因素的优水平组合及主次影响顺序见表 6-17.

表 6-17　优水平组合及影响顺序

试验指标	优组合	各因素影响主次顺序
大片率	$A_2B_2C_1$	$A>C>B$
大中片率	$A_1B_1C_2$	$A>C>B$
叶中含梗率	$A_2B_2C_1$	$A>B>C$

针对大片率、大中片率、叶中含梗率 3 个试验指标分别单独分析时，得到的打叶工艺优化条件并不完全一致，此时需结合各因素对试验指标的影响程度大小，综合权衡，科学地确定最佳打叶工艺条件.

对于 3 个试验指标而言，因素 A 均为影响相对最大的主要因素，从大片率、叶中含梗率指标看，宜取 A_2；从大中片率指标看，宜取 A_1. 因此，因素 A 的水平宜在 A_1 或 A_2 中选取．那么，当因素 A 取 A_1 水平时，大中片率比取 A_2 提高了 16.41% $\left(\left|\frac{K_{1A}-K_{2A}}{K_{1A}}\right|\times 100\%\right)$，而大片率增加了 51.67%，且由叶中含梗率指标看，取 A_1 比 A_2 时高了 35.74%. 因此，综合考虑，因素 A 取 A_2 水平．

因素 B 对 3 个试验指标来说，均为影响相对较小的次要因素，从大片率看，宜取 B_2；从大中片率指标看，宜取 B_1. 当因素 B 取 B_1 水平时，大中片率比取 B_2 提高了 5.30% $\left(\left|\frac{K_{1B}-K_{2B}}{K_{1B}}\right|\times 100\%\right)$，而大片率增加了 14.42%. 从叶中含梗率指标看，试验误差或未加控制因素的影响大于因素 B 的影响，因此可忽略不计．综合大片率、大中片率的变化幅度，因素 B 可取 B_2 水平．当然，由于因素 B 对试验指标的影响相对较小，也可根据生产实际情况

选择 B_1 水平.

因素 C 对大片率、大中片率试验指标的影响较大，从大片率指标看，宜取 C_1；从大中片率指标看，宜取 C_2. 当因素 C 取 C_2 水平时，大中片率比取 C_1 提高了 8.34% $\left(\left|\frac{K_{2C}-K_{1C}}{K_{2C}}\right|\times 100\%\right)$，而大片率增加了 21.50%，因此因素 C 取 C_1 水平. 从叶中含梗率指标看，试验误差或未加控制因素的影响大于因素 C 的影响，因此可忽略不计. 综合大片率、大中片率的变化幅度，因素 C 取 C_1 水平.

综上，打叶工艺条件优化组合为 $A_2B_2C_1$，即打叶框栏形状为六边形框栏，打辊转速为 803r/min，框栏尺寸为 76.2mm. 由混水平正交试验方案（表 6-10）可知，优化组合不在这 8 次正交试验中，需进一步进行验证试验.

例 6-6 的正交试验结果分析方法称为多指标情况下的综合平衡法. 当各试验指标单独分析时得到的优水平组合不一致时，结合各因素对试验指标的影响程度大小，采用两害相较取其轻，两利相较取其重的方法进行综合权衡，科学地确定多指标正交试验的优水平组合即最佳试验条件.

需要指出的是，在各例题的计算过程中，由于计算软件保留小数点后有效位数的差异，有些参数的计算结果可能会存在较小差异，但通常情况下，不会影响对分析结果的判断.

虽然从试验设计的角度，我们建议因素的水平数最好大于 2，但在生产实践或科学研究中，各因素的水平数设置及各水平取值常常需要紧密结合生产实践，无法灵活取值.

在例 6-6 中，框栏形状因素为定性指标，打辊转速、框栏尺寸因素为定量指标. 根据打叶复烤生产实际情况，框栏形状设置了 4 个水平，打辊转速和框栏尺寸各设置了 2 个水平. 以因素水平为横坐标，分别以大片率、大中片率、叶中含梗率试验指标的均值 $\bar{K}_{ij}$ 为纵坐标，绘制出因素与指标的趋势图（图 6-7）.

从趋势图 6-7 可以看出，在下一步的试验中，可考虑调整因素 B 即打辊转速、因素 C 即框栏尺寸的水平及水平间隔设置. 同时，考虑增补对叶中含梗率有较大影响的试验因素.

在解决生产实践或科学研究问题的过程中，有时由于受实际情况的制约，尤其是缺乏相关研究基础或可能会对生产造成不利影响的情况下，需要谨慎设计、多次探索，方能确定最优条件.

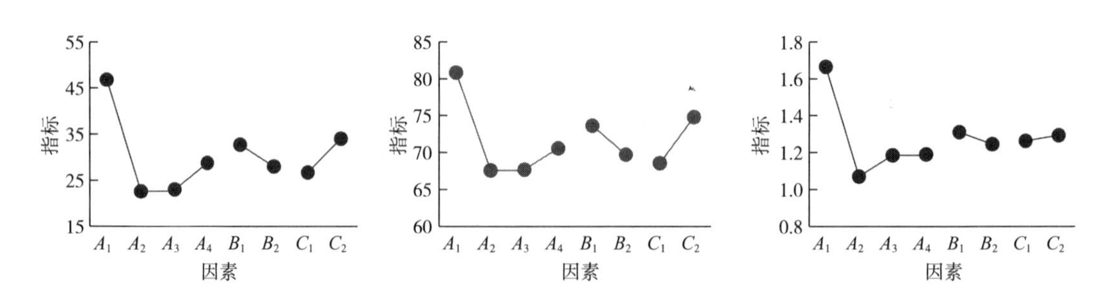

图 6-7　例 6-6 因素与试验指标的趋势图

6.4.2.3　考察交互作用的正交试验设计及极差分析

以例 6-7 为例，介绍考察交互作用的正交试验设计结果的极差分析方法.

例 6-7 以例 6-4 的试验结果数据（表 6-13），利用极差分析法确定烟草源热反应香料的制备条件及各因素影响主次顺序．

解 首先，将交互作用视为因素，分别计算各因素及交互作用对应列的 K_{ij} 、$\bar{K}_{ij}$ 以及极差 R_j，计算结果如表 6-18 所示．根据各因素各水平的 $\bar{K}_{ij}$ 值，确定出各因素的优水平，例 6-7 各因素的优水平分别为 A_2、B_2、C_2. 根据各因素及交互作用相应极差 R_j 的大小，将试验因素和交互作用对试验指标的影响大小排主次顺序．例 6-7 中各因素及交互作用对试验结果影响的主次顺序为 $A > C > B > A \times B > B \times C > A \times C$.

表 6-18 正交试验的极差法分析结果

试验号	因素							产物得率（mg/g）
	反应温度 A（℃）	反应时间 B（min）	$A \times B$	液固比 C（mL/g）	$A \times C$	$B \times C$	空列	
1	1（200）	1（60）	1	1（5）	1	1	1	1.78
2	1（200）	1（60）	1	2（6）	2	2	2	2.25
3	1（200）	2（70）	2	1（5）	1	2	2	2.46
4	1（200）	2（70）	2	2（6）	2	1	1	2.75
5	2（220）	1（60）	2	1（5）	2	1	2	2.98
6	2（220）	1（60）	2	2（6）	1	2	1	3.19
7	2（220）	2（70）	1	1（5）	2	2	1	2.88
8	2（220）	2（70）	1	2（6）	1	1	2	3.15
K_{1j}	9.24	10.20	10.06	10.1	10.58	10.66	10.60	
K_{2j}	12.20	11.24	11.38	11.34	10.86	10.78	10.84	
$\bar{K}_{1j}$	2.31	2.55	2.52	2.53	2.65	2.67	2.65	
$\bar{K}_{2j}$	3.05	2.81	2.85	2.84	2.72	2.70	2.71	
R_j	0.74	0.26	0.33	0.31	0.07	0.03	0.06	
主次顺序	$A > A \times B > C > B > A \times C > B \times C$							
优水平	A_2	B_2		C_2				
优组合	$A_2B_1C_2$							

当因素 I 与因素 J 之间的交互作用对试验结果影响较大时，不能直接根据因素 I、因素 J 的单独作用来确定因素水平的优组合．应通过计算因素 I 与因素 J 不同水平搭配下试验指标的均值，找出因素 I 与因素 J 的优搭配．需综合考虑因素 I 与因素 J 的优水平以及交互作用的优搭配，确定因素水平的优组合．例 6-4 中，交互作用 $B \times C$ 、$A \times C$ 对试验指标的影响较小，可忽略不计，所以因素 C 的优水平可直接根据极差 R_j 选取 C_2. 交互作用 $A \times B$ 对试验指标影响较大，因此计算因素 A 与因素 B 不同水平搭配下试验指标的均值（表 6-19），寻找因素 A 与因素 B 的优搭配．由因素 A 与因素 B 的搭配表可以看出，A_2B_1 组合下对应的试验指标值最优，即产物得率最大，所以因素 A 与因素 B 的优搭配为 A_2B_1.

综上，例 6-7 以废弃烟末制备水热反应香料的最优试验条件为 $A_2B_1C_2$，即反应温度 220℃，反应时间 60min，反应固液比 6.0mL/g，此时水热反应香料的得率最高．由此可见，不考虑交互作用时，各因素的优水平组合即为试验处理的优组合；当交互作用影响较大，不能忽略不计时，试验处理的优组合不一定是各因素的优水平组合．

表 6-19　因素 *A*、*B* 搭配表

因素	B_1	B_2
A_1	$\frac{1.78+2.25}{2}=2.015$	$\frac{2.46+2.75}{2}=2.605$
A_2	$\frac{2.98+3.19}{2}=3.085$	$\frac{2.88+3.15}{2}=3.015$

当因素的水平数增加时，考察交互作用的正交试验方案设计与试验结果极差分析与二水平基本相同，不同的是，表头设计相对复杂一些．如例 6-4 中，若反应温度、反应时间、固液比各取三个水平，则交互作用 $B\times C$ 、$A\times C$、$A\times B$ 要各占两列．下面通过例 6-8 来说明考虑交互作用的三水平正交试验的表头设计．

例 6-8　以卷烟生产加工过程中产生的废弃烟末为原料，通过热化学转化法，在高温高压的水热装置中经过一系列热反应过程，制备高附加值的烟草源热反应香料．考察反应温度（因素 A）、反应时间（因素 B）、固液比（因素 C）以及交互作用 $A\times B$、$B\times C$ 、$A\times C$ 对水热反应香料得率的影响．

解　（1）因素水平表

根据专业知识和实践经验，在前期研究的基础上，选择正交试验的因素水平如表 6-20 所示．

表 6-20　因素水平表

水平	反应温度（℃）	反应时间（min）	液固比（mL/g）
	A	B	C
1	180	50	5
2	200	60	6
3	220	70	7

（2）选择合适的正交表

由试验因素水平表（表 6-20）可知，本研究为三因素三水平试验，每个因素各占一列．当 $m=3$，$p=1$ 时，$(m-1)^p=(3-1)^1=2$，即一级交互作用 $A\times B$、$A\times C$、$B\times C$ 各占二列．按照将交互作用视为试验因素的原则，选用的正交表至少需有 $3\times1+3\times2=9$ 列．考察交互作用时，需选用标准正交表，当水平数为 3 时，列数大于等于 9 的最小号的标准正交表为 $L_{27}(3^{13})$．所以，查附录 10，选择正交表 $L_{27}(3^{13})$ 和相应的交互作用表安排试验方案，正交试验表头设计见表 6-21.

表 6-21 考虑交互作用的三因素三水平正交试验表头设计

列号	1	2	3	4	5	6	7	8	9	10	11	12	13
方案 1	A	B	$A\times B$	$A\times B$	C	$A\times C$	$A\times C$	$B\times C$	空列	空列	$B\times C$	空列	空列
方案 2	A	C	$A\times C$	$A\times C$	B	$A\times B$	$A\times B$	$B\times C$	空列	空列	$B\times C$	空列	空列
方案 3	B	C	$B\times C$	$B\times C$	A	$A\times B$	$A\times B$	$A\times C$	空列	空列	$A\times C$	空列	空列
方案 4	$A\times B$	A	$A\times B$	B	C	空列	空列	$A\times C$	空列	$B\times C$	$A\times C$	$B\times C$	空列

考察交互作用的正交试验的表头设计方案往往不止一种，通常情况下，需结合专业知识、实践经验尤其是已有相关研究基础，优先安排对试验指标影响较大的主要因素或涉及交互作用的因素．

在实际生产或科研工作中，需根据试验目的和具体研究内容慎重考虑是否需要将交互作用纳入考虑范围．由例 6-8 可知，三因素三水平考察一级交互作用所选用的正交表的试验次数已经与全面试验的次数相等了，正交设计减少试验次数的优势已无法体现．

一般情况下，如果试验的主要目的是寻找最优工艺条件，而且不宜做太多次试验时，可以少考虑或不考虑因素间的交互作用，选用较小号的正交表安排试验方案．如果试验的主要目的是寻找现象背后的规律性，且客观条件允许，试验次数不受限时，可以考虑或相对全面地考虑各因素之间的交互作用，选用较大号的正交表来设计试验方案．

6.4.3 试验结果的方差分析

正交试验结果的极差分析法的优势在于原理简单，通俗易懂，计算过程对计算机软件的依赖程度较低，易于推广应用．其劣势在于不能区分由于试验条件改变引起的数据波动和试验误差引起的数据波动，无法估计试验的精度；虽然可以将各因素对试验结果影响的重要程度进行排序，给出主次因素，但无法给出精确的数量估计，无法判断因素对试验结果的影响是否达到显著水平．

方差分析的基本思想是将数据的总变异分解为试验因素引起的变异和误差引起的变异部分，构造 F 统计量，通过 F 检验，可判断某因素对试验结果的影响是否显著．显然，从这个意义上看，正交试验结果的方差分析可以弥补极差分析的劣势与不足．

正交试验结果方差分析的基本思想、一般步骤与第 3 章介绍的单因素试验、双因素试验的方差分析基本相同．假设利用等水平正交表 $L_n(m^k)$ 设计的正交试验方案及试验结果如表 6-22 所示．下面我们以等水平正交表 $L_n(m^k)$ 为例，介绍正交试验结果方差分析的一般步骤，包括偏差平方和的分解、自由度计算、方差计算、显著性检验以及列出方差分析表等．

表 6-22 $L_n(m^k)$ 安排的正交试验方案及试验结果

试验号	1	2	…	k	试验结果
1	…	…	…	…	y_1
2	…	…	…	…	y_2
…	…	…	…	…	…

续表

试验号	1	2	…	k	试验结果
n	…	…	…	…	y_n
K_{1j}	K_{11}	K_{12}	…	K_{1k}	
K_{2j}	K_{21}	K_{22}	…	K_{2k}	
…	…	…	…	…	
K_{nj}	K_{n1}	K_{n2}	…	K_{nk}	
K_{1j}^2	K_{11}^2	K_{12}^2	…	K_{1k}^2	
K_{2j}^2	K_{21}^2	K_{22}^2	…	K_{2k}^2	
…	…	…	…	…	
K_{nj}^2	K_{n1}^2	K_{n2}^2	…	K_{nk}^2	
S_j	S_1	S_2	…	S_k	

（1）偏差平方和的分解

反映试验结果总波动情况的总的偏差平方和 S_T：

$$S_T = \sum_{i=1}^{n} (y_i - \bar{y})^2, \tag{6-7}$$

$$\bar{y} = \frac{1}{n}\sum_{i=1}^{n} y_i. \tag{6-8}$$

式中，n 为试验处理的总次数；y_i 为第 i 个试验处理下的试验指标值；$\bar{y}$ 为所有试验处理下的试验指标值的平均值 .

反映某列水平变动引起试验结果波动情况的列偏差平方和 S_j：

$$S_j = r\sum_{i=1}^{m} (\bar{K}_{ij} - \bar{y})^2. \tag{6-9}$$

式中，$\bar{K}_{ij}$ 为第 j 列因素第 i 个水平所对应的试验指标均值；m 为第 j 列因素的水平数；r 为第 j 列因素每个水平出现的次数 .

列偏差平方和 S_j 是正交表第 j 列中每个水平对应的试验指标均值与所有试验处理下试验指标均值的偏差平方和，反映的是该列的水平变动所引起的试验指标的波动情况 . 那么，如果该列中安排的是某试验因素或因素间的交互作用，则称该列偏差平方和 S_j 为某因素或交互作用的偏差平方和 . 如果该列为空列，则称此时的列偏差平方和 S_j 为由于试验误差和未加控制的条件引起的波动，即为试验误差的偏差平方和 S_e.

值得注意的是，在正交试验方差分析中，通常将空列的偏差平方和视为试验误差 S_e，用于显著性检验 .

显然，

$$S_T = \sum_{j=1}^{k_1} S_{\text{因素}j} + \sum_{j=1}^{k_2} S_{\text{交互作用}j} + \sum_{j=1}^{k_3} S_{\text{空列}j}. \tag{6-10}$$

式中，k_1 为试验因素在正交表中所占的总列数；k_2 为交互作用在正交表中所占的总列数；

k_3 为空列在正交表中所占的总列数．

显然，

$$k_1 + k_2 + k_3 = k. \tag{6-11}$$

方差分析中偏差平方和的简便计算，由前述介绍可知

$$\bar{y} = \frac{1}{n}\sum_{i=1}^{n} y_i \quad S_T = \sum_{i=1}^{n}(y_i - \bar{y})^2 \quad S_j = r\sum_{i=1}^{m}(\bar{K}_{ij} - \bar{y})^2.$$

令

$$T = \sum_{i=1}^{n} y_i \quad P = \frac{T^2}{n},$$

则可以推导出

$$S_T = \sum_{i=1}^{n}(y_i - \bar{y})^2 = \sum_{i=1}^{n} y_i^2 - \frac{\left(\sum_{i=1}^{n} y_i\right)^2}{n} = \sum_{i=1}^{n} y_i^2 - P, \tag{6-12}$$

$$S_j = r\sum_{i=1}^{m}(\bar{K}_{ij} - \bar{y})^2 = \frac{1}{r}\sum_{i=1}^{m} K_{ij}^2 - \frac{\left(\sum_{i=1}^{n} y_i\right)^2}{n} = \frac{1}{r}\sum_{i=1}^{m} K_{ij}^2 - P. \tag{6-13}$$

值得注意的是，在不同方法的计算过程中，由于小数点后保留有效位数的差异，可能会导致计算结果有微小差异．

（2）计算自由度

总自由度：

$$f_T = n - 1. \tag{6-14}$$

第 j 列因素或交互作用的自由度：

$$f_j = m - 1. \tag{6-15}$$

其中，n 为总试验次数；m 为因素或交互作用列对应的水平数；当因素列为空列时即为试验误差的自由度 f_e.

显然，

$$f_T = \sum_{j=1}^{k_1} f_{\text{因素}j} + \sum_{j=1}^{k_2} f_{\text{交互作用}j} + \sum_{j=1}^{k_3} f_{\text{空列}j}. \tag{6-16}$$

（3）计算方差

把交互作用视为因素，则根据方差的定义可知

$$MS_j = \frac{S_j}{f_j}, \tag{6-17}$$

$$MS_e = \frac{S_e}{f_e}. \tag{6-18}$$

值得注意的是，试验误差的偏差平方和等于所有空列对应的偏差平方和之和，误差自由度等于所有空列对应的自由度之和．如果在正交试验设计中，没有留出空列，则需要设计重复试验，估计误差的偏差平方和，才能对正交试验结果进行方差分析．这也是我们前述的正交试验方案设计时，建议留出空列，估计试验误差的主要原因之一．

（4）显著性检验

构建 F 统计量，根据试验结果计算 F_0 值，进行 F 检验：

$$F_j = \frac{MS_j}{MS_e}. \tag{6-19}$$

当 $F_0 > F_\alpha$ 时，则判定相应的因素或交互作用对试验结果有显著影响；当 $F_0 \leq F_\alpha$ 时，则判定相应的因素或交互作用对试验结果无显著影响．

（5）列出方差分析表

列出方差分析表，如表 6-23 所示．方差分析表中，F 检验以 $F_{0.05,\ (f_j,\ f_e)}$ 还是 $F_{0.01,\ (f_j,\ f_e)}$ 为临界值，视生产或科研具体实际情况而定．

表 6-23　正交试验结果的方差分析表

方差来源	偏差平方和	自由度	方差	F	F_α	显著性
因素 A	S_A	df_A	$\frac{S_A}{f_A}$	$\frac{MS_A}{MS_e}$	$F_{0.05,\ (f_A,\ f_e)}$ $F_{0.01,\ (f_A,\ f_e)}$	
因素 B	S_B	df_B	$\frac{S_B}{f_B}$	$\frac{MS_B}{MS_e}$	$F_{0.05,\ (f_B,\ f_e)}$ $F_{0.01,\ (f_B,\ f_e)}$	
⋮	⋮	⋮	⋮	⋮		
误差 e	S_e	df_e				
总和	S_T	df_T				

需要说明的是，采用数据分析软件输出方差分析结果时，大部分数据分析软件通常默认显著性水平 α 取 0.05. 而且，不同的数据分析软件输出的方差分析表也是略有差异．如显著性一列，DPS 软件的输出结果中，以“**”“*”号表示该因素对试验结果影响极显著或显著，若显著性一列空着，没有任何星号，则表示该因素对试验结果影响不显著；而 Excel、SPSS 软件的输出结果中，显著性一列以 P 值显示，当 $P > 0.05$ 时，表示该因素对试验结果影响不显著；$0.01 < P < 0.05$ 时，表示该因素对试验结果影响显著；$P < 0.01$ 时，表示该因素对试验结果影响极显著．

（6）确定因素影响的主次顺序和试验处理的优组合

根据 F 值的大小，确定各因素及交互作用对试验结果影响的主次顺序．如果借助于数据分析软件，输出结果中显著性一列以 P 值显示，也可以根据显著性 P 值的大小，确定各因素及交互作用对试验结果影响的主次顺序．

根据试验指标是望大、望小还是望目型指标，比较各因素列中 K_{ij} 值的大小，确定各因素的优水平．当因素间的交互作用对试验结果影响较小，可忽略不计时，各因素优水平的组合即为试验处理的优组合，即最优试验条件．如果因素间的交互作用对试验结果影响较大，则须列出因素水平的搭配表，确定交互作用涉及的因素水平的优搭配，最终确定试验处理的优组合．

值得注意的是，正交试验结果的方差分析中，试验误差的自由度不应过小，因为当试验误差的自由度小于 2 时，F 检验的灵敏度太差．

在生产实践或科学研究中，如果受实际情况限制，出现试验误差项的自由度 f_e 过小的情况时，可在显著性检验前，计算各因素、交互作用的方差与误差项方差的比值，当该比值≤2 时，将相应的因素、交互作用的偏差平方和纳入试验误差平方和中．同时，将该因素或交互作用的自由度也相应地纳入误差项的自由度中，得到调整后的试验误差偏差平方和 S'_e 和自由度 f'_e．再构建 F 统计量，进行显著性检验，以提高 F 检验的灵敏度．

6.4.3.1　*不考察交互作用的正交试验结果的方差分析*

下面以例 6-9、例 6-10 为例，介绍不考察交互作用的正交试验结果的方差分析方法．

例 6-9　以例 6-2 的试验结果数据（表 6-6），利用方差分析法确定微波辅助提取大枣浸膏的最佳工艺条件．

解　微波辅助提取大枣浸膏的正交试验结果及 K_{ij}，$\bar{K}_{ij}$ 的计算结果见表 6-24.

表 6-24　微波辅助提取大枣浸膏的正交试验结果及 K_{ij}，$\bar{K}_{ij}$ 计算

试验号	因素				大枣浸膏得率（%）
	微波功率 A（W）	提取时间 B（min）	料液比 C（g/mL）	空列 D	
1	1（100）	1（10）	1（1∶3）	1	21.35
2	1（100）	2（15）	2（1∶6）	2	23.88
3	1（100）	3（20）	3（1∶9）	3	24.52
4	2（200）	1（10）	2（1∶6）	3	25.63
5	2（200）	2（15）	3（1∶9）	1	27.64
6	2（200）	3（20）	1（1∶3）	2	25.72
7	3（300）	1（10）	3（1∶9）	2	26.89
8	3（300）	2（15）	1（1∶3）	3	25.64
9	3（300）	3（20）	2（1∶6）	1	26.34
K_{1j}	69.75	73.87	72.71	75.33	
K_{2j}	78.99	77.16	75.85	76.49	
K_{3j}	78.87	76.58	79.05	75.79	
$\bar{K}_{1j}$	23.25	24.62	24.24	25.11	
$\bar{K}_{2j}$	26.33	25.72	25.28	25.50	
$\bar{K}_{3j}$	26.29	25.53	26.35	25.26	
优水平	A_2	B_2	C_3		
优组合		$A_2B_2C_3$			

（1）偏差平方和的分解

$$\bar{x} = \frac{1}{n}\sum_{i=1}^{n} x_i = \frac{1}{9}\sum_{i=1}^{9} x_i = 25.29,\ S_T = \sum_{i=1}^{n}(x_i - \bar{x})^2 = 27.71,$$

$$S_A = r\sum_{i=1}^{m}(\bar{K}_{iA} - \bar{x})^2 = 18.73,\ S_B = r\sum_{i=1}^{m}(\bar{K}_{iB} - \bar{x})^2 == 2.06,$$

$$S_C = r\sum_{i=1}^{m}(\bar{K}_{iC} - \bar{x})^2 = 6.70,\ S_e = r\sum_{i=1}^{m}(\bar{K}_{ie} - \bar{x})^2 = 0.23.$$

其也可按简便方法计算各偏差平方和，那么试验结果及方差分析中的 K_{ij}，K_{ij}^2 的计算结果见表 6-25.

表 6-25　微波辅助提取大枣浸膏的正交试验结果及方差分析中的 K_{ij}，K_{ij}^2 计算

试验号	因素				大枣浸膏得率（%）
	微波功率 A（W）	提取时间 B（min）	料液比 C（g/mL）	空列 D	
1	1（100）	1（10）	1（1∶3）	1	21.35
2	1（100）	2（15）	2（1∶6）	2	23.88
3	1（100）	3（20）	3（1∶9）	3	24.52
4	2（200）	1（10）	2（1∶6）	3	25.63
5	2（200）	2（15）	3（1∶9）	1	27.64
6	2（200）	3（20）	1（1∶3）	2	25.72
7	3（300）	1（10）	3（1∶9）	2	26.89
8	3（300）	2（15）	1（1∶3）	3	25.64
9	3（300）	3（20）	2（1∶6）	1	26.34
K_{1j}	69.75	73.87	72.71	75.33	
K_{2j}	78.99	77.16	75.85	76.49	
K_{3j}	78.87	76.58	79.05	75.79	
K_{1j}^2	4865.06	5456.78	5286.74	5674.61	
K_{2j}^2	6239.42	5953.67	5753.22	5850.72	
K_{3j}^2	6220.48	5864.50	6248.90	5744.12	
$\frac{1}{r}\sum_{i=1}^{m}K_{ij}^2$	5774.99	5758.31	5762.96	5756.48	
优水平	A_2	B_2	C_3		
优组合	$A_2B_2C_3$				

由前述介绍可知

$$T = \sum_{i=1}^{n} y_i P = \frac{T^2}{n},\ S_T = \sum_{i=1}^{n} y_i^{\ 2} - P,\ S_j = \frac{1}{r}\sum_{i=1}^{m} K_{ij}^{\ 2} - P.$$

所以，

$$P = \frac{T^2}{n} = \frac{\left(\sum_{i=1}^{n} y_i\right)^2}{n} = \frac{51806.31}{9} = 5756.26,$$

$$S_T == \sum_{i=1}^{n} y_i^{\ 2} - P = 5783.97 - 5756.26 = 27.71,$$

$$S_A = \frac{1}{3}\sum_{i=1}^{3} K_{iA}^{\ 2} - P = 5774.99 - 5756.26 = 18.73,$$

$$S_B = \frac{1}{3}\sum_{i=1}^{3} K_{iB}^{\ 2} - P = 5758.31 - 5756.26 = 2.05,$$

$$S_C = \frac{1}{3}\sum_{i=1}^{3} K_{iC}^{\ 2} - P = 5762.96 - 5756.26 = 6.70,$$

$$S_e = \frac{1}{3}\sum_{i=1}^{3} K_{iD}^{\ 2} - P = 5756.48 - 5756.26 = 0.22.$$

值得注意的是，在不同方法的计算过程中，由于小数点后保留有效位数的差异，可能会导致计算结果有微小差异，但一般不会影响结果的判断.

（2）计算自由度

$$f_T = n - 1 = 9 - 1 = 8,\ f_A = f_B = f_C = m - 1 = 3 - 1 = 2,$$

$$f_e = f_D = m - 1 = 3 - 1 = 2.$$

（3）计算方差

$$MS_A = \frac{S_A}{f_A} = \frac{18.73}{2} = 9.36,\ MS_B = \frac{S_B}{f_B} = \frac{2.06}{2} = 1.03,$$

$$MS_C = \frac{S_C}{f_C} = \frac{6.70}{2} = 3.35,\ MS_e = \frac{S_e}{f_e} = \frac{0.23}{2} = 0.11.$$

（4）显著性检验

构建 F 统计量，根据试验结果计算 F_0 值，进行 F 检验：

$$F_A = \frac{MS_A}{MS_e} = \frac{9.36}{0.11} = 82.34,\ F_B = \frac{MS_B}{MS_e} = \frac{1.03}{0.11} = 9.04,$$

$$F_C = \frac{MS_C}{MS_e} = \frac{3.35}{0.11} = 29.45.$$

由于

$$f_A = f_B = f_C,$$

所以

$$F_{0.05,(f_A, f_e)} = F_{0.05,(f_B, f_e)} = F_{0.05,(f_C, f_e)} = F_{0.05,(2, 2)} = 19.00,$$

$$F_{0.01,(f_A, f_e)} = F_{0.01,(f_B, f_e)} = F_{0.01,(f_C, f_e)} = F_{0.01,(2, 2)} = 99.00.$$

（5）列出方差分析表

列出方差分析表，如表 6-26 所示.

表 6-26　正交试验结果的方差分析表

方差来源	偏差平方和	自由度	方差	F	F_α	显著性
因素 A	18.73	2	9.36	82.34	$F_{0.05,(f_A, f_e)} = 19.00$	
因素 B	2.06	2	1.03	9.04	$F_{0.01,(f_B, f_e)} = 99.00$	
因素 C	6.70	2	3.35	29.45		
误差 e	0.23	2	0.11			
总和	S_T	df_T				

由正交试验设计的方差分析结果（见表 6-24、表 6-26）可知，微波辅助提取大枣浸膏的最优处理条件为 $A_2B_2C_3$，即微波功率 200W、提取时间 15min、料液比 1∶9. 影响微波辅助提取大枣浸膏的因素主次顺序为 $A>C>B$，即微波功率>料液比>提取时间．因素 A、因素 C 对试验结果影响显著，因素 B 对试验结果影响不显著，即微波功率和料液比对大枣浸膏得率有显著影响，提取时间对大枣浸膏得率的影响未达到显著水平．试验处理的优组合、试验因素影响的主次顺序的方差法分析结果与极差分析结果一致．与极差分析结果不同的是，方差分析结果进一步明确了因素 A、因素 B、因素 C 对大枣浸膏得率的影响程度．

例 6-10 以例 6-3 的试验结果数据（表 6-9），利用方差分析法确定打叶工序的最佳加工工艺参数．

解 打叶工序的正交试验结果及 K_{ij}，K_{ij}^2 的计算结果见表 6-27.

表 6-27 正交试验结果及 K_{ij},K_{ij}^2 计算

试验号		因素					大片率（%）	大中片率（%）	叶中含梗率（%）
		框栏形状 A	打辊转速 B（r/min）	框栏尺寸 C（mm）	空列 D	空列 E			
	1	1（菱形）	1（639）	1（76.2）	1	1	51.00	83.36	1.79
	2	1（菱形）	2（803）	2（101.6）	2	2	42.66	78.32	1.54
	3	2（六边形）	1（639）	1（76.2）	2	2	15.87	62.72	0.98
	4	2（六边形）	2（803）	2（101.6）	1	1	29.39	72.43	1.16
	5	3（圆形）	1（639）	2（101.6）	1	2	28.91	72.92	1.26
	6	3（圆形）	2（803）	1（76.2）	2	1	17.15	62.42	1.11
	7	4（蝶形）	1（639）	2（101.6）	2	1	34.87	75.45	1.21
	8	4（蝶形）	2（803）	1（76.2）	1	2	22.61	65.67	1.17
大片率/%	K_{1j}	93.66	130.65	106.63	131.91	132.41			
	K_{2j}	45.26	111.81	135.83	110.55	110.05			
	K_{3j}	46.06							
	K_{4j}	57.48							
	K_{1j}^2	8772.20	17069.42	11369.96	17400.25	17532.41			
	K_{2j}^2	2048.47	12501.48	18449.79	12221.30	12111.00			
	K_{3j}^2	2121.52							
	K_{4j}^2	3303.95							
	$\frac{1}{r}\sum_{i=1}^{m}K_{ij}^2$	8123.07	7392.72	7454.94	7405.39	7410.85			
大中片率/%	K_{1j}	161.68	294.45	274.17	294.38	293.66			
	K_{2j}	135.15	278.84	299.12	278.91	279.63			
	K_{3j}	135.34							
	K_{4j}	141.12							

续表

试验号		因素					大片率（%）	大中片率（%）	叶中含梗率（%）
		框栏形状 A	打辊转速 B（r/min）	框栏尺寸 C（mm）	空列 D	空列 E			
大中片率/%	K_{1j}^2	26140.42	86700.80	75169.19	86659.58	86236.20			
	K_{2j}^2	18265.52	77751.75	89472.77	77790.79	78192.94			
	K_{3j}^2	18316.92							
	K_{4j}^2	19914.85							
	$\frac{1}{r}\sum_{i=1}^{m}K_{ij}^2$	41318.86	41113.14	41160.49	41112.59	41107.28			
叶中含梗率/%	K_{1j}	3.33	5.24	5.05	5.38	5.27			
	K_{2j}	2.14	4.98	5.17	4.84	4.95			
	K_{3j}	2.37							
	K_{4j}	2.38							
	K_{1j}^2	11.09	27.46	25.50	28.94	27.77			
	K_{2j}^2	4.58	24.80	26.73	23.43	24.50			
	K_{3j}^2	5.62							
	K_{4j}^2	5.66							
	$\frac{1}{r}\sum_{i=1}^{m}K_{ij}^2$	13.47	13.06	13.06	13.09	13.07			

（1）偏差平方和的分解（以大片率为试验指标）

$$P = \frac{T^2}{n} = \frac{\left(\sum_{i=1}^{n} y_i\right)^2}{n} = \frac{58786.85}{8} = 7348.356,$$

$$S_T == \sum_{i=1}^{n} {y_i}^2 - P = 8393.544 - 7348.356 = 1045.188,$$

$$S_A = \frac{1}{2}\sum_{i=1}^{4} {K_{iA}}^2 - P = 8123.069 - 7348.356 = 774.712,$$

$$S_B = \frac{1}{4}\sum_{i=1}^{2} {K_{iB}}^2 - P = 7392.725 - 7348.356 = 44.368,$$

$$S_C = \frac{1}{4}\sum_{i=1}^{2} {K_{iC}}^2 - P = 7454.936 - 7348.356 = 106.580,$$

$$S_D = \frac{1}{4}\sum_{i=1}^{2} {K_{iD}}^2 - P = 7405.388 - 7348.356 = 57.031,$$

$$S_E = \frac{1}{4}\sum_{i=1}^{2} {K_{iE}}^2 - P = 7410.853 - 7348.356 = 62.496,$$

$$S_e = S_D + S_E = 57.031 + 62.496 = 119.527.$$

(2) 计算自由度

$$f_T = n - 1 = 8 - 1 = 7,\ f_A = m - 1 = 4 - 1 = 3,$$
$$f_B = f_C = m - 1 = 2 - 1 = 1,\ f_e = f_D + f_E = 1 + 1 = 2.$$

(3) 计算方差

$$MS_A = \frac{S_A}{f_A} = \frac{774.712}{3} = 258.237,\ MS_B = \frac{S_B}{f_B} == \frac{44.368}{1} = 44.368,$$
$$MS_C = \frac{S_C}{f_C} == \frac{106.580}{1} = 106.580,\ MS_e = \frac{S_e}{f_e} == \frac{119.527}{2} = 59.764.$$

由于 MS_B、MS_C 均小于2倍的 MS_e，为了提高 F 检验的灵敏度，将因素 B、因素 C 的偏差平方和纳入试验误差平方和中，相应得到：

$$S'_e = S_B + S_C + S_e = 44.368 + 106.580 + 119.527 = 270.475,$$
$$f'_e = f_B + f_C + f_e = 1 + 1 + 2 = 4,$$
$$MS'_e = \frac{S'_e}{f'_e} == \frac{270.475}{4} = 67.619.$$

(4) 显著性检验

构建 F 统计量，根据试验结果计算 F_0 值，进行 F 检验：

$$F_A = \frac{MS_A}{MS'_e} = \frac{258.237}{67.619} = 3.819.$$

查表得

$$F_{0.05,(f_A,f'_e)} = F_{0.05,(3,4)} = 6.59,\ F_{0.01,(f_A,f'_e)} = F_{0.01,(3,4)} = 16.69.$$

(5) 列出方差分析表

列出方差分析表，如表6-28所示.

表6-28 以大片率为指标正交试验结果的方差分析表

方差来源	偏差平方和	自由度	方差	F	F_α	显著性
因素A	774.712	3	258.237	3.819	$F_{0.05,(3,4)} = 6.59$	
因素 B'	44.368	1	44.368		$F_{0.01,(3,4)} = 16.69$	
因素 C'	106.580	1	106.580			
误差 e	119.527	2	59.764			
误差 e'	270.475	4	67.619			
总和	1045.188	7				

同理，通过分解偏差平方和、计算自由度、计算方差、显著性检验，列出分别以大中片率、叶中含梗率为试验指标时的方差分析表，结果见表6-29、表6-30.

表 6-29 以大中片率为指标正交试验结果的方差分析表

方差来源	偏差平方和	自由度	方差	F	F_α	显著性
因素 A	236.179	3	78.726	2.779	$F_{0.05,(3,3)}=9.28$	
因素 B'	30.459	1	30.459		$F_{0.01,(3,3)}=29.46$	
因素 C	77.813	1	77.813	2.747	$F_{0.05,(1,3)}=10.13$	
误差 e	54.520	2	27.260		$F_{0.01,(1,3)}=34.12$	
误差 e'	84.979	3	28.326			
总和	398.971	7				

表 6-30 以叶中含梗率为指标正交试验结果的方差分析表

方差来源	偏差平方和	自由度	方差	F	F_α	显著性
因素 A	0.419	3	0.140	9.308	$F_{0.05,(3,4)}=6.59$	
因素 B'	0.008	1	0.008		$F_{0.01,(3,4)}=16.69$	
因素 C'	0.002	1	0.002			
误差 e	0.049	2	0.025			
误差 e'	0.059	4	0.015			
总和	0.478	7				

由表 6-28 的方差分析结果可知，因素 A、B、C 对大片率的影响均不显著，各因素对大片率影响的主次顺序为 $A>C>B$. 由于大片率是望小指标，因此由表 6-27 中 K_{ij} 值可以判断，试验处理的优组合为 $A_2B_2C_1$.

由表 6-29 的方差分析结果可知，因素 A、B、C 对大中片率的影响均不显著，各因素对大中片率影响的主次顺序为 $A>C>B$. 由于大中片率是望大指标，因此由表 6-27 中 K_{ij} 值可以判断，试验处理的优组合为 $A_1B_1C_2$.

由表 6-30 的方差分析结果可知，因素 A 即打叶框栏形状对叶中含梗率的影响显著，因素 B、C 即打辊转速、框栏尺寸对叶中含梗率的影响均不显著，各因素对叶中含梗率影响的主次顺序为 $A>C>B$. 由于叶中含梗率是望小指标，因此由表 6-27 中 K_{ij} 值可以判断，试验处理的优组合为 $A_2B_2C_1$.

综上，方差分析结果表明，除因素 A 即打叶框栏形状对叶中含梗率的影响显著外，其余各因素对各试验指标的影响均未达到显著水平．对于各试验指标，因素 A 均为影响相对最大的主要因素．综合权衡过程分析可参考例 6-6，最终确定打叶工艺条件优组合为 $A_2B_2C_1$，即打叶框栏形状为六边形框栏，打辊转速为 803r/min，框栏尺寸为 76.2mm. 由于试验处理的优组合在正交试验方案并未出现，需进一步进行验证试验．

6.4.3.2 考察交互作用的二水平正交试验结果的方差分析

下面以例 6-11 为例，介绍考察交互作用的二水平正交试验结果的方差分析方法．

例 6-11 以例 6-4 的试验结果数据（表 6-13），利用方差分析法确定水热反应制备烟草源热反应香料的最佳工艺条件．正交试验结果及 K_{ij}、$\bar{K}_{ij}$ 的计算结果见表 6-31.

表 6-31　正交试验结果及方差分析

试验号	因素							产物得率 (mg/g)
	反应温度 A (℃)	反应时间 B (min)	$A\times B$	液固比 C (mL/g)	$A\times C$	$B\times C$	空列	
1	1（200）	1（60）	1	1（5）	1	1	1	1.78
2	1（200）	1（60）	1	2（6）	2	2	2	2.25
3	1（200）	2（70）	2	1（5）	1	2	2	2.46
4	1（200）	2（70）	2	2（6）	2	1	1	2.75
5	2（220）	1（60）	2	1（5）	2	1	2	2.98
6	2（220）	1（60）	2	2（6）	1	2	1	3.19
7	2（220）	2（70）	1	1（5）	2	2	1	2.88
8	2（220）	2（70）	1	2（6）	1	1	2	3.15
K_{1j}	9.24	10.20	10.06	10.1	10.58	10.66	10.60	
K_{2j}	12.20	11.24	11.38	11.34	10.86	10.78	10.84	
$K_{1j}-K_{2j}$	−2.96	−1.04	−1.32	−1.24	−0.28	−0.12	−0.24	
优水平	A_2	B_2		C_2				

解　（1）偏差平方和的分解

由前述介绍可知

$$\bar{y}=\frac{1}{n}\sum_{i=1}^{n}y_i\quad S_T=\sum_{i=1}^{n}(y_i-\bar{y})^2\quad S_j=r\sum_{i=1}^{m}(\bar{K}_{ij}-\bar{y})^2.$$

显然，不难推导，当 $m=2$ 时：

$$S_j=\frac{1}{n}(K_{1j}-K_{2j})^2\quad(j=1,\ 2,\ \cdots,\ k).\tag{6-20}$$

所以，

$$S_A=\frac{1}{8}\times(-2.96)^2=1.095,\ S_B=\frac{1}{8}\times(-1.04)^2=0.135,$$

$$S_{A\times B}=\frac{1}{8}\times(-1.32)^2=0.218,\ S_C=\frac{1}{8}\times(-1.24)^2=0.192,$$

$$S_{A\times C}=\frac{1}{8}\times(-0.28)^2=0.010,\ S_{B\times C}=\frac{1}{8}\times(-0.12)^2=0.002,$$

$$S_e=S_{空}=\frac{1}{8}\times(-0.24)^2=0.007,$$

$$S_T=S_A+S_B+S_{A\times B}+S_C+S_{A\times C}+S_{B\times C}+S_{空}=1.659.$$

（2）计算自由度

$$f_T=n-1=8-1=7,$$

$$f_A=f_B=f_C=f_{A\times B}=f_{A\times C}=f_{B\times C}=m-1=2-1=1,$$

$$f_e=f_{空}=m-1=2-1=1.$$

(3) 计算方差

$$MS_A=\frac{S_A}{f_A}=\frac{1.095}{1}=1.095,\ MS_B=\frac{S_B}{f_B}=\frac{0.135}{1}=0.135,$$

$$MS_{A\times B}=\frac{S_{A\times B}}{f_{A\times B}}=\frac{0.218}{1}=0.218,\ MS_C=\frac{S_C}{f_C}=\frac{0.192}{1}=0.192,$$

$$MS_{A\times C}=\frac{S_{A\times C}}{f_{A\times C}}=\frac{0.010}{1}=0.010,\ MS_{B\times C}=\frac{S_{B\times C}}{f_{B\times C}}=\frac{0.002}{1}=0.002,$$

$$MS_e=\frac{S_e}{f_e}=\frac{0.007}{1}=0.007.$$

由于 $MS_{A\times C}$ 、$MS_{B\times C}$ 均小于 2 倍的 MS_e， 为提高 F 检验的灵敏度，将 $S_{A\times C}$ 、$S_{B\times C}$ 纳入到试验误差平方和中，即得

$$S'_e=S_e+S_{A\times C}+S_{B\times C}=0.007+0.010+0.002=0.019.$$

相应地

$$f'_e=f_e+f_{A\times C}+f_{B\times C}=1+1+1=3,$$

$$MS'_e=\frac{S'_e}{f'_e}=\frac{0.019}{3}=0.006.$$

(4) 显著性检验

构建 F 统计量，根据试验结果计算 F_0 值，进行 F 检验

$$F_A=\frac{MS_A}{MS'_e}=\frac{1.095}{0.006}=182.53,\ F_B=\frac{MS_B}{MS'_e}=\frac{0.135}{0.006}=22.53,$$

$$F_{A\times B}=\frac{MS_{A\times B}}{MS'_e}=\frac{0.218}{0.006}=36.30,\ F_C=\frac{MS_C}{MS'_e}=\frac{0.192}{0.006}=32.03.$$

由于

$$f_A=f_B=f_{A\times B}=f_C,$$

所以

$$F_{0.05,(f_A,f_e)}=F_{0.05,(f_B,f_e)}=F_{0.05,(f_{A\times B},f_e)}=F_{0.05,(f_C,f_e)}=F_{0.05,(1,3)}=10.13,$$

$$F_{0.01,(f_A,f_e)}=F_{0.01,(f_B,f_e)}=F_{0.01,(f_{A\times B},f_e)}=F_{0.01,(f_C,f_e)}=F_{0.01,(1,3)}=34.12.$$

(5) 列出方差分析表

列出方差分析表，如表 6-32 所示 .

表 6-32 正交试验结果的方差分析表

方差来源	偏差平方和	自由度	方差	F	F_α	显著性
因素 A	1.095	1	1.095	182.53	$F_{0.05,(1,3)}=10.13$	
因素 B	0.135	1	0.135	22.53	$F_{0.01,(1,3)}=34.12$	
$A\times B$	0.218	1	0.218	36.30		
因素 C	0.192	1	0.192	32.03		
$A\times C'$	0.010	1	0.010			
$B\times C'$	0.002	1	0.002			

续表

方差来源	偏差平方和	自由度	方差	F	F_{α}	显著性
误差 e	0.007	1	0.007			
误差 e'	0.019	3	0.006			
总和	1.659	7				

由正交试验结果及方差分析结果（表 6-31、表 6-32）可知，影响水热反应制备烟草源热反应香料的因素主次顺序为 $A > A \times B > C > B$，即反应温度 > 反应温度与反应时间的交互作用 > 液固比 > 反应时间．因素 A、交互作用 $A \times B$ 对试验结果影响极显著；因素 C、因素 B 对试验结果影响显著．即反应温度、反应温度与反应时间的交互作用在显著性水平 α 取 0.01 时对热反应香料得率有显著影响；反应体系液固比、反应时间在显著性水平 α 取 0.05 时对热反应香料得率有显著影响．

由于交互作用 $B \times C$、$A \times C$ 对试验指标的影响与试验误差接近，可忽略不计，所以因素 C 的优水平可直接根据 K_{i4} 选取 C_2. 交互作用 $A \times B$ 对试验指标影响极显著，因此不能直接根据各自确定因素 A 与因素 B 的优水平来确定试验处理的优组合，须计算因素 A 与因素 B 不同水平搭配下试验指标的均值（表 6-18），寻找因素 A 与因素 B 的优搭配．由因素 A 与因素 B 的搭配表可以看出，A_2B_1 组合下对应的试验指标值最优，即产物得率最大，所以因素 A 与因素 B 的优搭配为 A_2B_1. 相应地，水热反应制备烟草源热反应香料的试验处理优组合为 $A_2B_1C_2$，即反应温度 220℃，反应时间 60min，反应固液比 6.0mL/g. 此时，水热反应香料的得率最高．试验处理的优组合、试验因素影响的主次顺序的方差分析结果与极差分析结果一致．

6.4.3.3　正交试验设计中通过重复试验估计试验误差的方差分析

正交试验结果的方差分析中，常以空列作为试验误差．但在实际应用中，有时为了减少试验次数，并不是所有的正交试验方案设计都会留有空列．当正交试验方案设计中没有留空列时，需进行重复试验，才能估计试验误差．通过重复试验估计试验误差的方差分析与留有空列不进行重复试验的方差分析本质上没有区别，只是试验误差平方和及相应自由度的计算稍有不同，下面以例 6-12 为例介绍重复试验的方差分析．

例 6-12　从葡萄籽中提取原花青素，考察处理时间（min）、微波温度（℃）、乙醇浓度（%）及料液比（g/mL）对原花青素提取量（mg/g）的影响．实验指标即原花青素提取量属于望大指标，即提取量越高越好．试验因素水平表如表 6-33 所示，正交试验方案及结果如表 6-34 所示．

表 6-33　正交试验因素水平表

水平	处理时间 A (min)	微波温度 B (℃)	乙醇浓度 C (%)	料液比 D (g/mL)
1	15	75	40	1 : 3
2	20	80	50	1 : 6
3	25	85	60	1 : 9

表 6-34 正交试验方案及结果

试验号	A	B	C	D	y_1	y_2	y_3	y_t
1	1	1	1	1	49.3	48.7	49.6	147.6
2	1	2	2	2	51.5	50.8	51.3	153.6
3	1	3	3	3	50.4	50.8	48.9	150.1
4	2	1	2	3	51.2	51.6	50.7	153.5
5	2	2	3	1	51.7	52.5	51.0	155.2
6	2	3	1	2	51.3	51.9	49.5	152.7
7	3	1	3	2	50.2	49.3	51.0	150.5
8	3	2	1	3	51.2	51.7	51.9	154.8
9	3	3	2	1	50.9	50.2	50.5	151.6
K_{1j}	451.3	451.6	455.1	454.4				
K_{2j}	461.4	463.6	458.7	456.8				
K_{3j}	456.9	454.4	455.8	458.4				
K_{1j}^2	203671.69	203942.56	207116.01	206479.36				
K_{2j}^2	212889.96	214924.96	210405.69	208666.24				
K_{3j}^2	208757.61	206479.36	207753.64	210130.56				
$\frac{1}{3\times 3}\sum_{i=1}^{m}K_{ij}^2$	69479.92	69482.99	69475.04	69475.13				

解 （1）偏差平方和的分解

已知，每列各水平重复次数 $r=3$，每个试验处理重复次数 $s=3$，试验处理数 $n=9$，所以

$$T=\sum_{i=1}^{n}y_i=\sum_{i=1}^{9}(y_{1i}+y_{2i}+y_{3i})=\sum_{i=1}^{9}y_{ti}=1369.6,$$

$$P=\frac{T^2}{ns}=\frac{1369.6^2}{9\times 3}=69474.23S_j=\frac{1}{rs}\sum_{i=1}^{m}K_{ij}{}^2-P.$$

所以，

$$S_T=\sum_{i=1}^{n}\sum_{j=1}^{s}y_{ij}{}^2-P=69499.68-69474.23=25.45,$$

$$S_A=\frac{1}{3\times 3}\sum_{i=1}^{3}K_{iA}{}^2-P=69479.92-69474.23=5.69,$$

$$S_B=\frac{1}{3\times 3}\sum_{i=1}^{3}K_{iB}{}^2-P=69482.99-69474.23=8.76,$$

$$S_C=\frac{1}{3\times 3}\sum_{i=1}^{3}K_{iC}{}^2-P=69475.04-69474.23=0.81,$$

$$S_D=\frac{1}{3\times 3}\sum_{i=1}^{3}K_{iD}{}^2-P=69475.13-69474.23=0.90,$$

$$S_e = \sum_{i=1}^{n}\sum_{j=1}^{s} y_{ij}^{\ 2} - \frac{1}{r}\sum_{i=1}^{n}\left(\sum_{j=1}^{s} y_{ij}\right)^2 = \sum_{i=1}^{9}\sum_{j=1}^{3} y_{ij}^{\ 2} - \frac{1}{3}\sum_{i=1}^{9}\left(\sum_{j=1}^{3} y_{ij}\right)^2 = 69499.68 - 69490.39 = 9.29.$$

或者，由 $S_A + S_B + S_C + S_D + S_e = S_T$ 计算 S_e，则

$$S_e = S_T - S_A - S_B - S_C - S_D = 25.45 - 5.69 - 8.76 - 0.81 - 0.90 = 9.29.$$

（2）计算自由度

$$f_T = ns - 1 = 9 \times 3 - 1 = 26,$$
$$f_A = f_B = f_C = f_D = m - 1 = 3 - 1 = 2,$$
$$f_e = n(s - 1) = 9 \times (3 - 1) = 18.$$

（3）计算方差

$$MS_A = \frac{S_A}{f_A} = \frac{5.69}{2} = 2.85,\ MS_B = \frac{S_B}{f_B} = \frac{8.76}{2} = 4.38,$$
$$MS_C = \frac{S_C}{f_C} = \frac{0.81}{2} = 0.41,\ MS_D = \frac{S_D}{f_D} = \frac{0.90}{2} = 0.45,$$
$$MS_e = \frac{S_e}{f_e} = \frac{9.29}{18} = 0.52.$$

（4）显著性检验

构建 F 统计量，根据试验结果计算 F_0 值，进行 F 检验：

$$F_A = \frac{MS_A}{MS_e} = \frac{2.85}{0.52} = 5.48,\ F_B = \frac{MS_B}{MS_e} = \frac{4.38}{0.52} = 8.42,$$
$$F_C = \frac{MS_C}{MS_e} = \frac{0.41}{0.52} = 0.79,\ F_D = \frac{MS_D}{MS_e} = \frac{0.45}{0.52} = 0.87.$$

由于

$$f_A = f_B = f_C = f_D = 2,\ f_e = 18,$$

所以

$$F_{0.05,(f_A, f_e)} = F_{0.05,(f_B, f_e)} = F_{0.05,(f_C, f_e)} = F_{0.05,(f_D, f_e)} = F_{0.05,(2, 18)} = 3.55,$$
$$F_{0.01,(f_A, f_e)} = F_{0.01,(f_B, f_e)} = F_{0.01,(f_C, f_e)} = F_{0.01,(f_D, f_e)} = F_{0.01,(2, 18)} = 6.01.$$

（5）列出方差分析表

列出方差分析表，如表 6-35 所示．

表 6-35　重复正交试验的方差分析表

方差来源	偏差平方和	自由度	方差	F	F_α	显著性
因素 A	5.69	2	2.85	5.48	$F_{0.05,(2, 18)} = 3.55$	
因素 B	8.76	2	4.38	8.42	$F_{0.01,(2, 18)} = 6.01$	
因素 C	0.81	2	0.41	0.79		
因素 D	0.90	2	0.45	0.87		
误差 e	9.29	18	0.52			
总和	25.45	26				

由正交试验结果及方差分析结果（表6-33、表6-34）可知，比较 F_j 值，确定影响原花青素提取量的因素主次顺序为 $B>A>D>C$，即微波温度>处理时间>料液比>乙醇浓度．因素 B 对试验结果影响极显著，因素 A 对试验结果影响显著；因素 C、因素 D 对试验结果的影响未达到显著水平．即微波温度在显著性水平 α 取0.01时对原花青素提取量有显著影响；处理时间在显著性水平 α 取0.05时对原花青素提取量有显著影响．比较 K_{ij} 值，确定各因素的优水平分别为 A_2、B_2、C_2、D_3，试验处理的优组合为 $A_2B_2C_2D_3$，即从葡萄籽中提取原花青素的最佳工艺条件为处理时间20min、微波温度80℃、乙醇浓度50%、料液比1∶6g/mL．由于试验处理的优组合并不在正交试验方案中，需进一步做验证试验．

6.5　正交试验结果分析在Excel软件中的实现

6.5.1　极差分析在Excel软件中的实现

极差分析计算简便，利用Excel软件的数据处理功能，很容易实现正交试验结果的极差分析．下面以例6-2的正交试验结果为例，介绍如何利用Excel软件完成正交试验结果的极差分析．

首先，将例6-2的试验方案及试验结果（表6-6）输入Excel表格中．其次，计算各列因素对应的 K_{ij}（计算公式见图6-8）．再次，计算各列因素对应的 $\bar{K}_{1j}$ 和 R_j（计算公式见图6-9）．最后，形成极差分析的各指标的计算结果（图6-10）．

	A	B	C	D	E	F
1	试验号	因素				大枣浸膏
2		微波功率A	提取时间B	料液比C	空列D	得率(%)
3	1	1(100)	1(10)	1(1:3)	1	21.35
4	2	1(100)	2(15)	2(1:6)	2	23.88
5	3	1(100)	3(20)	3(1:9)	3	24.52
6	4	2(200)	1(10)	2(1:6)	3	25.63
7	5	2(200)	2(15)	3(1:9)	1	27.64
8	6	2(200)	3(20)	1(1:3)	2	25.72
9	7	3(300)	1(10)	3(1:9)	2	26.89
10	8	3(300)	2(15)	1(1:3)	3	25.64
11	9	3(300)	3(20)	2(1:6)	1	26.34
12	K_{1j}	=SUM(F3:F5)				
13	K_{2j}					
14	K_{3j}					

	A	B	C	D	E	F
1	试验号	因素				大枣浸膏
2		微波功率A	提取时间B	料液比C	空列D	得率(%)
3	1	1(100)	1(10)	1(1:3)	1	21.35
4	2	1(100)	2(15)	2(1:6)	2	23.88
5	3	1(100)	3(20)	3(1:9)	3	24.52
6	4	2(200)	1(10)	2(1:6)	3	25.63
7	5	2(200)	2(15)	3(1:9)	1	27.64
8	6	2(200)	3(20)	1(1:3)	2	25.72
9	7	3(300)	1(10)	3(1:9)	2	26.89
10	8	3(300)	2(15)	1(1:3)	3	25.64
11	9	3(300)	3(20)	2(1:6)	1	26.34
12	K_{1j}	69.75	=F3+F6+F9			
13	K_{2j}	78.99				
14	K_{3j}	78.87				

图6-8　极差分析中 K_{ij} 的计算

根据极差分析原理，结合试验指标期望实际情况，我们很容易给出各因素的优水平、试验处理的优组合以及各因素对试验结果影响的主次顺序．同时，也可利用Excel绘制因素指标的趋势图．

	A	B	C	D	E	F
1	试验号	因素				大枣浸膏
2		微波功率A	提取时间B	料液比C	空列D	得率(%)
3	1	1(100)	1(10)	1(1:3)	1	21.35
4	2	1(100)	2(15)	2(1:6)	2	23.88
5	3	1(100)	3(20)	3(1:9)	3	24.52
6	4	2(200)	1(10)	2(1:6)	3	25.63
7	5	2(200)	2(15)	3(1:9)	1	27.64
8	6	2(200)	3(20)	1(1:3)	2	25.72
9	7	3(300)	1(10)	3(1:9)	2	26.89
10	8	3(300)	2(15)	1(1:3)	3	25.64
11	9	3(300)	3(20)	2(1:6)	1	26.34
12	K_{1j}	69.75				
13	K_{2j}					
14	K_{3j}					
15	$\bar{K}_{1j}$	=B12/3				
16	$\bar{K}_{2j}$					
17	$\bar{K}_{3j}$					
18	R_j					

	A	B	C	D	E	F
1	试验号	因素				大枣浸膏
2		微波功率A	提取时间B	料液比C	空列D	得率(%)
3	1	1(100)	1(10)	1(1:3)	1	21.35
4	2	1(100)	2(15)	2(1:6)	2	23.88
5	3	1(100)	3(20)	3(1:9)	3	24.52
6	4	2(200)	1(10)	2(1:6)	3	25.63
7	5	2(200)	2(15)	3(1:9)	1	27.64
8	6	2(200)	3(20)	1(1:3)	2	25.72
9	7	3(300)	1(10)	3(1:9)	2	26.89
10	8	3(300)	2(15)	1(1:3)	3	25.64
11	9	3(300)	3(20)	2(1:6)	1	26.34
12	K_{1j}	69.75				
13	K_{2j}	78.99				
14	K_{3j}	78.87				
15	$\bar{K}_{1j}$	23.25				
16	$\bar{K}_{2j}$	26.33				
17	$\bar{K}_{3j}$	26.29				
18	R_j	=max(B15:B17)-min(B15:B17)				

图 6-9　极差分析中 $\bar{K}_{1j}$ 和 R_j 的计算

	A	B	C	D	E	F
1	试验号	因素				大枣浸膏
2		微波功率A	提取时间B	料液比C	空列D	得率(%)
3	1	1(100)	1(10)	1(1:3)	1	21.35
4	2	1(100)	2(15)	2(1:6)	2	23.88
5	3	1(100)	3(20)	3(1:9)	3	24.52
6	4	2(200)	1(10)	2(1:6)	3	25.63
7	5	2(200)	2(15)	3(1:9)	1	27.64
8	6	2(200)	3(20)	1(1:3)	2	25.72
9	7	3(300)	1(10)	3(1:9)	2	26.89
10	8	3(300)	2(15)	1(1:3)	3	25.64
11	9	3(300)	3(20)	2(1:6)	1	26.34
12	K_{1j}	69.75	73.87	72.71	75.33	
13	K_{2j}	78.99	77.16	75.85	76.49	
14	K_{3j}	78.87	76.58	79.05	75.79	
15	$\bar{K}_{1j}$	23.25	24.62	24.24	25.11	
16	$\bar{K}_{2j}$	26.33	25.72	25.28	25.50	
17	$\bar{K}_{3j}$	26.29	25.53	26.35	25.26	
18	R_j	3.08	1.10	2.11	0.39	

图 6-10　极差分析结果

显然，如果要解决的其他实际问题使用的也是这一张正交表，则只需将试验结果更换一下，其极差分析的结果便可自动输出，省去了一些计算上的烦琐，使极差分析结果的输出变得省时省力．

6.5.2　方差分析在 Excel 软件中的实现

在第 3 章方差分析部分，我们介绍了如何利用 Excel 实现单因素、双因素无重复及等重复试验的方差分析．对正交试验结果的方差分析，在 Excel 中没有可直接使用的分析工具．但我们仍可以利用 Excel 软件数据处理的强大功能，完成正交试验结果的方差分析．下面以例 6-2

的正交试验结果为例，介绍如何利用 Excel 软件完成正交试验结果的方差分析．

第一步，偏差平方和的计算．首先，像极差分析一样，将例 6-2 的试验方案及试验结果（见表 6-6）输入 Excel 表格中并计算各列因素对应的 K_{ij}（计算公式见图 6-8）．其次，计算 $P=\dfrac{\left(\sum\limits_{i=1}^{n} y_i\right)^2}{n}$（计算公式见图 6-11）．再次，计算各列因素对应的 $\dfrac{1}{r}\sum\limits_{i=1}^{m} K_{ij}^2$（计算公式见图 6-12）．最后，计算各列因素对应的偏差平方和 $S_j=\dfrac{1}{r}\sum\limits_{i=1}^{m} K_{ij}^{\ 2}-P$，计算结果见图 6-13．

	A	B	C	D	E	F	G
1	试验号	因素				大枣浸膏得率(%)	
2		微波功率A	提取时间B	料液比C	空列D		
3	1	1(100)	1(10)	1(1:3)	1	21.35	
4	2	1(100)	2(15)	2(1:6)	2	23.88	
5	3	1(100)	3(20)	3(1:9)	3	24.52	
6	4	2(200)	1(10)	2(1:6)	3	25.63	
7	5	2(200)	2(15)	3(1:9)	1	27.64	
8	6	2(200)	3(20)	1(1:3)	2	25.72	
9	7	3(300)	1(10)	3(1:9)	2	26.89	
10	8	3(300)	2(15)	1(1:3)	3	25.64	
11	9	3(300)	3(20)	2(1:6)	1	26.34	
12	K_{1j}	69.75	73.87	72.71	75.33	=((SUM(F3:F11))^2)/9	
13	K_{2j}	78.99	77.16	75.85	76.49		
14	K_{3j}	78.87	76.58	79.05	75.79		

图 6-11 方差分析中 P 的计算

	A	B	C	D	E	F
1	试验号	因素				大枣浸膏得率(%)
2		微波功率A	提取时间B	料液比C	空列D	
3	1	1(100)	1(10)	1(1:3)	1	21.35
4	2	1(100)	2(15)	2(1:6)	2	23.88
5	3	1(100)	3(20)	3(1:9)	3	24.52
6	4	2(200)	1(10)	2(1:6)	3	25.63
7	5	2(200)	2(15)	3(1:9)	1	27.64
8	6	2(200)	3(20)	1(1:3)	2	25.72
9	7	3(300)	1(10)	3(1:9)	2	26.89
10	8	3(300)	2(15)	1(1:3)	3	25.64
11	9	3(300)	3(20)	2(1:6)	1	26.34
12	K_{1j}	69.75	73.87	72.71	75.33	5756.257
13	K_{2j}	78.99	77.16	75.85	76.49	
14	K_{3j}	78.87	76.58	79.05	75.79	
15	$\frac{1}{r}\sum\limits_{i=1}^{m}K_{ij}^2$	=SUMSQ(B12:B14)/3				
16						

图 6-12 方差分析中 $\dfrac{1}{r}\sum\limits_{i=1}^{m} K_{ij}^2$ 的计算

	A	B	C	D	E	F
1	试验号	因素				大枣浸膏得率(%)
2		微波功率A	提取时间B	料液比C	空列D	
3	1	1(100)	1(10)	1(1:3)	1	21.35
4	2	1(100)	2(15)	2(1:6)	2	23.88
5	3	1(100)	3(20)	3(1:9)	3	24.52
6	4	2(200)	1(10)	2(1:6)	3	25.63
7	5	2(200)	2(15)	3(1:9)	1	27.64
8	6	2(200)	3(20)	1(1:3)	2	25.72
9	7	3(300)	1(10)	3(1:9)	2	26.89
10	8	3(300)	2(15)	1(1:3)	3	25.64
11	9	3(300)	3(20)	2(1:6)	1	26.34
12	K_{1j}	69.75	73.87	72.71	75.33	5756.257
13	K_{2j}	78.99	77.16	75.85	76.49	
14	K_{3j}	78.87	76.58	79.05	75.79	
15	$\frac{1}{r}\sum\limits_{i=1}^{m}K_{ij}^2$	5774.987	5758.313	5762.956	5756.484	
16	S_j	=B15-F12				
17						

	A	B	C	D	E	F
1	试验号	因素				大枣浸膏得率(%)
2		微波功率A	提取时间B	料液比C	空列D	
3	1	1(100)	1(10)	1(1:3)	1	21.35
4	2	1(100)	2(15)	2(1:6)	2	23.88
5	3	1(100)	3(20)	3(1:9)	3	24.52
6	4	2(200)	1(10)	2(1:6)	3	25.63
7	5	2(200)	2(15)	3(1:9)	1	27.64
8	6	2(200)	3(20)	1(1:3)	2	25.72
9	7	3(300)	1(10)	3(1:9)	2	26.89
10	8	3(300)	2(15)	1(1:3)	3	25.64
11	9	3(300)	3(20)	2(1:6)	1	26.34
12	K_{1j}	69.75	73.87	72.71	75.33	5756.257
13	K_{2j}	78.99	77.16	75.85	76.49	
14	K_{3j}	78.87	76.58	79.05	75.79	
15	$\frac{1}{r}\sum\limits_{i=1}^{m}K_{ij}^2$	5774.987	5758.313	5762.956	5756.484	
16	S_j	18.7296	2.056067	6.699467	0.227467	

图 6-13 方差分析中 S_j 的计算及 S_j 计算结果

第二步，给出方差分析表．首先，计算各因素的方差（图 6-14）．其次，计算各因素 F 值（图 6-15）；再次，计算各因素的显著性 P 值（图 6-16）．最后，计算总偏差平方和与总自由度（图 6-17），并最终输出方差分析表（图 6-18）．

	方差来源	偏差平方和	自由度	方差	F	P	显著性
21	因素A	18.73	2	=B21/C21			
22	因素B	2.06	2				
23	因素C	6.70	2				
24	误差e	0.23	2				
25	总和						

图 6-14　各因素方差的计算

	方差来源	偏差平方和	自由度	方差	F	P	显著性
21	因素A	18.73	2	9.3648	=D21/D24		
22	因素B	2.06	2	1.028033			
23	因素C	6.70	2	3.349733			
24	误差e	0.23	2	0.113733			
25	总和						

图 6-15　各因素 F 值的计算

	方差来源	偏差平方和	自由度	方差	F	P	显著性
21	因素A	18.73	2	9.365	82.340	=F.DIST.RT(E21,C21,C24)	
22	因素B	2.06	2	1.028	9.039	F.DIST.RT(x, deg_freedom1, deg_freedom2)	
23	因素C	6.70	2	3.350	29.453		
24	误差e	0.23	2	0.114			
25	总和						

图 6-16　各因素显著性 P 值的计算

	方差来源	偏差平方和	自由度	方差	F	P	显著性
21	因素A	18.73	2	9.365	82.340	0.012	
22	因素B	2.06	2	1.028	9.039	0.100	
23	因素C	6.70	2	3.350	29.453	0.033	
24	误差e	0.23	2	0.114			
25	总和	=SUM(B21:B24)					

图 6-17　偏差平方和及总自由度的计算

第三步，各因素对试验结果的影响程度判断．由图 6-18 的方差分析表可知，$P_A = 0.012 < 0.05$，判断因素 A 对试验结果影响显著；$P_B = 0.100 > 0.05$，判断因素 B 对试验结果影响不显著；$P_C = 0.033 < 0.05$，判断因素 C 对试验结果影响显著．在方差分析表中，如果某因素影响显著（$0.01 < P < 0.05$），可在显著性一栏输入“*”；如果某因素影响极显著（$P < 0.01$），在显著性一栏输入“**”；如果某因素影响不显著（$P > 0.05$），显著性一栏空着．这样，通过“*”的有无和多少可直观表示各因素对试验结果的影响程度．

	方差来源	偏差平方和	自由度	方差	F	P	显著性
21	因素A	18.73	2	9.365	82.340	0.012	*
22	因素B	2.06	2	1.028	9.039	0.100	
23	因素C	6.70	2	3.350	29.453	0.033	*
24	误差e	0.23	2	0.114			
25	总和	27.71	8				

图 6-18　方差分析表

需要说明的是，如果方差分析过程中，发现某因素或交互作用的方差小于 2 倍的试验误差的方差时，可考虑将其并入误差项后再计算 F、P 值，给出各因素或交互作用对试验结果的影响是否显著的推断．

思考与练习

①作为安排正交试验方案的基本工具，正交表具有哪些基本性质？

②试述正交试验结果极差分析方法的一般步骤及优势．

③试述正交试验结果方差分析方法的一般步骤及优势．

④采用超声辅助法提取烟叶花蕾中多糖的研究中，研究超声功率、超声时间、溶剂用量三个主要因素对多糖得率的影响，因素水平及试验结果如表 6-36、表 6-37 所示．试确定各因素对试验指标的影响程度大小顺序及最优工艺条件．

表 6-36 因素水平表

超声功率（W） *A*	超声时间（min） *B*	溶剂用量（mL/g） *C*
80	3	20
90	5	30
100	7	40

表 6-37 正交表 $L_9(3^4)$

试验号	因素				多糖得率（%）
	A	*B*	*C*	*D*	
1	1	1	1	1	2.3
2	1	2	2	2	2.6
3	1	3	3	3	2.5
4	2	1	2	3	3.0
5	2	2	3	1	2.8
6	2	3	1	2	2.9
7	3	1	3	2	3.2
8	3	2	1	3	2.7
9	3	3	2	1	2.4

⑤利用超声辅助法提取烟叶花蕾中多糖，欲考察超声功率（A）、超声时间（B）、溶剂用量（C）、提取温度（D）四个因素及交互作用 $B\times C$、$C\times D$ 对实验指标（提取率）的影响，每个因素均取 2 个水平．请选择合适的正交表并完成表头设计．

7　均匀试验设计方法

7.1　均匀设计概述

在科学研究或生产实践中，为了达到优质、高效、低耗等目的，常需对试验因素的优水平进行选择，比如单因素优选法中的黄金分割法、抛物线法、对分法、逐步提高法等，以及双因素优选法中的对开法、平行线法等，都是通过科学合理地安排试验，快速高效地找出最优水平的试验设计方法．优选法一般适用于解决试验因素不多的问题．当试验因素较多时，可采用正交试验设计方法安排试验方案，以少数具有代表性的均匀分散的试验反映全面信息．由于正交试验设计要兼顾“均匀分散性”和“整齐可比性”，所以等水平正交试验的试验次数不低于水平数的 2 次方．虽然正交试验相对于全面试验，试验次数已大大减少，但研究的因素水平数较多时，正交试验的试验次数还是太多，如对于 8 水平的因素，至少要做 64 次实验．在寻优的过程中，人们希望能进一步减少试验的次数，特别是试验成本较高或是不太容易实现的工业试验．我国数学家方开泰、王元两位教授共同提出的均匀试验设计法［也称均匀设计（uniform design，UD）］就是一种在因素水平较多时仍能大幅减少试验次数的设计方法．

均匀试验设计是利用均匀设计表来安排试验方案的方法，结合实际需要，选择直观分析法或回归分析法分析试验结果，确定最佳试验条件，找出各试验因素对试验结果影响的主次顺序及趋势．

7.2　均匀设计的基本思想

例 7-1　天然植物微粉具有成本低、纯天然、香气丰富、制备过程绿色无污染等特点，在烟草行业逐渐引起关注．欲考察丁香微粉制备过程中干燥温度、干燥时间、微粉粒度等因素对卷烟加香作用效果的影响．因素水平表见表 7-1，试设计试验方案．

表 7-1　因素水平表

水平	试验因素		
	A 干燥温度（℃）	*B* 干燥时间（h）	*C* 微粉粒度（目）
1	30	6	20
2	40	8	40

续表

水平	试验因素		
	A 干燥温度（℃）	B 干燥时间（h）	C 微粉粒度（目）
3	50	10	60
4	60	12	80
5	70	14	100

显然，这是一个三因素五水平的试验，试验指标为卷烟感官评价总得分．

如果采用全面试验设计法设计试验方案，则共需 5×5×5＝125 次试验，试验信息全面，可确定最佳工艺条件以及各因素对试验结果的影响．但是试验工作量明显过大．

如果采用正交试验设计法，满足试验要求的最小号正交表为 $L_{25}(5^6)$，选择正交表 $L_{25}(5^6)$ 安排试验，则共需 25 次试验，可通过极差分析或方差分析找出最佳工艺条件，确定各因素对试验结果的影响趋势．与全面试验设计方案相比，试验次数大幅降低．但试验工作量仍然偏大．

正交试验设计兼顾均匀分散性、整齐可比性，如果不考虑整齐可比性，只考虑试验点在试验范围内的均匀分散性，那么试验次数就可大大减少，这就是均匀试验设计的基本思想和突出优势．均匀试验设计的基本程序与正交试验设计类似，需要借助均匀设计表来安排试验．对例 7-1，选择均匀设计表 $U_5(5^3)$ 安排试验方案，则共需 5 次试验，可通过直观分析或回归分析找出最佳工艺条件，确定各因素对试验结果的影响趋势．对三因素五水平试验，均匀试验设计方案的试验次数是正交试验设计的 1/5，是全面试验设计的 1/25，试验次数大大减少．

由于均匀试验设计中，因素水平数的增加也不会导致试验次数的大幅增加，所以均匀试验设计可以使试验点在试验范围内的分布更均匀更分散．即在相同的试验范围内，利用均匀设计安排试验方案，即使缩小因素的水平间隔，增加因素水平数，也不会导致试验次数的明显增加，所以，均匀试验设计在凸显试验次数少的同时，能更好地实现试验点的均匀分散性．

7.3 均匀设计表

7.3.1 均匀设计表的定义及格式

均匀试验设计是利用均匀设计表来安排试验方案的，所以跟正交表在正交试验设计中的作用类似，均匀设计表是进行均匀试验设计的基本工具．均匀设计表以表格的形式表现，一般简记为 $U_n(m_1 \times m_2 \times \cdots \times m_k)$ 或 $U_n^*(m_1 \times m_2 \times \cdots \times m_k)$．其中，“$U$”为均匀设计表符号，“$n$”表示均匀设计表的行数，即试验次数，“$k$”表示均匀设计表共有 k 列，即最多可以安排 k 个因素，每列（因素）的水平数分别为 m_1，m_2，$\cdots$，m_k.

在均匀设计表中，有时会有带“＊”标注和不带“＊”的两种类型的均匀表，通常情况下，与不带“＊”的均匀表相比，带“＊”标注的均匀表安排试验方案的均匀性相对更好，即在均匀试验方案设计中，优先选用带“＊”的均匀表．如均匀设计表 $U_7(7^4)$ 、$U_7^*(7^4)$，分别见表 7-2、表 7-3，当安排四因素七水平的均匀试验时，优先选用均匀设计表 $U_7^*(7^4)$.

7.3.2 均匀设计表的分类

均匀设计表，根据各因素水平数是否相等，可分为等水平均匀设计表和混水平均匀设计表．

7.3.2.1 等水平均匀设计表

均匀设计表 $U_n(m_1 \times m_2 \times \cdots \times m_k)$ 或 $U_n^*(m_1 \times m_2 \times \cdots \times m_k)$ 中，如果 $m_1 = m_2 = \cdots = m_k$，则称为等水平均匀设计表，一般简记为 $U_n(m^k)$ 或 $U_n^*(m^k)$，“U”表示均匀设计，“n”表示试验次数，“m”表示因素的水平数，“k”表示利用该表最多可安排的因素数．在等水平均匀设计表中，试验次数“n”与因素水平数“m”相等．如等水平均匀设计表 $U_7(7^4)$（见表 7-2），表示要做 7 次试验，最多可安排 4 个试验因素，每个因素设置有 7 个水平．其他常用的等水平均匀设计表见附录 11-1.

每个均匀设计表都附有一个相应的使用表，当需安排的试验因素数小于均匀设计表中能安排的最大因素数时，需根据相应的使用表将各因素安排在合适的列中．使用表中最后一列的 D 值，表示均匀度的偏差，偏差越小，则说明试验方案的均匀分散性越好．例如，均匀设计表 $U_7(7^4)$ 、$U_7^*(7^4)$ 的使用表（分别见表 7-4、表 7-5）. 选用均匀表 $U_7(7^4)$ 设计三因素七水平的均匀试验时，应选用均匀表中的第 1、2、3 列来安排试验方案，此时，D 值为 0. 3721；选用 $U_7^*(7^4)$ 时，则应选用均匀表中的第 2、3、4 列，此时，D 值为 0. 2132. 显然，利用均匀表 $U_7^*(7^4)$ 安排均匀试验方案的 D 值比 $U_7(7^4)$ 更小，也就是说，试验点在试验范围内的均匀分散性相对更好，这也是在解决实际问题的过程中，建议优先选用带“＊”标注的均匀表安排试验方案的原因．

表 7-2 均匀设计表 $U_7(7^4)$

试验号	列号			
	1	2	3	4
1	1	2	3	6
2	2	4	6	5
3	3	6	2	4
4	4	1	5	3
5	5	3	1	2
6	6	5	4	1
7	7	7	7	7

表 7-3 均匀设计表 $U_7^*(7^4)$

试验号	列号			
	1	2	3	4
1	1	3	5	7
2	2	6	2	6
3	3	1	7	5
4	4	4	4	4
5	5	7	1	3
6	6	2	6	2
7	7	5	3	1

表 7-4 $U_7(7^4)$ 使用表

试验号	列号			D
2	1	3		0.2398
3	1	2	3	0.3721

表 7-5 $U_7^*(7^4)$ 使用表

试验号	列号	D		
2	1	3		0.1582
3	2	3	4	0.2132

7.3.2.2 混水平均匀设计表

均匀设计表适于研究问题涉及较多因素水平的试验方案安排，在很多实际问题中，各因素的水平数不一定相等．当均匀设计表 $U_n(m_1 \times m_2 \times \cdots \times m_k)$ 或 $U_n^*(m_1 \times m_2 \times \cdots \times m_k)$ 中的 m_1，m_2，…，m_k 不完全相等，则称为混水平均匀设计表，一般简记为 $U_n({m_1}^{k_1} \times {m_2}^{k_2} \times \cdots \times {m_p}^{k_p})$ 或 $U_n^*({m_1}^{k_1} \times {m_2}^{k_2} \times \cdots \times {m_p}^{k_p})$，“$U$”表示均匀设计，“$n$”表示试验次数，该均匀设计表共有（$k_1+k_2+\cdots+k_p$）列，其中水平数为“$m_j$”的因素最多可安排“$k_j$”个（$j$=1，2，…，$p$）．如混水平均匀设计表 $U_6(6\times3^2)$，表示要做 6 次试验，该均匀表共有 3 列，六水平因素最多可安排 1 个和三水平因素最多可安排 2 个．其他常用的混水平均匀设计表见附录 11-2.

7.3.3 均匀设计表的基本特征

均匀设计的基本特征表现为保证试验点在试验范围内充分均匀分散的前提下大幅缩减试验次数，减少试验规模，提升工作效率．以等水平均匀设计表为基础，通过拟水平设计，可改造成满足实际试验需求的混水平均匀设计表．

等水平均匀设计表的特点主要表现为：

①每列在每行中分布的数字均不相同且每个数字只出现一次，即每个因素的每个水平做一次且仅做一次试验．

②如果将等水平均匀设计表中的任意两列组成的试验点绘制在二维网格中，则每行每列有且仅有一个试验点．如图 7-1（a）~（c）所示．

③均匀设计表任两列组成的试验方案一般并不等价，因此当需安排的试验因素数少于均匀设计表的列数时，不能像正交表那样随意选择列来安排试验．如利用均匀设计表 $U_7(7^4)$ 的第 1、3 列和第 1、4 列安排的试验点分布分别如图 7-1（b）、（c）所示，图 7-1（b）的试验点分布均匀性明显优于图 7-1（c）．所以，均匀试验方案设计应按照均匀设计表对应的使用表选择列来安排试验因素．

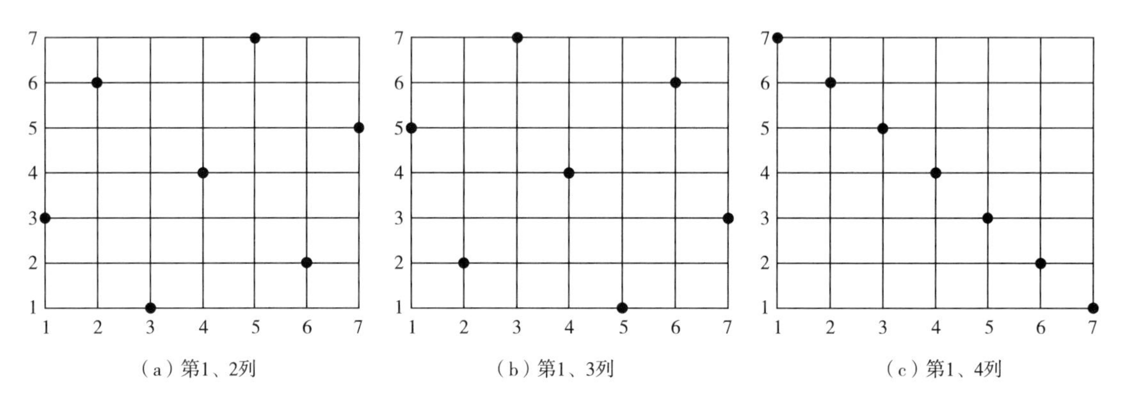

（a）第1、2列　（b）第1、3列　（c）第1、4列

图 7-1　均匀设计表 $U_7(7^4)$ 中不同两列的试验点分布

④由于等水平均匀设计表的试验次数与各因素的水平数相等，所以当因素的水平数增加时，均匀设计的试验次数按水平数的增加而增加，即水平数的增加会使试验工作量稍有增加，但不会大幅增加．

⑤列数相同时，水平数为奇数的均匀设计表去掉最后一行，即可得水平数为偶数的均匀设计表，试验次数相应地也减少 1 次．如 $U_7(7^4)$ 去掉最后一行，即可得 $U_6^*(6^4)$；$U_9(9^5)$ 去掉最后一行，即可得 $U_8^*(8^5)$．且使用表的列号选择不变，D 值相应地有所降低．在满足试验要求的前提下，优先选用带“＊”标记的均匀设计表．

显然，特点①、②反映了均匀设计试验安排的均衡性；特点④反映了均匀试验设计的突出优势；特点③、⑤反映了均匀设计安排试验方案需注意的问题．

不难发现，对于等水平试验，当因素水平数相等时，均匀试验设计的试验次数比正交试验设计少得多；当试验次数相同时，均匀试验设计的均匀分散性比正交试验设计好得多．比如试验次数为 25 时，正交试验设计的水平数可以选取 5 个，而均匀试验设计的水平数可以选取 25 个，水平数骤减难免会导致偏差增大．当然，因素水平数相同时，正交试验设计的均匀度偏差比均匀试验设计略小，但差别不大，不过试验次数的减少量却是十分可观的．

7.4　均匀试验设计的基本程序

均匀试验设计的基本程序包括试验方案设计和试验结果分析两大部分．

7.4.1 均匀试验方案设计

7.4.1.1 等水平均匀试验方案设计

例 7-2 研究制备橘皮微粉固体香料用于卷烟加香，从而提升卷烟感官质量，试设计试验方案.

解 （1）确定试验指标

试验指标是衡量试验效果的指标，本试验目的很明确，就是制备能提升卷烟感官质量的固体香料. 根据试验需要，通过赋分法将感官质量的定性指标（色泽、香气、谐调、杂气、刺激性、余味）转化为定量指标，并以各项指标的总得分来衡量试验结果的优劣. 因此，确定感官质量总得分为试验指标，显然该试验指标属望大指标，即指标得分越高，试验效果越好.

（2）选择试验因素

均匀试验设计适于因素水平较多的试验，因素、水平数的增加一般不会导致试验次数的大幅增加. 所以，可根据试验需求，适当放宽试验因素数量的选择. 本例结合专业知识和已有研究，综合考虑，选择柑橘品种、橘皮干燥温度、橘皮干燥时间和橘皮微粉粒度为试验因素，各试验因素分别以大写字母 A、B、C、D 表示，其他因素作为试验条件因素加以控制.

（3）选择因素水平，列出因素水平表

根据实际情况和相关研究基础，确定每个因素的水平. 与正交试验不同，为保证尽可能地把因素水平的值取在最佳的区域或接近最佳区域，均匀试验设计的水平数可以相对多选，水平间隔可适当缩小. 本例中，柑橘品种、橘皮干燥温度、干燥时间和微粉粒度这 4 个因素分别选取了 8 个水平，试验因素水平如表 7-6 所示.

表 7-6 橘皮微粉制备试验的因素水平表

水平	试验因素			
	柑橘品种 A	干燥温度（℃） B	干燥时间（h） C	微粉粒度（目） D
1	A_1	30	2	20
2	A_2	40	4	40
3	A_3	50	6	60
4	A_4	60	8	80
5	A_5	70	10	100
6	A_6	80	12	120
7	A_7	90	14	140
8	A_8	100	16	160

（4）选择合适的均匀设计表

根据因素、水平的数量选择合适的均匀设计表. 一般原则所选均匀设计表的列数应不小于因素数，行数应不小于水平数. 而且，在满足试验要求的前提下，优先选用带“ * ”标记的均匀设计表．对于例 7-2，四因素八水平试验，由附录 11-1，我们可选等水平均匀设计表 $U_8^*(8^5)$ 来安排试验方案．

（5）设计均匀设计表的表头

我们知道，表头设计就是把所要考察的试验因素合理地安排到均匀设计表的各列中．在均匀试验设计中，当因素数小于均匀设计表的列数时，应根据均匀设计表的使用表选择合适的列来安排各因素．通常情况下，优先安排主要因素、重点考察因素．安排好各因素后，列出表头设计．对于例 7-2，四因素八水平试验，根据所选的均匀设计表 $U_8^*(8^5)$ 的使用表（附录 11-1），将 A、B、C、D 各因素分别安排到第 1、2、3、5 列，表头设计见表 7-7.

表 7-7　橘皮微粉制备试验的均匀设计表的表头设计

列号	1	2	3	5
因素	A	B	C	D

（6）编制试验方案

在表头设计的基础上，将所选均匀设计表中各列的不同水平数字换成对应各因素相应的具体水平值，即为均匀试验方案，由于均匀设计表的空列不能用于估计试验误差，直接删除即可．对于例 7-2，均匀试验方案安排及试验结果如表 7-8 所示．

表 7-8　橘皮微粉制备试验的均匀试验方案及结果

试验号	因素				感官总得分
	柑橘品种 A	干燥温度（℃） B	干燥时间（h） C	微粉粒度（目） D	
1	1（A_1）	2（40）	4（8）	8（160）	86.5
2	2（A_2）	4（60）	8（16）	7（140）	84.0
3	3（A_3）	6（80）	3（6）	6（120）	87.5
4	4（A_4）	8（100）	7（14）	5（100）	85.0
5	5（A_5）	1（30）	2（4）	4（80）	83.5
6	6（A_6）	3（50）	6（12）	3（60）	89.0
7	7（A_7）	5（70）	1（2）	2（40）	86.0
8	8（A_8）	7（90）	5（10）	1（20）	85.0

注　根据实际情况，适当拉大了感官评价指标赋分差距．

试验方案实施过程中，应控制试验条件尽可能地保持一致．8 次试验的试验顺序可根据实际情况进行调整，也可按随机化的顺序开展试验．试验结果宜按试验方案安排的试验号来呈现，这样一来，结果表现形式整齐有序且便于试验结果的直观分析．

需要说明的是，与正交试验设计不同，在均匀试验设计中，因素数小于均匀设计表的列数时，各因素不能随机安排在均匀设计表的列中，须按照对应使用表选择合适的列来安排各因素，形成均匀设计方案．

7.4.1.2 混水平均匀试验方案设计

均匀设计解决因素水平数较多的问题时，很多情况下，各因素的水平数并不相等，这时应利用混水平均匀设计表来安排试验方案．当然，有时也不一定能找到可以直接套用的混水平均匀设计表，这种情况下，通常以等水平均匀设计表为基础，通过拟水平改造，获得满足试验需求的混水平均匀设计表，并以此为依据来安排均匀试验方案．

例 7-3 试设计均匀试验方案，制备香味成分含量较高的烟草浸膏裂解产物，用于提升加热卷烟感官品质．

解 （1）确定试验指标

根据试验目的，确定试验指标为烟叶浸膏裂解产物香味成分总量．结合试验实际，明确试验指标为望大指标，即香味成分总量越高，则试验效果越好．

（2）选择试验因素

利用烟草浸膏裂解产物提升加热卷烟感官品质的研究中，前期研究结合原料实际，选择烟叶原料类型、烟叶部位、裂解功率、裂解时间等 4 个试验因素，分别以大写字母 A、B、C、D 表示，考察各因素对烟叶浸膏裂解产物香味成分总量的影响．其他因素作为试验条件因素加以控制，尽可能地保持试验条件的一致性．

（3）选择因素水平，列出因素水平表

根据实际情况和相关研究基础，因素 A、B 即烟叶类型和烟叶部位分别取 3 个水平；因素 C、D 即裂解功率和裂解时间分别取 9 个水平．烟草浸膏裂解产物制备试验的试验因素水平表如表 7-9 所示．

表 7-9 烟草浸膏裂解产物制备试验的因素水平表

水平	试验因素			
	烟叶类型 A	烟叶部位 B	裂解功率（W） C	裂解时间（s） D
1	烤烟	上部	300	40
2	晾烟	中部	400	60
3	晒烟	下部	500	80
4			600	100
5			700	120
6			800	140
7			900	160
8			1000	180
9			1100	200

（4）选择合适的均匀设计表

对于各因素水平数不相等的混水平试验，需选用混水平均匀设计表．如果能查到可以直接套用的混水平均匀设计表，直接以其为依据安排均匀试验方案即可．如果没有可以直接套用的混水平均匀设计表，则以等水平均匀设计表为基础，进行拟水平改造，获取合适的混水平均匀设计表．这时，所选的作为改造基础的等水平均匀设计表的列数应不小于因素数，行数应不小于各水平数的最小公倍数．对于例 7-3，需采用 $U_9(3^2 \times 9^2)$ 的混水平均匀设计表来安排试验，附录 11-2 没有符合要求的混水平均匀设计表，所以我们选等水平均匀设计表 $U_9^*(9^4)$ 来进行拟水平改造，合并 $\{1, 2, 3\} \to 1$，$\{4, 5, 6\} \to 2$，$\{7, 8, 9\} \to 3$，将其改造成混水平均匀设计表 $U_9(3^2 \times 9^2)$ 来安排试验方案．

（5）表头设计及试验方案确定

对于混水平均匀试验设计，将相应水平数的因素安排到均匀设计表相应的列中，列出表头设计．对于例 7-3，将 A、B、C、D 各因素分别安排到 U_9（$3^2 \times 9^2$）的第 1、2、3、4 列，形成表头设计．根据表头设计，将均匀设计表中各列的不同水平数字换成对应各因素相应的具体水平值，即得均匀试验方案，烟草浸膏裂解产物制备的均匀试验方案及试验结果如表 7-10 所示．

表 7-10　烟草浸膏裂解产物制备试验的均匀试验方案及结果

试验号	因素				香味成分总量（mg/g）
	烟叶类型 A	烟叶部位 B	裂解功率（W） C	裂解时间（s） D	
1	1（烤烟）	3（上部）	7（900）	9（200）	49.6
2	2（烤烟）	6（中部）	4（600）	8（180）	43.2
3	3（烤烟）	9（下部）	1（300）	7（160）	38.5
4	4（晾烟）	2（上部）	8（1000）	6（140）	42.8
5	5（晾烟）	5（中部）	5（700）	5（120）	39.2
6	6（晾烟）	8（下部）	2（400）	4（100）	31.3
7	7（晒烟）	1（上部）	9（1100）	3（80）	35.8
8	8（晒烟）	4（中部）	6（800）	2（60）	32.9
9	9（晒烟）	7（下部）	3（500）	1（40）	28.7

同样地，9 次试验的试验顺序可根据实际情况进行调整，也可按随机化的顺序安排．但为便于分析，试验结果需按试验方案安排的试验号来呈现．

值得注意的是，在混水平均匀试验设计中，很多情况下，需要改造等水平均匀设计表来获得满足试验要求的混水平均匀设计表．在均匀设计表的改造过程中，当要考察的因素数小于所选择用来改造的等水平均匀设计表的列数时，按照使用表选出来的列不一定是最合适的，有时选择使用表推荐的列经拟水平改造后生成的混水平均匀表的均衡性较差，不宜作为安排试验方案的依据．

例如，某研究要考察 A、B、C 三个因素，A、B 为五水平因素，C 为二水平因素，需用混水平均匀设计表 $U_{10}(5^2 \times 2^1)$ 安排试验，以等水平均匀设计表 $U_{10}^*(10^8)$ 为基础进行拟水平改造，按 $U_{10}^*(10^8)$，的使用表，三因素时，选择第 1、5、6 列，那么，将第 1、5 列改造成五水平．具体地，

$$\{1, 2\} \to 1,\ \{3, 4\} \to 2,\ \{5, 6\} \to 3,\ \{7, 8\} \to 4,\ \{9, 10\} \to 5.$$

第 6 列改造为二水平，具体地，

$$\{1, 2, 3, 4, 5\} \to 1, \quad \{6, 7, 8, 9, 10\} \to 2.$$

则得到拟水平设计表 $U_{10}(5^2 \times 2^1)$，如表 7-11 所示．由表 7-11 可知，第 1、6 列的水平组合中，(2，2)、(4，1) 均出现两次，而 (2，1)、(4，2) 均未出现，因素间的水平搭配的均衡性并不理想．如果选用第 1、2、5 列进行改造，同理，将第 1、2 列按照 $\{1, 2\} \to 1$、$\{3, 4\} \to 2$、$\{5, 6\} \to 3$、$\{7, 8\} \to 4$、$\{9, 10\} \to 5$ 改造成两个五水平的列，将第 5 列按照 $\{1, 2, 3, 4, 5\} \to 1$、$\{6, 7, 8, 9, 10\} \to 2$ 改造成一个二水平的列，则得到的拟水平设计表 U_{10} $(5^2 \times 2^1)$ 如表 7-12 所示．由表 7-12 可知，任两列间的水平组合搭配均具有较好的均衡性．显然，没有按使用表推荐列进行拟水平改造的混水平均匀设计表的均衡性表现反而更好．

在解决实际问题的过程中，为了使构造的混水平均匀设计表具有较好的均衡性，不能直接选用使用表推荐列进行拟水平改造，而是需要通过比较，选择合适的列经拟水平改造形成满足试验要求的混水平均匀设计表，并以此表为依据，安排混水平均匀试验设计方案．在混水平均匀试验方案设计中需特别注意这一点．

表 7-11　第 1、5、6 列的拟水平改造

试验号	列号		
	1	5	6
1	1（1）	5（3）	7（2）
2	2（1）	10（5）	3（1）
3	3（2）	4（2）	10（2）
4	4（2）	9（5）	6（2）
5	5（3）	3（2）	2（1）
6	6（3）	8（4）	9（2）
7	7（4）	2（1）	5（1）
8	8（4）	7（4）	1（1）
9	9（5）	1（1）	8（2）
10	10（5）	6（3）	4（1）

表 7-12　第 1、2、5 列的拟水平改造

试验号	列号		
	1	2	5
1	1（1）	2（1）	5（1）
2	2（1）	4（2）	10（2）
3	3（2）	6（3）	4（1）
4	4（2）	8（4）	9（2）
5	5（3）	10（5）	3（1）
6	6（3）	1（1）	8（2）

续表

试验号	列号		
	1	2	5
7	7（4）	3（2）	2（1）
8	8（4）	5（3）	7（2）
9	9（5）	7（4）	1（1）
10	10（5）	9（5）	6（2）

7.4.2 均匀试验结果分析

由于均匀设计只考虑试验点在试验范围内的均匀分散性，而不考虑整齐可比性，因此均匀试验结果不能像正交试验设计那样采用极差分析法、方差分析法完成寻优或确定各因素对试验结果影响的主次顺序．当均匀设计的目的只是寻优时，可通过直观分析法找出因素水平的优组合．一般情况下，需利用回归分析法（线性回归或多项式回归分析）分析均匀设计的试验结果，通过建立回归模型达到找出因素水平优组合、确定主次因素以及揭示各因素对试验结果的影响趋势等目的．由于回归分析的计算量较大，常需借助计算机软件来完成．这也是均匀设计的一个“短板”，即试验结果分析中数学模型的构建比较麻烦，不像正交试验结果分析那么简便．

7.4.2.1 均匀试验结果的直观分析法

均匀试验结果的直观分析法，是指对几次均匀试验的结果直接进行比较，结合试验指标属性实际，挑选最优的试验处理组合．直观分析法的优点是简单易行，缺点是无法确定各因素对试验结果影响的主次顺序，无法判断试验结果随因素水平的变化趋势．如果试验研究的目的只是为了寻找最优的试验处理组合或是确定较为适宜的试验范围，可以用直观分析法．虽然直观分析法比较的试验处理数量较少，但因为均匀设计试验点的分布有良好的均匀分散性，用直观分析法找出的因素水平优组合一般是比较接近最佳试验条件的．所以，在试验研究要求不高且想要快速找到优组合的情况下，直观分析法是比较理想的分析方法．

对于例 7-2，采用直观分析，直接比较试验结果（表 7-8）中 8 次试验制备固体香料的加香作用效果，找出第 6 号试验的试验处理条件相对最优，即柑橘品种为 A_6、橘皮干燥温度为 50℃、干燥时间 12h、微粉粒度为 60 目，该试验条件下，所得固体香料的卷烟加香效果（得分 89.0）相对最好．

对于例 7-3，采用直观分析法，直接比较试验结果（表 7-10）中 9 次试验制备裂解产物的香味成分总量，找出第 1 号试验的试验处理条件相对最优，即烤烟上部烟在 900W 功率下裂解 200s 时，所得裂解产物中香味成分总量（49.6mg/g）相对最高．

7.4.2.2 均匀试验结果的回归分析法

一般情况下，需利用回归分析法（线性回归或多项式回归分析）分析均匀设计的试验结果．通过各因素偏回归平方和的大小确定其对回归拟合的贡献度，当因素间无明显相关关系时，因素偏回归平方和的大小可反映其对试验指标影响的重要程度．由于回归分析的计算量较大，常需借助计算机软件来完成．这也是均匀设计的一个弊端，即试验结果分析不像正交试验那样计算简单、分析简便.

利用回归分析法分析均匀试验结果，首先，以试验指标为因变量，以各因素为自变量，通过回归分析，建立试验指标与各因素之间的回归方程，并通过 F 检验判断回归方程是否有统计学意义，所构建的回归方程可能是多元线性模型，也可能是非线性模型．其次，根据标准回归系数绝对值的大小，判断各因素影响试验结果的主次顺序．最后，通过求解方程，确定在试验范围内的因素水平优组合即最优试验条件.

例 7-4 卷烟产品中添加的香精香料是卷烟制造企业重点关注的核心技术．欲开发地方性特色香原料，试通过均匀试验设计优化特色香原料制备工艺，提高特色香原料得率.

解 （1）均匀试验方案设计

首先，确定试验指标．结合问题实际，以特色香原料得率为试验指标．得率越高，试验结果越好.

其次，选择试验因素．综合考虑，选择反应温度、反应物料比、反应压力为试验因素，各试验因素分别以大写字母 A、B、C 表示，其他因素作为试验条件因素加以控制.

最后，选择因素水平，列出因素水平表．反应温度、反应物料比、反应压力 3 个因素分别选取了 8 个水平，试验因素水平如表 7-13 所示.

选择合适的均匀设计表．三因素八水平试验，选择均匀设计表 $U_8^*(8^5)$ 中的第 1、3、4 列来安排试验方案并进行实施，试验方案及试验结果如表 7-14 所示.

表 7-13 特色香原料制备试验的因素水平表

水平	试验因素		
	反应温度 A（℃）	反应物料比 B（g/g）	反应压力 C（MPa）
1	60	3	30
2	65	5	45
3	70	7	60
4	75	9	75
5	80	11	90
6	85	13	105
7	90	15	120
8	95	17	135

表 7-14 特色香原料制备试验方案安排及试验结果

试验号	因素			香原料得率（%）
	反应温度（℃）	反应物料比（g/g）	反应压力（MPa）	
1	1（60）	4（9）	7（120）	21.5
2	2（65）	8（17）	5（90）	16.0
3	3（70）	3（7）	3（60）	26.8

续表

试验号	因素			香原料得率（%）
	反应温度（℃）	反应物料比（g/g）	反应压力（MPa）	
4	4（75）	7（15）	1（30）	16.9
5	5（80）	2（5）	8（135）	20.3
6	6（85）	6（13）	6（105）	10.4
7	7（90）	1（3）	4（75）	25.5
8	8（95）	5（11）	2（45）	17.5

（2）均匀试验结果分析

直观分析法：直接比较表 7-14 所示的 8 次试验结果，显然第 3 号试验的香原料得率最高，说明第 3 号试验的试验处理为因素水平的优组合，即特色香原料制备工艺为：反应温度为 70℃、反应物料比为 7∶1（g/g）、反应压力为 60MPa 时，香原料得率最高．

回归分析法：以因素 A（x_1）、因素 B（x_2）、因素 C（x_3）为自变量，以香原料（y）为因变量，已知试验指标与因素间呈多元线性关系，欲建立试验指标与各因素间的回归方程，则利用 Excel 软件中的回归分析方法对试验结果进行回归分析，输出结果如表 7-15～表 7-17 所示．回归分析在 Excel 软件中的实现具体详见本书“回归分析”部分，此处不再赘述．

表 7-15　回归统计结果

指标	结果
R	0.971603
R^2	0.944013
R^2_{Adj}	0.902022
标准误差	1.671451
观测值	8

表 7-16　回归方程的方差分析结果

指标	df	SS	MS	F	P 值
回归分析	3	188.4238	62.80792	22.48158	0.005766
残差	4	11.175	2.79375		
总计	7	199.5988			

表 7-17　各变量回归系数显著性检验结果

变量	系数	标准误差	t 检验值	P 值	95%区间下限	95%区间上限
截距	58.77639	6.241232	9.417433	0.000709	41.44795	76.10483
x_1	−0.26833	0.058729	−4.56902	0.010268	−0.43139	−0.10528

续表

变量	系数	标准误差	t 检验值	P 值	95%区间下限	95%区间上限
x_2	-1.18194	0.146822	-8.05018	0.001293	-1.58959	-0.7743
x_3	-0.08241	0.019576	-4.20956	0.013591	-0.13676	-0.02805

由回归分析结果（表 7-17）可知，试验指标与因素间的回归方程为

$$y = 58.776 - 0.268x_1 - 1.182x_2 - 0.082x_3.$$

回归统计结果（见表 7-15）表明，回归方程决定系数 $R^2 = 0.9440$，调整决定系数$R^2_{\mathrm{Adj}} = 0.9020$. 由回归的 F 检验结果（表 7-16）可知，$P = 0.0058 < 0.05$，回归显著. 决定系数与调整决定系数均较高，且较为接近，回归检验显著，说明回归模型拟合效果很好，回归方程具有统计学意义.

偏回归系数 t 检验结果（表 7-17）表明，各自变量 $|t|$ 值表现为：$x_2 > x_1 > x_3$，相应地，各变量对应的各因素对试验结果影响的重要程度表现为：反应物料比 > 反应温度 > 反应压力. 从 t 检验的显著性 P 值看，x_1 即反应温度对香原料得率的影响显著（$P = 0.0103 < 0.05$）；x_2 即反应物料比对香原料得率的影响极显著（$P = 0.0013 < 0.01$）；x_3 即反应压力对香原料得率的影响也显著（$P=0.0136<0.05$）.

对于多元线性回归方程 $y = 58.776 - 0.268x_1 - 1.182x_2 - 0.082x_3$，显然反应温度、反应物料比、反应压力均与特色香原料得率呈负相关关系，即在试验范围内，随各因素水平取值的增大，特色香原料得率呈逐渐降低的趋势. 因此，确定制备试验的优方案时，各因素水平的取值应在试验范围内取偏下限的值. 即反应温度取 60℃、反应物料比取 3∶1（g/g）、反应压力取 30MPa，此时特色香原料得率的回归模型预测值为 36.69%. 由于回归分析得到的制备试验优方案并不在 8 次试验的试验处理中，因此需进一步做优方案的验证试验. 从研究的角度，也可考虑将反应压力从高压变为常压后进一步开展制备试验的优化研究.

例 7-5 烘丝是制丝加工的重要工序，不仅影响烟丝的物理指标如整丝率、填充值，也会影响烟丝加工成卷烟后的感官质量. 试通过均匀试验设计研究考察筒壁温度、热风温度及排潮开度对烟丝感官质量的影响，优化烘丝工艺参数，提高烟丝质量.

解 （1）均匀试验方案设计

首先，确定试验指标. 结合生产实际，以烟丝感官质量总得分为试验指标.

其次，选择试验因素. 根据制丝加工生产实际和专业知识积累，综合考虑，选择筒壁温度、热风温度及排潮开度为试验因素，各试验因素分别以大写字母 A、B、C 表示，其他因素作为试验条件因素加以控制.

最后，选择因素水平，列出因素水平表. 筒壁温度、热风温度及排潮开度 3 个因素分别选取了 5 个水平，试验因素水平如表 7-18 所示.

选择合适的均匀设计表. 三因素五水平试验，可以选择均匀设计表 $U_5(5^3)$ 来安排试验，但考虑到各因素的二次项、交互作用可能对试验结果有重要影响，所以设计试验方案时应适当增多试验次数，以便进行回归分析. 因此，我们选择均匀设计表 $U^*_{10}(10^8)$ 中的第 1、5、6 列，通过 $\{1, 2\} \to 1$，$\{3, 4\} \to 2$，$\{5, 6\} \to 3$，$\{7, 8\} \to 4$，$\{9, 10\} \to 5$ 进行拟水平改造，改造后的均匀设计表有良好的均衡性，以此表为依据，安排均匀试验方案并进行实施，

试验方案及试验结果如表 7-19 所示 .

表 7-18 烘丝试验的因素水平表

水平	试验因素		
	筒壁温度 A（℃）	热风温度 B（℃）	排潮开度 C（%）
1	131	125	63
2	135	120	54
3	139	115	45
4	143	110	37
5	147	105	28

表 7-19 烘丝试验方案安排及试验结果

试验号	因素			感官得分
	筒壁温度（℃）	热风温度（℃）	排潮开度（%）	
1	1（131）	5（115）	7（37）	81.8
2	2（131）	10（105）	3（54）	81.0
3	3（135）	4（120）	10（28）	82.5
4	4（135）	9（105）	6（45）	82.1
5	5（139）	3（120）	2（63）	80.8
6	6（139）	8（110）	9（28）	80.6
7	7（143）	2（125）	5（45）	82.2
8	8（143）	7（110）	1（63）	81.0
9	9（147）	1（125）	8（37）	81.4
10	10（147）	6（115）	4（54）	80.5

（2）均匀试验结果分析

直观分析法：直接比较表 7-19 所示的 10 次试验结果，显然第 3 号试验的感官质量得分最高，说明第 3 号试验的试验处理为因素水平的优组合，即烘丝工艺参数中筒壁温度为 135℃、热风温度为 120℃、排潮开度为 28%时，烘后烟丝的感官质量得分最高 .

回归分析法：以因素 A（x_1）、因素 B（x_2）、因素 C（x_3）为自变量，以感官得分（y）为因变量，已知试验指标与因素间呈非线性关系，欲建立试验指标与各因素间的回归方程，则利用 Excel 软件中的回归分析方法对试验结果进行回归分析，输出结果如表 7-20~表 7-22 所示 .

表 7-20 回归统计结果

指标	结果
R	0.988366
R^2	0.976867
R^2_{Adj}	0.930602

续表

指标	结果
标准误差	0. 188927
观测值	10

表 7-21 回归方程的方差分析结果

指标	df	SS	MS	F	P 值
回归分析	6	4. 521919	0. 753653	21. 11455	0. 014969
残差	3	0. 107081	0. 035694		
总计	9	4. 629			

表 7-22 各变量回归系数显著性检验结果

变量	系数	标准误差	t 检验值	P 值	95%区间下限	95%区间上限
截距	476. 9717	56. 99643	8. 368449	0. 003578	295. 5836	658. 3598
x_2	-5. 53982	0. 79955	-6. 92868	0. 006164	-8. 08435	-2. 9953
x_3	-3. 32579	0. 511974	-6. 49601	0. 007407	-4. 95512	-1. 69646
$x_1 * x_1$	-0. 02138	0. 002891	-7. 39708	0. 00511	-0. 03058	-0. 01218
$x_1 * x_2$	0. 040955	0. 005679	7. 212102	0. 005496	0. 022883	0. 059028
$x_1 * x_3$	0. 025704	0. 003464	7. 420606	0. 005064	0. 01468	0. 036727
$x_2 * x_3$	-0. 00226	0. 000946	-2. 38955	0. 09678	-0. 00527	0. 00075

由回归分析结果（表 7-22）可知，试验指标与因素间的回归方程为

$$y = 476.972 - 5.540x_2 - 3.326x_3 - 0.021x_1^2 + 0.041x_1x_2 + 0.026x_1x_3 - 0.002x_2x_3.$$

回归统计结果（表 7-20）表明，回归方程决定系数 $R^2 = 0.9769$， 调整决定系数 $R_{\mathrm{Adj}}^2 = 0.9306$. 由回归的 F 检验结果（表 7-21）可知，$P = 0.015 < 0.05$，回归显著．决定系数与调整决定系数均较高，且较为接近，回归检验显著，说明回归模型拟合效果很好，回归方程具有统计学意义．

偏回归系数 t 检验结果（表 7-22）表明，热风温度、排潮开度的一次项对试验结果影响极显著；筒壁温度的二次项、筒壁温度与热风温度的交互作用、筒壁温度与排潮开度的交互作用对试验结果影响极显著；热风温度与排潮开度的交互作用对试验结果的影响接近显著水平．

根据极值原理，对回归方程

$$y = 476.972 - 5.540x_2 - 3.326x_3 - 0.021x_1^2 + 0.041x_1x_2 + 0.026x_1x_3 - 0.002x_2x_3$$

求偏导，得

$$\begin{cases} \dfrac{\partial y}{\partial x_1} = -0.042x_1 + 0.041x_2 + 0.026x_3 = 0, \\ \dfrac{\partial y}{\partial x_2} = -5.540 + 0.041x_1 - 0.002x_3 = 0, \\ \dfrac{\partial y}{\partial x_3} = -3.326 + 0.026x_1 - 0.002x_2 = 0. \end{cases}$$

然后，解方程，在试验范围内，得

$$x_1 = 136.917, \ x_2 = 116.921, \ x_3 = 36.799.$$

根据生产实际情况，对各因素的工艺参数进行取整，即筒壁温度为137℃、热风温度为117℃、排潮开度为37%时，烘后烟丝的感官质量得分的回归模型预测值为91.906. 显然，回归分析得到的优方案不在10次试验的试验处理中，因此还需进一步做优方案的验证试验.

当然，优方案也可通过Excel软件中的“规划求解”工具获得，具体应用步骤详见本书回归分析部分，此处不再赘述.

值得注意的是，在解决实际问题的过程中，很多时候我们并不知道试验指标与试验因素间具体是呈线性关系还是非线性关系，或者说试验指标与试验因素间的数学模型是未知的. 这时，无法直接套用经验模型进行回归拟合，需要结合专业知识和实践经验，先给出预判，再逐步调整. 例如，先按多元线性模型进行回归，如果方程拟合效果较差或回归方程经检验并不显著，再考虑增加二次项、一级交互项，甚至是高次项或多级交互项，直到找出具有统计学意义的回归方程. 由于只有在试验次数大于回归方程要拟合的项数时，才可以对回归方程进行检验. 所以，这也要求我们在做均匀试验设计时，应注意不能过于追求试验次数的减少. 如果回归模型不确定或是要考察的因素较多，回归分析拟合模型可能会比较复杂，应选择试验次数较多一些的均匀设计表安排试验，以便对试验结果进行回归分析.

7.5　混料均匀试验设计

在我们的生产生活中，很多产品都是由若干组分混合而成的. 例如，卷烟产品的叶组是由不同年份、不同产地、不同部位、不同等级的烟叶原料按照一定的比例混合而成；烟用香精，是由不同香韵特征的天然香料、合成香料按照一定比例调配混合而成. 各种组分的比例是其产品品质的重要保证，也是生产制造企业的核心技术机密. 那么，如何找出各种组分在混料配方中所占的比例，使产品品质达到最佳，也是研发技术人员追求的目标.

寻找最佳配比，当然离不开试验. 由于这类试验不像一般的试验因素那样各因素的水平范围是独立或近似独立的，这类试验的因素水平之间相互影响，即各组分所占比例存在“此消彼长”的关联. 各组分（因素）所占比例介于0~1，且各组分（因素）所占比例总和为1. 这类试验称为混料试验，由于混料试验多了各组分非负且总和为1的条件约束，因此寻优过程中的试验设计比一般的多因素多水平试验设计难度更大. 混料设计要建立试验指标与混料各组分比例的回归方程，通过求解回归方程获得最佳混料配方.

一般混料试验方案设计是在标准单纯形内进行布点，最常用的是单纯形格子点设计. 如试验因素数 $r = 3$ 时，由于受约束条件 $0 \leqslant x_i \leqslant 1$，$\sum_{i=1}^{r} x_i = 1$ 的限制，混料试验的试验区域为二维（$r - 1 = 2$）标准单纯形即等边三角形，各试验点只能取在高为1的等边三角形范围内（图7-2）. 试验点取在顶点处表示混料中只有一个组分，如顶点 A 处，表示混料中只有组分 A. 试验点取在三角形的边上，表示混料中有两个组分，如取在边 AB 上的某一点 P，则表示混料中只有 A、B 两个组分，且 P 点到 AC 的距离为组分 B 在混料中的占比 x_B，P 点到

BC 的距离为组分 A 在混料中的占比 x_A. 试验点取在三角形内，表示混料中有三个组分，如试验点 D 到 BC 的距离为组分 A 在混料中的占比 x_A，到 AC 的距离为组分 B 在混料中的占比 x_B，到 AB 的距离为组分 C 在混料中的占比 x_C. 同理，当因素数 $r=4$ 或更多时，可在三维或更多维空间取高为 1 的标准单纯形，单纯形内任一点（试验点）到各个面的距离视为各组分在混料中所占的比例，显然，距离之和即各组分的比例之和为 1.

试验因素数 $r=3$ 时，标准单纯形是等边三角形，若只取包含等边三角形三个顶点的点集，称为三分量一阶格子点集，记为 $\{3, 1\}$；若将三条边均两等分，取三个顶点和三条边的中点组成的点集，称为三分量二阶格子点集，记为 $\{3, 2\}$；若将三条边均三等分，并将对应分点连成与三角形某一边平行的直线，则三角形的三顶点、各边的等分点及各平行线的交点组成的点集，称为三分量三阶格子点集，记为 $\{3, 3\}$；以此类推，可以定义更多阶格子点集.

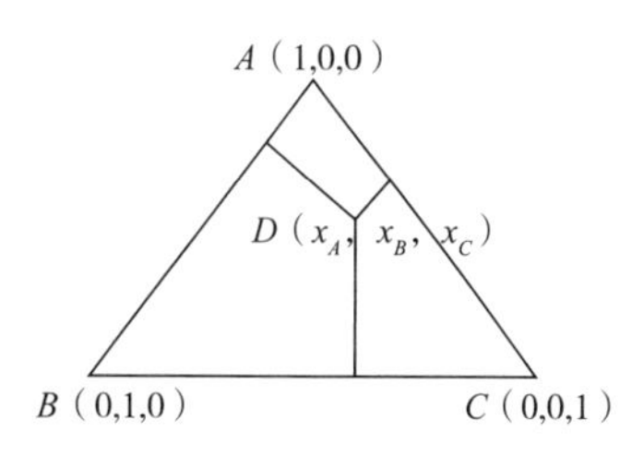

图 7-2 二维单纯形

对试验因素数 r 的混料试验区域即 $(r-1)$ 维标准单纯形 d 阶格子点集 $\{r, d\}$ 中各格子点的坐标.

单纯形顶点：$a_1=(1, 0, \cdots, 0)'$，$a_2=(0, 1, \cdots, 0)'$，$\cdots$，$a_r=(0, 0, \cdots, 1)'$

区域内任意一点 A：

$$A=x_1a_1+x_2a_2+\cdots+x_ra_r=(x_1, x_2, \cdots, x_r)'. \tag{7-1}$$

其中，$0\leqslant x_i\leqslant 1(i=1, 2, \cdots, r)$，$\sum_{i=1}^{r}x_i=1$.

由于格子点为标准单纯形各个边等分获得的，所以任意点 A 的坐标满足：

$$\begin{cases} x_i=\dfrac{a_i}{d}i=1, 2, \cdots, r, \\ \sum_{i=1}^{r}a_i=1, \\ a_i \text{ 为非负整数}, i=1, 2, \cdots, r. \end{cases} \tag{7-2}$$

一种将试验点安排在相应阶数的标准单纯形格子点上形成试验方法的设计，称为单纯形格子点设计. r 组分 d 阶格子点集 $\{r, d\}$ 中共有格子点数为 $\dfrac{(m+d-1)!}{d!\ (m-1)!}$，即 $(m+d-1)$ 的阶乘除以 d 阶乘和 $(m-1)$ 阶乘的积，刚好与 d 阶完全型规范多项式回归方程中的回归系数的个数相等. 所以，单纯形格子点设计常表现为饱和设计.

另一种比较简单易行的混料试验方案设计是单纯形重心设计，即将试验点安排在单纯形的重心上. 对于组分数（因素数）为 r 的混料设计，对应的试验区域为 $(r-1)$ 维标准单纯形，单纯形重心设计有 (2^r-1) 个试验设计点. 其中，包含 r 个单一成分的试验点（即顶点）：$(1, 0, 0, \cdots, 0)$，$(0, 1, 0, \cdots, 0)$，$\cdots$，$(0, 0, 0, \cdots, 1)$；包含$\dfrac{r\ (r-1)}{2!}$个两种成分比例相等的试验点：$\left(\dfrac{1}{2}, \dfrac{1}{2}, 0, \cdots, 0\right)$，$\left(0, \dfrac{1}{2}, \dfrac{1}{2}, \cdots, 0\right)$，$\cdots$，$\left(0, \cdots, 0, \dfrac{1}{2}, \dfrac{1}{2}\right)$；$\dfrac{r\ (r-1)\ (r-2)}{3!}$个

三种成分比例相等的试验点：$\left(\frac{1}{3}, \frac{1}{3}, \frac{1}{3}, 0, \cdots, 0\right)$，$\left(0, \frac{1}{3}, \frac{1}{3}, \frac{1}{3}, \cdots, 0\right)$，…，$\left(0, \cdots, 0, \frac{1}{3}, \frac{1}{3}, \frac{1}{3}\right)$；……；1 个 r 种成分比例相等的试验点：$\left(\frac{1}{r}, \frac{1}{r}, \cdots, \frac{1}{r}\right)$.

单纯形格子设计、单纯形重心设计虽然简单易懂，但试验点在试验范围内的分布仍不够充分均匀，且试验边界上试验点太多，缺乏典型性．因此，我国统计学教授将均匀设计的思想引入混料试验方案设计中，提出了混料均匀试验设计方法，其基本思想就是将各试验点（各种不同的配方）尽可能均匀地散布在混料设计区域的单纯形上．下面我们结合实例介绍混料均匀试验方案设计和试验结果分析．

7.5.1 混料均匀试验方案设计

例 7-6 烟丝结构是影响卷烟物理质量的重要因素之一．针对某牌号细支卷烟配方烟丝，考察不同长度的烟丝占比对细支烟卷制质量的影响，优化配方烟丝尺寸分布．

解 针对优化配方烟丝尺寸分布的问题，如果采用单因素优选法，则不能真实反映掺配组分在混料配方中的作用；如果采用全面试验方法，则工作量过于庞大，试验周期过长，试验费用太高．对于某牌号细支烟的配方烟丝，不同尺寸的烟丝在配方中所占的比例存在“此消彼长”的密切关联，而且，受各组分占比介于 0~1 且占比之和为 1 的条件约束．采用混料均匀设计方法安排试验方案比单因素法、全面试验法等都更为合适，既可真实反映不同尺寸烟丝在混料中对细支烟卷制质量的影响，也可大幅减少试验次数，缩短试验周期，降低试验成本．

（1）确定试验指标

结合问题实际，确定衡量试验结果优劣的指标．对本例，该牌号细支烟卷制质量波动较大的是吸阻，所以本研究以卷烟吸阻标准偏差为试验指标．吸阻标准偏差越低，则说明卷制质量波动越小，即试验结果越好．

（2）确定试验因素

在混料均匀试验设计中，试验因素为混料中的各组分，各组分的占比即为因素的水平取值．针对本例，结合生产实际，配方烟丝中按烟丝尺寸分为 4 个组分，即组分 1 为长度大于 6.70mm 烟丝，组分 2 为长度介于 4.32~6.70mm 烟丝，组分 3 为长度介于 2.50~4.32mm 烟丝，组分 4 为长度小于 2.50mm 烟丝，各组分占比分别为 x_1、x_2、x_3、x_4，显然，$x_1+x_2+x_3+x_4=1$.

（3）确定试验因素水平数

结合生产实际，每个因素选 8 个水平．由于混料均匀设计中，每个组分的水平取值会对其他组分有影响，所以不能像一般的均匀设计那样先给出试验因素水平表．

（4）选择合适的混料均匀设计表，安排试验方案

根据混料组分数和水平数，选择合适的混料均匀设计表．对于本例，组分数是 4 个，水平数为 8，则选混料均匀设计表 UM_8^*（8^4）来安排试验方案并实施，试验方案及试验结果如表 7-23 所示．常用混料均匀设计表见附录 11 的 11.3.

表 7-23 细支烟烟丝结构优化试验方案安排及试验结果

试验号	组分				吸阻标准差(Pa)
	x_1	x_2	x_3	x_4	
1	0.603	0.134	0.049	0.213	59
2	0.428	0.018	0.242	0.312	48
3	0.321	0.299	0.261	0.119	52
4	0.241	0.075	0.642	0.043	58
5	0.175	0.468	0.022	0.335	56
6	0.117	0.151	0.229	0.503	45
7	0.067	0.700	0.131	0.102	62
8	0.021	0.245	0.596	0.138	55

在解决实际问题的过程中，如果找不到符合实际要求的混料均匀设计表，可以选择合适的等水平均匀设计表进行变换（见表 7-24），获得满足试验要求的混料均匀设计表来安排试验方案并实施，常记为 $UM_n(n^r)$ 或 $UM_n^*(n^r)$，“UM”表示混料均匀设计，“n”表示试验次数，“r”表示混料的组分数，即该混料均匀设计表的列数.

表 7-24 $UM_8^*(8^4)$ 及其变换生成过程

试验号	1	3	4	C_{1i}	C_{2i}	C_{3i}	x_1	x_2	x_3	x_4
1	1	4	7	0.0625	0.4375	0.8125	0.603	0.134	0.049	0.213
2	2	8	5	0.1875	0.9375	0.5625	0.428	0.018	0.242	0.312
3	3	3	3	0.3125	0.3125	0.3125	0.321	0.299	0.261	0.119
4	4	7	1	0.4375	0.8125	0.0625	0.241	0.075	0.642	0.043
5	5	2	8	0.5625	0.1875	0.9375	0.175	0.468	0.022	0.335
6	6	6	6	0.6875	0.6875	0.6875	0.117	0.151	0.229	0.503
7	7	1	4	0.8125	0.0625	0.4375	0.067	0.700	0.131	0.102
8	8	5	2	0.9375	0.5625	0.1875	0.021	0.245	0.596	0.138

变换方法具体为

$$C_{ji} = \frac{2q_{ji} - 1}{2n}, \tag{7-3}$$

$$\begin{cases} x_{ji} = (1 - C_{ji}^{\frac{1}{r-j}}) \prod_{k=1}^{j-1} C_{ki}^{\frac{1}{r-k}}, \ j = 1, 2, \cdots, r-1, \\ x_{ri} = \prod_{k=1}^{r-1} C_{ki}^{\frac{1}{r-k}}. \end{cases} \tag{7-4}$$

式中，q_{ji} 为所选等水平均匀设计表第 j 列中第 i 行的数；r 为混料的组分数；n 为试验次数，即均匀设计表的行数.

如本例组分数 $r = 4$，试验次数 $n = 8$，可选择均匀设计表 $U_8^*(8^5)$ 中（$r - 1 = 3$）列进行变换，根据 $U_8^*(8^5)$ 的使用表，选择第 1、3、4 列进行变换：

$$C_{11} = \frac{2q_{11} - 1}{2n} = \frac{2 \times 1 - 1}{2 \times 8} = 0.0625,$$

$$C_{21} = \frac{2q_{21} - 1}{2n} = \frac{2 \times 4 - 1}{2 \times 8} = 0.4375,$$

$$C_{31} = \frac{2q_{31} - 1}{2n} = \frac{2 \times 7 - 1}{2 \times 8} = 0.8125,$$

$$x_{11} = (1 - C_{11}^{\frac{1}{4-1}}) \prod_{k=1}^{1-1} C_{ki}^{\frac{1}{4-k}} = (1 - \sqrt[3]{C_{11}}) = 0.60315,$$

$$x_{21} = (1 - C_{21}^{\frac{1}{4-2}}) \prod_{k=1}^{2-1} C_{k1}^{\frac{1}{4-k}} = (1 - \sqrt{C_{21}}) \sqrt[3]{C_{11}} = 0.13436,$$

$$x_{31} = (1 - C_{31}^{\frac{1}{4-3}}) \prod_{k=1}^{3-1} C_{ki}^{\frac{1}{4-k}} = (1 - C_{31}) \sqrt[3]{C_{11}} \sqrt{C_{21}} = 0.04922,$$

$$x_{41} = \prod_{k=1}^{4-1} C_{k1}^{\frac{1}{4-k}} = C_{11}^{\frac{1}{3}} \times C_{21}^{\frac{1}{2}} \times C_{31} = 0.21327.$$

混料均匀设计表中确定了每个试验处理中各因素的水平值，即每个试验中各组分在混料配方中的占比．其实，由于受约束条件 $0 \leqslant x_i \leqslant 1$，$\sum_{i=1}^{r} x_i = 1$ 的限制，混料均匀设计表变换生成过程中，也可只计算组分 x_1，x_2，…，x_{r-1} 的值，安排试验方案时，可通过 $x_r = 1 - \sum_{i=1}^{r-1} x_i$ 计算得到每次试验中组分 x_r 的占比．

值得注意的是，由于计算过程中小数点后保留位数的差异，会导致计算结果存在微小偏差，如果发现混料均匀设计表中某号试验中各组分的占比之和（$\sum_{i=1}^{r} x_i$）不是等于 1 而是接近于 1，属于计算过程微小偏差所致，不影响混料均匀设计表的正常使用．

7.5.2 混料均匀试验结果分析

利用混料均匀设计表安排试验方案，使各试验点均匀分散在试验范围内，按方案安排实施试验，获得各组分不同配比下的试验指标值后，可通过直观分析法、回归分析法分析试验结果．下面以例 7-7 为例介绍混料均匀试验结果的直观分析和回归分析法获取混料最优配比的过程．

例 7-7 针对某牌号细支卷烟叶组配方，考察不同长度的烟丝占比对细支烟卷制质量的影响，优化配方烟丝尺寸分布．试验方案及试验结果见表 7-23. 分别采用直观分析法、回归分析法确定适于细支烟卷制的配方烟丝尺寸分布．

解 直观分析法：混料均匀设计的各试验点分布具有较好的均匀分散性，可直接比较试验结果进行寻优．对例 7-6，观察表 7-23 所示 8 次试验的试验指标值，显然第 6 号试验的吸阻标准偏差最低，说明第 6 号试验的组分配比为最佳混料配比，即适于细支烟的烟丝结构为：组分 1 即长度大于 6.70mm 烟丝所占比例（x_1）为 0.117，组分 2 即长度介于 4.32~6.70mm 烟丝所占比例（x_2）为 0.151，组分 3 即长度介于 2.50~4.32mm 烟丝所占比例（x_3）为 0.229，组分 4 即长度小于 2.50mm 烟丝所占比例（x_4）为 0.503，此时，细支烟吸阻标准偏差最低，卷制质量波动最小．

回归分析法：由于存在约束条件：$x_1+x_2+x_3+x_4=1$. 所以，我们以组分 1 在配方烟丝中的占比（x_1）、组分 2 占比（x_2）、组分 3 占比（x_3）为自变量，以细支烟吸阻标准偏差（y）为因变量，建立细支烟吸阻标准偏差与不同烟丝尺寸组分占比之间的回归方程．利用 Excel 软件对试验结果（表 7-23）进行回归分析，输出的回归分析结果如表 7-25～表 7-27 所示．

表 7-25　回归统计结果

指标	结果
R	0. 987067
R^2	0. 974302
R^2_{Adj}	0. 940037
标准误差	1. 403258
观测值	8

表 7-26　回归方程的方差分析结果

指标	df	SS	MS	F	P 值
回归分析	4	223. 9676	55. 9919	28. 43481	0. 01014
残差	3	5. 907397	1. 969132		
总计	7	229. 875			

表 7-27　各变量回归系数显著性检验结果

变量	系数	标准误差	t 检验值	P 值	95%区间下限	95%区间上限
截距	48. 03623	2. 246264	21. 38495	0. 000224	40. 88761	55. 18484
x_3	-35. 7267	10. 81583	-3. 30319	0. 045624	-70. 1475	-1. 30595
x_1*x_1	31. 91908	6. 186126	5. 159786	0. 014118	12. 23207	51. 6061
x_2*x_2	35. 68022	4. 648025	7. 676426	0. 004593	20. 88813	50. 47231
x_3*x_3	74. 33087	14. 06687	5. 28411	0. 013219	29. 56382	119. 0979

由回归分析结果（表 7-27）可知，细支烟吸阻标准偏差与不同尺寸烟丝组分占比之间的回归方程为

$$y = 48.036 - 35.727x_3 + 31.919x_1^2 + 35.680x_2^2 + 74.331x_3^2.$$

回归统计结果（表 7-25）表明，回归方程决定系数 $R^2=0.9743$，调整决定系数 $R^2_{\text{Adj}}=0.9400$. 由回归的 F 检验结果（见表 7-26）可知，$P=0.010<0.05$，回归显著．综上，回归方程的决定系数与调整决定系数均较高，且较为接近，回归检验显著，说明回归拟合效果较优，回归方程具有统计学意义．

由各变量回归系数显著性检验结果（表 7-27）可知，组分 1 占比的二次项与细支烟吸阻标准偏差之间呈显著正相关关系（$P<0.05$），即细支烟吸阻标准偏差随组分 1 占比增大呈逐渐增大的变化趋势．组分 2 占比的二次项与细支烟吸阻标准偏差之间呈极显著正相关关系

($P < 0.01$)，即组分 2 占比增大，则细支烟吸阻标准偏差随之增大．组分 3 占比的一次项、二次项对细支烟吸阻标准偏差的影响显著（$P < 0.05$），且相关方向相反．

结合极值原理，求回归方程对 x_3 的偏导数，得

$$\frac{\partial y}{\partial x_3} = -35.727 + 148.662x_3 = 0.$$

然后，解偏导方程，得

$$x_3 = 0.240.$$

为了使吸阻标准偏差达到最小，组分 1、组分 2 的占比均在试验范围内，取最小值，即

$$x_1 = 0.021,$$

$$x_2 = 0.018.$$

相应地

$$x_4 = 0.721.$$

针对该牌号细支烟，烟丝结构优化配比为组分 1 即长度大于 6.70mm 烟丝所占比例为 0.021，组分 2 即长度介于 4.32～6.70mm 烟丝所占比例为 0.018，组分 3 即长度介于 2.50～4.32mm 烟丝所占比例为 0.240，组分 4 即长度小于 2.50mm 烟丝所占比例为 0.721，此时细支烟吸阻标准偏差为 43.77Pa. 回归方程预测的烟丝结构最优配比下的细支烟吸阻标准偏差明显低于直观分析法所得的最优配比下的吸阻标准偏差．但由于回归方程预测的最优配比不在 8 次试验中，所以，宜进一步做优配比的验证试验．当然，回归分析预测混料优配比也可通过 Excel 软件中的“规划求解”工具获得，具体详见本书回归分析部分．

值得注意的是，由于试验指标与各组分之间符合的数学模型常是未知的，在回归分析过程中，需要反复尝试，可以由简到繁，也可以由繁到简，或者直接利用统计分析软件中的逐步回归分析方法，筛选合适的自变量的一次项、二次项及交互项，建立拟合度较优的回归方程，用于预测混料的最优配比．也正是由于数学模型的未知性，在安排试验方案时就应注意，使试验次数不低于试验结果回归分析中需要估计的回归系数的个数．

7.5.3 有其他条件约束的混料均匀试验设计

对于某些要求更多的混料配方，如混料中各组分占比取值不是 0～1，而是每个组分都有各自的占比范围要求，这种情况下，利用混料均匀设计表安排试验方案的过程则相对更为复杂．通常情况下，可以直接采用中国均匀设计协会推荐的软件包，也可以将混料中的 $(r-1)$ 个组分视为独立变量，在各自限定的组分占比范围内选择几个水平，直接利用均匀设计表安排试验方案，寻找最优配方．

例 7-8 研究膨胀烟丝、梗丝、薄片烟丝对某牌号卷烟烟气焦油量、烟气烟碱量的影响，膨胀烟丝、梗丝、薄片烟丝在配方烟丝中的占比范围为 0～24%，针对该牌号卷烟优化配方烟丝中膨胀烟丝、梗丝、薄片烟丝的使用比例．

解 （1）配方烟丝混料均匀试验方案设计

确定试验指标：本研究以卷烟烟气焦油量、烟气烟碱量为试验指标．从降焦减害的角度，焦油量、烟气烟碱量指标都属于望小指标，即焦油量、烟气烟碱量越低，试验结果越好．

确定试验因素：配方烟丝中共有 4 个组分，即组分 1 为膨胀烟丝，组分 2 为梗丝，组分 3

为薄片丝，组分 4 为叶丝，各组分占比分别为 x_1、x_2、x_3、x_4， 显然，$x_1+x_2+x_3+x_4=1$.

确定试验因素水平：结合生产实际，每个因素选 7 个水平，即每个组分的占比设置 7 个水平．由于该混料中各组分占比有条件限制，即限定占比范围为 0~24%，没有合适的混料均匀设计表可以套用，改造混料均匀设计表过于复杂．所以，将膨胀烟丝、梗丝、薄片烟丝这 3 个组分视为独立变量，采用均匀设计表安排试验．三个因素的 7 个水平取值分别为 0、4%、8%、12%、16%、20%、24%.

选择合适的均匀设计表，安排试验方案．根据混料组分数和水平数，选择合适的均匀设计表 $U_7(7^4)$， 由于存在 $x_1+x_2+x_3+x_4=1$ 这一条件约束，所以只有 3 个组分可视为独立变量．因此，根据 $U_7(7^4)$ 的使用表选择第 1、2、3 列来安排膨胀烟丝、梗丝、薄片烟丝这 3 个组分，第 4 个组分的水平值通过计算获得（$x_4=1-x_1-x_2-x_3$），这样安排试验方案后进行实施，在试验实施即烟支卷制过程中，尽可能地保持其他试验条件一致，保证卷制的试验烟支饱满且无空头空松现象．试验方案设计及试验结果如表 7-28 所示．

表 7-28 配方烟丝优化试验方案安排及试验结果

试验号	组分				焦油量（mg/支）	烟碱量（mg/支）
	x_1	x_2	x_3	x_4		
1	0	4	8	88	17.42	1.42
2	4	12	20	64	13.82	1.06
3	8	20	4	68	15.64	1.28
4	12	0	16	72	17.25	1.50
5	16	8	0	76	18.70	1.61
6	20	16	12	52	14.10	1.13
7	24	24	24	28	11.01	0.76

（2）配方烟丝混料均匀试验结果分析

直观分析法：观察表 7-28 所示 7 次试验的试验指标值，显然第 7 号试验的焦油量和烟气烟碱量均为最低．所以，降焦降烟碱效果最好的配方烟丝为：组分 1 即膨胀烟丝所占比例（x_1）为 24%，组分 2 即梗丝所占比例（x_2）为 24%，组分 3 即薄片烟丝所占比例（x_3）为 24%，组分 4 即叶丝所占比例（x_4）为 28%，此时配方烟丝卷制烟支的焦油量最低，烟气烟碱量也最低．

回归分析法：由于存在约束条件：$x_1+x_2+x_3+x_4=1$. 所以，我们以组分 1 占比（x_1）、组分 2 占比（x_2）、组分 3 占比（x_3）为自变量，以焦油量（y_1）、为因变量，利用 Excel 软件输出的试验指标与各组分占比之间的回归分析结果如表 7-29~表 7-31 所示．

表 7-29 回归统计结果

指标	结果
R	0.99275
R^2	0.985552

续表

指标	结果
R^2_{Adj}	0.971104
标准误差	0.449241
观测值	7

表 7-30　回归方程的方差分析结果

指标	df	SS	MS	F	P 值
回归分析	3	41.30075	13.76692	68.2147	0.002935
残差	3	0.605452	0.201817		
总计	6	41.9062			

表 7-31　各变量回归系数显著性检验结果

变量	系数	标准误差	t 检验值	P 值	95%区间下限	95%区间上限
截距	19.99773	0.383114	52.19786	1.55×10^{-5}	18.77849	21.21697
x_1	0.006307	0.024785	0.254461	0.815585	-0.07257	0.085184
x_2	-0.19494	0.024785	-7.86536	0.004282	-0.27382	-0.11607
x_3	-0.19284	0.022168	-8.6989	0.003197	-0.26339	-0.12229

回归统计及 F 检验结果（表 7-29、7-30）表明，回归方程决定系数 $R^2=0.9855$，调整决定系数 $R^2_{Adj}=0.9711$. $P=0.003<0.01$，回归极显著．综上，焦油量与各烟丝组分占比的回归拟合效果很好．回归方程为

$$y_1=19.998+0.006x_1-0.195x_2-0.193x_3.$$

由各变量回归系数显著性检验结果（表 7-31）可知，组分 1 占比与卷烟焦油量之间呈正相关关系，但对卷烟焦油量的影响不显著（$P>0.05$）；组分 2 占比、组分 3 占比与卷烟焦油量之间均呈极显著负相关关系（$P<0.01$），即卷烟焦油量随组分 2 占比、组分 3 占比的增加而减小．

同理，以烟气烟碱量（y_2）为因变量，以组分 1 占比（x_1）、组分 2 占比（x_2）、组分 3 占比（x_3）为自变量，利用 Excel 软件输出的试验指标与各组分占比之间的回归分析结果如表 7-32～表 7-34 所示．

表 7-32　回归统计结果

指标	结果
R	0.986986
R^2	0.974141
R^2_{Adj}	0.948282
标准误差	0.066464
观测值	7

表 7-33 回归方程的方差分析结果

指标	df	SS	MS	F	P 值
回归分析	3	0.499233	0.166411	37.67153	0.007004
残差	3	0.013252	0.004417		
总计	6	0.512486			

表 7-34 各变量回归系数显著性检验结果

变量	系数	标准误差	t 检验值	P 值	95%区间下限	95%区间上限
截距	1.740584	0.05668	30.70873	7.59E-05	1.560202	1.920967
x_1	0.003271	0.003667	0.892071	0.438078	-0.0084	0.014941
x_2	-0.02298	0.003667	-6.26663	0.008202	-0.03465	-0.01131
x_3	-0.02106	0.00328	-6.41977	0.00766	-0.03149	-0.01062

回归分析结果表明，回归方程决定系数 $R^2=0.9741$，调整决定系数 $R^2_{Adj}=0.9483$. $P=0.007<0.01$，回归极显著. 说明烟气烟碱量与各烟丝组分占比的回归拟合效果良好. 回归方程为

$$y_2=1.741+0.003x_1-0.023x_2-0.021x_3.$$

组分 1 占比与卷烟烟气烟碱量之间呈正相关关系，但对卷烟烟气烟碱量的影响不显著 ($P>0.05$)；组分 2 占比、组分 3 占比与卷烟焦油量之间均呈极显著负相关关系 ($P<0.01$)，即卷烟烟气烟碱量随组分 2 占比、组分 3 占比的增加而减小.

综合卷烟焦油量、烟气烟碱量与各烟丝组分占比的回归分析结果，梗丝、薄片烟丝的降焦降烟碱效果显著，膨胀烟丝对卷烟的焦油、烟气烟碱的影响则相对较小，均未达到显著水平. 针对该牌号卷烟，为降低卷烟焦油量、烟气烟碱量，在试验范围内，$x_1=0$，$x_2=24\%$，$x_3=24\%$，$x_4=52\%$时，回归方程（$y_1=19.998+0.006x_1-0.195x_2-0.193x_3$）预测的卷烟焦油量相对最低（10.686mg/支）；回归方程（$y_2=1.741+0.003x_1-0.023x_2-0.021x_3$）预测的卷烟烟气烟碱量相对也最低（0.685mg/支）. 由于回归方程预测的最优配比（$x_1=0$，$x_2=24\%$，$x_3=24\%$，$x_4=52\%$）不在 7 次试验中，建议进一步做优配比的验证试验.

思考与练习

①与正交试验相比，均匀试验设计的优势表现在哪些方面？劣势主要是什么？

②等水平均匀设计表的特点主要有哪些？

③均匀试验结果的分析方法有哪些？

④研究影响烟草原料重金属含量的试验中，所选因素水平如表 7-35 所示，请选择或构造合适的均匀设计表并完成均匀试验方案设计.

表 7-35　因素水平

水平	因素			
	烟叶产地 A	烟叶品种 B	烟叶部位 C	复合肥施加量 D
1	A_1	B_1	C_1	D_1
2	A_2	B_2	C_2	D_2
3	A_3	B_3	C_3	D_3
4	A_4	B_4		D_4
5	A_5	B_5		
6	A_6	B_6		

⑤针对某卷烟新品，考察不同功能香基模块占比对香精在卷烟中作用的影响，优化香精配方．功能香基模块有 A、B、C、D、E 五种，请选择或构造合适的均匀设计表，并完成均匀试验方案设计．

参考文献

[1] 廖飞．概率论与梳理统计［M］．北京：北京交通大学出版社，2013.
[2] 王钦德，杨坚．食品试验设计与统计分析［M］．北京：中国农业大学出版社，2003.
[3] 唐湘晋，陈家清，毛树华．应用梳理统计［M］．武汉：武汉工业大学出版社，2013.
[4] 迟全勃，胡柯，周济铭．试验设计与统计分析［M］．重庆：重庆大学出版社，2015.
[5] 李云雁，胡传荣．试验设计与数据处理［M］．北京：化学工业出版社，2017.
[6] 陈林林．食品试验设计与数据处理［M］．北京：中国轻工业出版社，2017.
[7] 国家烟草专卖局．卷烟工艺规范［M］．北京：中国轻工业出版社，2016.
[8] 邓国栋，李斌，王兵．卷烟加工对产品质量及烟气成分的影响［M］．北京：中国轻工业出版社，2022.
[9] 杜双奎．试验优化设计与统计分析［M］．北京：科学出版社，2020.
[10] 赵铭钦．烟草工程学概论［M］．北京：中国农业出版社，2017.
[11] 韩富根．烟草化学［M］．郑州：郑州大学出版社，2010.
[12] 谢建平．烟草与烟气化学成分［M］．北京：化学工业出版社，2011.
[13] 马秀麟，姚自明，邬彤，等．数据分析方法及应用基于 SPSS 和 EXCEL 环境［M］．北京：人民邮电出版社，2015.
[14] 陈晶波，朱怀远，曹毅．细支卷烟品类创新及关键技术［M］．武汉：华中科技大学出版社，2020.
[15] 吕英海，于昊，李国平．试验设计与数据处理［M］．北京：化学工业出版社，2021.
[16] 国家烟草专卖局，中国烟草科技信息中心．烟草—生产，化学和技术［M］．北京：化学工业出版社，2003.
[17] 庞超明，黄弘．试验方案优化设计与数据分析［M］．南京：东南大学出版社，2018.
[18] 庞永强，张洪非．烟草化学成分管制现状及分析技术［M］．北京：中国轻工业出版社，2020.
[19] 周涛．热分析技术开发及其在烟草中的应用［M］．昆明：云南大学出版社，2021.
[20] 许春平．烟草废弃物综合利用［M］．北京：中国轻工业出版社，2017.
[21] 蒲括，邵朋．精通 Excel 数据统计与分析［M］．北京：人民邮电出版社，2014.

附　　录

附录 1　χ^2 分布表（单尾）

$$P\{\chi^2(n) > \chi^2_{\alpha}(n)\} = \alpha$$

自由度 f	概率 α									
	0.995	0.990	0.975	0.950	0.900	0.100	0.050	0.025	0.010	0.005
1	0.000	0.000	0.001	0.004	0.016	2.706	3.841	5.024	6.635	7.879
2	0.010	0.020	0.051	0.103	0.211	4.605	5.991	7.378	9.210	10.597
3	0.072	0.115	0.216	0.352	0.584	6.251	7.815	9.348	11.345	12.838
4	0.207	0.297	0.484	0.711	1.064	7.779	9.488	11.143	13.277	14.860
5	0.412	0.554	0.831	1.145	1.610	9.236	11.070	12.833	15.086	16.750
6	0.676	0.872	1.237	1.635	2.204	10.645	12.592	14.449	16.812	18.548
7	0.989	1.239	1.690	2.167	2.833	12.017	14.067	16.013	18.475	20.278
8	1.344	1.646	2.180	2.733	3.490	13.362	15.507	17.535	20.090	21.955
9	1.735	2.088	2.700	3.325	4.168	14.684	16.919	19.023	21.666	23.589
10	2.156	2.558	3.247	3.940	4.865	15.987	18.307	20.483	23.209	25.188
11	2.603	3.053	3.816	4.575	5.578	17.275	19.675	21.920	24.725	26.757
12	3.074	3.571	4.404	5.226	6.304	18.549	21.026	23.337	26.217	28.300
13	3.565	4.107	5.009	5.892	7.042	19.812	22.362	24.736	27.688	29.819
14	4.075	4.660	5.629	6.571	7.790	21.064	23.685	26.119	29.141	31.319
15	4.601	5.229	6.262	7.261	8.547	22.307	24.996	27.488	30.578	32.801
16	5.142	5.812	6.908	7.962	9.312	23.542	26.296	28.845	32.000	34.267
17	5.697	6.408	7.564	8.672	10.085	24.769	27.587	30.191	33.409	35.718
18	6.265	7.015	8.231	9.390	10.865	25.989	28.869	31.526	34.805	37.156
19	6.844	7.633	8.907	10.117	11.651	27.204	30.144	32.852	36.191	38.582
20	7.434	8260	9591	10851	12443	28412	31410	34.170	37.566	39.997
21	8.034	8.897	10.283	11.591	13.240	29.615	32.671	35.479	38.932	41.401

续表

自由度 f	概率 α									
	0.995	0.990	0.975	0.950	0.900	0.100	0.050	0.025	0.010	0.005
22	8.643	9.542	10.982	12.338	14.041	30.813	33.924	36.781	40.289	42.796
23	9.260	10.196	11.689	13.091	14.848	32.007	35.172	38.076	41.638	44.181
25	10.520	11.524	13.120	14.611	16.473	34.382	37.652	40.646	44.314	46.928
30	13.787	14.953	16.791	18.493	20.599	40.256	43.773	46.979	50.892	53.672
31	14.458	15.655	17.539	19.281	21.434	41.422	44.985	48.232	52.191	55.003
32	15.134	16.362	18.291	20.072	22.271	42.585	46.194	49.480	53.486	56.328
33	15.815	17.074	19.047	20.867	23.110	43.745	47.400	50.725	54.776	57.648
34	16.501	17.789	19.806	21.664	23.952	44.903	48.602	51.966	56.061	58.964
35	17.192	18.509	20.569	22.465	24.797	46.059	49.802	53.203	57.342	60.275
36	17.887	19.233	21.336	23.269	25.643	47.212	50.998	54437	58619	61.581
37	18.586	19.960	22.106	24.075	26.492	48.363	52.192	55.668	59893	62.883
40	20.707	22.164	24.433	26.509	29.051	51.805	55.758	59.342	63.691	66.766
50	27.991	29.707	32.357	34.764	37.689	63.167	67.505	71.420	76.154	79.49
60	35.534	37.485	40.482	43.188	46.459	74.397	79.082	83.298	88.379	91.952
70	43.275	45.442	48.758	51.739	55.329	85.527	90.531	95.023	100.425	104.215
80	51.172	53.540	57.153	60.391	64.278	96.578	101.879	106.629	112.329	116.321
90	59.196	61.754	65.647	69.126	73.291	107.565	113.145	118.136	124.116	128.299
100	67.328	70.065	74.222	77.929	82.358	118.498	124.342	129.561	135.807	140.168

附录 2　*F* 分布表

$$P\{F_{(f_1,\, f_2)} > F_{\alpha(f_1,\, f_2)}\} = \alpha$$

$$\alpha = 0.10$$

分母自由度 f_2	分子自由度 f_1																	
	1	2	3	4	5	6	7	8	9	10	12	15	20	24	30	40	60	120
1	39.86	49.50	53.59	55.83	57.24	58.20	58.91	59.44	59.86	60.19	60.71	61.22	61.74	62.00	62.26	62.53	62.79	63.06
2	8.53	9.00	9.16	9.24	9.29	9.33	9.35	9.37	9.38	9.39	9.41	9.42	9.44	9.45	9.46	9.47	9.47	9.48
3	5.54	5.46	5.39	5.34	5.31	5.28	5.27	5.25	5.24	5.23	5.22	5.20	5.18	5.18	5.17	5.16	5.15	5.14
4	4.54	4.32	4.19	4.11	4.05	4.01	3.98	3.95	3.94	3.92	3.90	3.87	3.84	3.83	3.82	3.80	3.79	3.78

续表

分母自由度 f_2	分子自由度 f_1																	
	1	2	3	4	5	6	7	8	9	10	12	15	20	24	30	40	60	120
5	4.06	3.78	3.62	3.52	3.45	3.40	3.37	3.34	3.32	3.30	3.27	3.24	3.21	3.19	3.17	3.16	3.14	3.12
6	3.78	3.46	3.29	3.18	3.11	3.05	3.01	2.98	2.96	2.94	2.90	2.87	2.84	2.82	2.80	2.78	2.76	2.74
7	3.59	3.26	3.07	2.96	2.88	2.83	2.78	2.75	2.72	2.70	2.67	2.63	2.59	2.58	2.56	2.54	2.51	2.49
8	3.46	3.11	2.92	2.81	2.73	2.67	2.62	2.59	2.56	2.54	2.50	2.46	2.42	2.40	2.38	2.36	2.34	2.32
9	3.36	3.01	2.81	2.69	2.61	2.55	2.51	2.47	2.44	2.42	2.38	2.34	2.30	2.28	2.25	2.23	2.21	2.18
10	3.29	2.92	2.73	2.61	2.52	2.46	2.41	2.38	2.35	2.32	2.28	2.24	2.20	2.18	2.16	2.13	2.11	2.08
11	3.23	2.86	2.66	2.54	2.45	2.39	2.34	2.30	2.27	2.25	2.21	2.17	2.12	2.10	2.08	2.05	2.03	2.00
12	3.18	2.81	2.61	2.48	2.39	2.33	2.28	2.24	2.21	2.19	2.15	2.10	2.06	2.04	2.01	1.99	1.96	1.93
13	3.14	2.76	2.56	2.43	2.35	2.28	2.23	2.20	2.16	2.14	2.10	2.05	2.01	1.98	1.96	1.93	1.90	1.88
14	3.10	2.73	2.52	2.39	2.31	2.24	2.19	2.15	2.12	2.10	2.05	2.01	1.96	1.94	1.91	1.89	1.86	1.83
15	3.07	2.70	2.49	2.36	2.27	2.21	2.16	2.12	2.09	2.06	2.02	1.97	1.92	1.90	1.87	1.85	1.82	1.79
16	3.05	2.67	2.46	2.33	2.24	2.18	2.13	2.09	2.06	2.03	1.99	1.94	1.89	1.87	1.84	1.81	1.78	1.75
17	3.03	2.64	2.44	2.31	2.22	2.15	2.10	2.06	2.03	2.00	1.96	1.91	1.86	1.84	1.81	1.78	1.75	1.72
18	3.01	2.62	2.42	2.29	2.20	2.13	2.08	2.04	2.00	1.98	1.93	1.89	1.84	1.81	1.78	1.75	1.72	1.69
19	2.99	2.61	2.40	2.27	2.18	2.11	2.06	2.02	1.98	1.96	1.91	1.86	1.81	1.79	1.76	1.73	1.70	1.67
20	2.97	2.59	2.38	2.25	2.16	2.09	2.04	2.00	1.96	1.94	1.89	1.84	1.79	1.77	1.74	1.71	1.68	1.64
21	2.96	2.57	2.36	2.23	2.14	2.08	2.02	1.98	1.95	1.92	1.87	1.83	1.78	1.75	1.72	1.69	1.66	1.62
22	2.95	2.56	2.35	2.22	2.13	2.06	2.01	1.97	1.93	1.90	1.86	1.81	1.76	1.73	1.70	1.67	1.64	1.60
23	2.94	2.55	2.34	2.21	2.11	2.05	1.99	1.95	1.92	1.89	1.84	1.80	1.74	1.72	1.69	1.66	1.62	1.59
24	2.93	2.54	2.33	2.19	2.10	2.04	1.98	1.94	1.91	1.88	1.83	1.78	1.73	1.70	1.67	1.64	1.61	1.57
25	2.92	2.53	2.32	2.18	2.09	2.02	1.97	1.93	1.89	1.87	1.82	1.77	1.72	1.69	1.66	1.63	1.59	1.56
26	2.91	2.52	2.31	2.17	2.08	2.01	1.96	1.92	1.88	1.86	1.81	1.76	1.71	1.68	1.65	1.61	1.58	1.54
27	2.90	2.51	2.30	2.17	2.07	2.00	1.95	1.91	1.87	1.85	1.80	1.75	1.70	1.67	1.64	1.60	1.57	1.53
28	2.89	2.50	2.29	2.16	2.06	2.00	1.94	1.90	1.87	1.84	1.79	1.74	1.69	1.66	1.63	1.59	1.56	1.52
29	2.89	2.50	2.28	2.15	2.06	1.99	1.93	1.89	1.86	1.83	1.78	1.73	1.68	1.65	1.62	1.58	1.55	1.51
30	2.88	2.49	2.28	2.14	2.05	1.98	1.93	1.88	1.85	1.82	1.77	1.72	1.67	1.64	1.61	1.57	1.54	1.50
40	2.84	2.44	2.23	2.09	2.00	1.93	1.87	1.83	1.79	1.76	1.71	1.66	1.61	1.57	1.54	1.51	1.47	1.42
60	2.79	2.39	2.18	2.04	1.95	1.87	1.82	1.77	1.74	1.71	1.66	1.60	1.54	1.51	1.48	1.44	1.40	1.35
120	2.75	2.35	2.13	1.99	1.90	1.82	1.77	1.72	1.68	1.65	1.60	1.55	1.48	1.45	1.41	1.37	1.32	1.26

$\alpha = 0.05$

分母自由度 f_2	分子自由度 f_1																	
	1	2	3	4	5	6	7	8	9	10	12	15	20	24	30	40	60	120
1	161.45	199.50	215.71	224.58	230.16	233.99	236.77	238.88	240.54	241.88	243.91	245.95	248.01	249.05	250.10	251.14	252.20	253.25
2	18.51	19.00	19.16	19.25	19.30	19.33	19.35	19.37	19.38	19.40	19.41	19.43	19.45	19.45	19.46	19.47	19.48	19.49
3	10.13	9.55	9.28	9.12	9.01	8.94	8.89	8.85	8.81	8.79	8.74	8.70	8.66	8.64	8.62	8.59	8.57	8.55
4	7.71	6.94	6.59	6.39	6.26	6.16	6.09	6.04	6.00	5.96	5.91	5.86	5.80	5.77	5.75	5.72	5.69	5.66
5	6.61	5.79	5.41	5.19	5.05	4.95	4.88	4.82	4.77	4.74	4.68	4.62	4.56	4.53	4.50	4.46	4.43	4.40
6	5.99	5.14	4.76	4.53	4.39	4.28	4.21	4.15	4.10	4.06	4.00	3.94	3.87	3.84	3.81	3.77	3.74	3.70
7	5.59	4.74	4.35	4.12	3.97	3.87	3.79	3.73	3.68	3.64	3.57	3.51	3.44	3.41	3.38	3.34	3.30	3.27
8	5.32	4.46	4.07	3.84	3.69	3.58	3.50	3.44	3.39	3.35	3.28	3.22	3.15	3.12	3.08	3.04	3.01	2.97
9	5.12	4.26	3.86	3.63	3.48	3.37	3.29	3.23	3.18	3.14	3.07	3.01	2.94	2.90	2.86	2.83	2.79	2.75
10	4.96	4.10	3.71	3.48	3.33	3.22	3.14	3.07	3.02	2.98	2.91	2.85	2.77	2.74	2.70	2.66	2.62	2.58
11	4.84	3.98	3.59	3.36	3.20	3.09	3.01	2.95	2.90	2.85	2.79	2.72	2.65	2.61	2.57	2.53	2.49	2.45
12	4.75	3.89	3.49	3.26	3.11	3.00	2.91	2.85	2.80	2.75	2.69	2.62	2.54	2.51	2.47	2.43	2.38	2.34
13	4.67	3.81	3.41	3.18	3.03	2.92	2.83	2.77	2.71	2.67	2.60	2.53	2.46	2.42	2.38	2.34	2.30	2.25
14	4.60	3.74	3.34	3.11	2.96	2.85	2.76	2.70	2.65	2.60	2.53	2.46	2.39	2.35	2.31	2.27	2.22	2.18
15	4.54	3.68	3.29	3.06	2.90	2.79	2.71	2.64	2.59	2.54	2.48	2.40	2.33	2.29	2.25	2.20	2.16	2.11
16	4.49	3.63	3.24	3.01	2.85	2.74	2.66	2.59	2.54	2.49	2.42	2.35	2.28	2.24	2.19	2.15	2.11	2.06
17	4.45	3.59	3.20	2.96	2.81	2.70	2.61	2.55	2.49	2.45	2.38	2.31	2.23	2.19	2.15	2.10	2.06	2.01
18	4.41	3.55	3.16	2.93	2.77	2.66	2.58	2.51	2.46	2.41	2.34	2.27	2.19	2.15	2.11	2.06	2.02	1.97
19	4.38	3.52	3.13	2.90	2.74	2.63	2.54	2.48	2.42	2.38	2.31	2.23	2.16	2.11	2.07	2.03	1.98	1.93
20	4.35	3.49	3.10	2.87	2.71	2.60	2.51	2.45	2.39	2.35	2.28	2.20	2.12	2.08	2.04	1.99	1.95	1.90
21	4.32	3.47	3.07	2.84	2.68	2.57	2.49	2.42	2.37	2.32	2.25	2.18	2.10	2.05	2.01	1.96	1.92	1.87
22	4.30	3.44	3.05	2.82	2.66	2.55	2.46	2.40	2.34	2.30	2.23	2.15	2.07	2.03	1.98	1.94	1.89	1.84
23	4.28	3.42	3.03	2.80	2.64	2.53	2.44	2.37	2.32	2.27	2.20	2.13	2.05	2.01	1.96	1.91	1.86	1.81
24	4.26	3.40	3.01	2.78	2.62	2.51	2.42	2.36	2.30	2.25	2.18	2.11	2.03	1.98	1.94	1.89	1.84	1.79
25	4.24	3.39	2.99	2.76	2.60	2.49	2.40	2.34	2.28	2.24	2.16	2.09	2.01	1.96	1.92	1.87	1.82	1.77
26	4.23	3.37	2.98	2.74	2.59	2.47	2.39	2.32	2.27	2.22	2.15	2.07	1.99	1.95	1.90	1.85	1.80	1.75
27	4.21	3.35	2.96	2.73	2.57	2.46	2.37	2.31	2.25	2.20	2.13	2.06	1.97	1.93	1.88	1.84	1.79	1.73
28	4.20	3.34	2.95	2.71	2.56	2.45	2.36	2.29	2.24	2.19	2.12	2.04	1.96	1.91	1.87	1.82	1.77	1.71
29	4.18	3.33	2.93	2.70	2.55	2.43	2.35	2.28	2.22	2.18	2.10	2.03	1.94	1.90	1.85	1.81	1.75	1.70
30	4.17	3.32	2.92	2.69	2.53	2.42	2.33	2.27	2.21	2.16	2.09	2.01	1.93	1.89	1.84	1.79	1.74	1.68
40	4.08	3.23	2.84	2.61	2.45	2.34	2.25	2.18	2.12	2.08	2.00	1.92	1.84	1.79	1.74	1.69	1.64	1.58
60	4.00	3.15	2.76	2.53	2.37	2.25	2.17	2.10	2.04	1.99	1.92	1.84	1.75	1.70	1.65	1.59	1.53	1.47
120	3.92	3.07	2.68	2.45	2.29	2.18	2.09	2.02	1.96	1.91	1.83	1.75	1.66	1.61	1.55	1.50	1.43	1.35

$\alpha = 0.01$

分母自由度f_2	分子自由度f_1																	
	1	2	3	4	5	6	7	8	9	10	12	15	20	24	30	40	60	120
1	4052	4999	5403	5625	5764	5859	5928	5981	6022	6056	6106	6157	6209	6235	6261	6287	6313	6339
2	98.50	99.00	99.17	99.25	99.30	99.33	99.36	99.37	99.39	99.40	99.42	99.43	99.45	99.46	99.47	99.47	99.48	99.46
3	34.12	30.82	29.46	28.71	28.24	27.91	27.67	27.49	27.35	27.23	27.05	26.87	26.69	26.60	26.50	26.41	26.32	26.22
4	21.20	18.00	16.69	15.98	15.52	15.21	14.98	14.80	14.66	14.55	14.37	14.20	14.02	13.93	13.84	13.75	13.65	13.56
5	16.26	13.27	12.06	11.39	10.97	10.67	10.46	10.29	10.16	10.05	9.89	9.72	9.55	9.47	9.38	9.29	9.20	9.11
6	13.75	10.92	9.78	9.15	8.75	8.47	8.26	8.10	7.98	7.87	7.72	7.56	7.40	7.31	7.23	7.14	7.06	6.97
7	12.25	9.55	8.45	7.85	7.46	7.19	6.99	6.84	6.72	6.62	6.47	6.31	6.16	6.07	5.99	5.91	5.82	5.74
8	11.26	8.65	7.59	7.01	6.63	6.37	6.18	6.03	5.91	5.81	5.67	5.52	5.36	5.28	5.20	5.12	5.03	4.95
9	10.56	8.02	6.99	6.42	6.06	5.80	5.61	5.47	5.35	5.26	5.11	4.96	4.81	4.73	4.65	4.57	4.48	4.40
10	10.04	7.56	6.55	5.99	5.64	5.39	5.20	5.06	4.94	4.85	4.71	4.56	4.41	4.33	4.25	4.17	4.08	4.00
11	9.65	7.21	6.22	5.67	5.32	5.07	4.89	4.74	4.63	4.54	4.40	4.25	4.10	4.02	3.94	3.86	3.78	3.69
12	9.33	6.93	5.95	5.41	5.06	4.82	4.64	4.50	4.39	4.30	4.16	4.01	3.86	3.78	3.70	3.62	3.54	3.45
13	9.07	6.70	5.74	5.21	4.86	4.62	4.44	4.30	4.19	4.10	3.96	3.82	.3.66	3.59	3.51	3.43	3.34	3.25
14	8.86	6.51	5.56	5.04	4.69	4.46	4.28	4.14	4.03	3.94	3.80	3.66	3.51	3.43	3.35	3.27	3.18	3.09
15	8.68	6.36	5.42	4.89	4.56	4.32	4.14	4.00	3.89	3.80	3.67	3.52	3.37	3.29	3.21	3.13	3.05	2.96
16	8.53	6.23	5.29	4.77	4.44	4.20	4.03	3.89	3.78	3.69	3.55	3.41	3.26	3.18	3.10	3.02	2.93	2.84
17	8.40	6.11	5.18	4.67	4.34	4.10	3.93	3.79	3.68	3.59	3.46	3.31	3.16	3.08	3.00	2.92	2.83	2.75
18	8.29	6.01	5.09	4.58	4.25	4.01	3.84	3.71	3.60	3.51	3.37	3.23	3.08	3.00	2.92	2.84	2.75	2.66
19	8.18	5.93	5.01	4.50	4.17	3.94	3.77	3.63	3.52	3.43	3.30	3.15	3.00	2.92	2.84	2.76	2.67	2.58
20	8.10	5.85	4.94	4.43	4.10	3.87	3.70	3.56	3.46	3.37	3.23	3.09	2.94	2.86	2.78	2.69	2.61	2.52
21	8.02	5.78	4.87	4.37	4.04	3.81	3.64	3.51	3.40	3.31	3.17	3.03	2.88	2.80	2.72	2.64	2.55	2.46
22	7.95	5.72	4.82	4.31	3.99	3.76	3.59	3.45	3.35	3.26	3.12	2.98	2.83	2.75	2.67	2.58	2.50	2.40
23	7.88	5.66	4.76	4.26	3.94	3.71	3.54	3.41	3.30	3.21	3.07	2.93	2.78	2.70	2.62	2.54	2.45	2.35
24	7.82	5.61	4.72	4.22	3.90	3.67	3.50	3.36	3.26	3.17	3.03	2.89	2.74	2.66	2.58	2.49	2.40	2.31
25	7.77	5.57	4.68	4.18	3.85	3.63	3.46	3.32	3.22	3.13	2.99	2.85	2.70	2.62	2.54	2.45	2.36	2.27
26	7.72	5.53	4.64	4.14	3.82	3.59	3.42	3.29	3.18	3.09	2.96	2.81	2.66	2.58	2.50	2.42	2.33	2.23
27	7.68	5.49	4.60	4.11	3.78	3.56	3.39	3.26	3.15	3.06	2.93	2.78	2.63	2.55	2.47	238	2.29	2.20
28	7.64	5.45	4.57	4.07	3.75	3.53	3.36	3.23	3.12	3.03	2.90	2.75	2.60	2.52	2.44	2.35	2.26	2.17
29	7.60	5.42	4.54	4.04	3.73	3.50	3.33	3.20	3.09	3.00	2.87	2.73	2.57	2.49	2.41	2.33	2.23	2.14
30	7.56	5.39	4.51	4.02	3.70	3.47	3.30	3.17	3.07	2.98	2.84	2.70	2.55	2.47	2.39	2.30	2.21	2.11
40	7.31	5.18	4.31	3.83	3.51	3.29	3.12	2.99	2.89	2.80	2.66	2.52	2.37	2.29	2.20	2.11	2.02	1.92
60	7.08	4.98	4.13	3.65	3.34	3.12	2.95	2.82	2.72	2.63	2.50	2.35	2.20	2.12	2.03	1.94	1.84	1.73
120	6.85	4.79	3.95	3.48	3.17	2.96	2.79	2.66	2.56	2.47	2.34	2.19	2.03	1.95	1.86	1.76	1.66	1.53

附录 3　标准正态分布表

$$\Phi(u)=\frac{1}{\sqrt{2\pi}}\int_{-\infty}^{u}e^{-\frac{x^2}{2}}dx(u\geqslant 0)$$

u	0.00	0.01	0.02	0.03	0.04	0.05	0.06	0.07	0.08	0.09
0.0	0.5000	0.5040	0.5080	0.5120	0.5160	0.5199	0.5239	0.5279	0.5319	0.5359
0.1	0.5398	0.5438	0.5478	0.5517	0.5557	0.5596	0.5636	0.5675	0.5714	0.5753
0.2	0.5793	0.5832	0.5871	0.5910	0.5948	0.5987	0.6026	0.6064	0.6103	0.6141
0.3	0.6179	0.6217	0.6255	0.6293	0.6331	0.6368	0.6406	0.6443	0.6480	0.6510
0.4	0.6554	0.6591	0.6628	0.6664	0.6700	0.6736	0.6772	0.9808	0.6844	0.6879
0.5	0.6915	0.6950	0.6985	0.7019	0.7054	0.7088	0.7123	0.7157	0.7190	0.7224
0.6	0.7257	0.7291	0.7324	0.7357	0.7389	0.7422	0.7454	0.7486	0.7517	0.7549
0.7	0.7580	0.7611	0.7642	0.7673	0.7703	0.7734	0.7764	0.7794	0.7823	0.7852
0.8	0.7881	0.7910	0.7939	0.7967	0.7995	0.8023	0.8051	0.8078	0.8106	0.8133
0.9	0.8159	0.8186	0.8212	0.8238	0.8264	0.8289	0.8315	0.8340	0.8365	0.8389
1.0	0.8413	0.8438	0.8461	0.8485	0.8508	0.8531	0.8554	0.8577	0.8599	0.8621
1.1	0.8643	0.8665	0.8686	0.8708	0.8729	0.8749	0.8870	0.8790	0.8810	0.8830
1.2	0.8849	0.8869	0.8888	0.8907	0.8925	0.8944	0.8962	0.8980	0.8997	0.9015
1.3	0.90320	0.90490	0.90658	0.90824	0.90988	0.91149	0.91309	0.91466	0.91621	0.91774
1.4	0.91924	0.92073	0.92220	0.92364	0.92507	0.92647	0.92785	0.92922	0.93056	0.93189
1.5	0.93319	0.93448	0.93574	0.93669	0.93822	0.93943	0.94062	0.94179	0.94295	0.94408
1.6	0.94520	0.94630	0.94738	0.94845	0.94950	0.95053	0.95154	0.95254	0.95352	0.95449
1.7	0.95543	0.95637	0.95728	0.95818	0.95907	0.95994	0.96080	0.96164	0.96246	0.96327
1.8	0.96407	0.96485	0.96562	0.96638	0.96712	0.96784	0.96856	0.96926	0.96995	0.97062
1.9	0.97128	0.97193	0.97257	0.97320	0.97381	0.97441	0.97500	0.97558	0.97615	0.97670
2.0	0.97725	0.97778	0.97831	0.97882	0.97932	0.97982	0.98030	0.98077	0.98124	0.98169
2.1	0.98214	0.98257	0.98300	0.98341	0.98382	0.98422	0.98461	0.98500	0.98537	0.98574
2.2	0.98610	0.98645	0.98679	0.98713	0.98745	0.98788	0.98809	0.98840	0.98870	0.98899
2.3	0.989280	0.989560	0.989830	0.990097	0.990358	0.990613	0.990863	0.991106	0.991344	0.991576
2.4	0.991802	0.992024	0.992240	0.992451	0.992656	0.992857	0.993053	0.993244	0.993431	0.993613
2.5	0.993790	0.993963	0.994132	0.994297	0.994457	0.994614	0.994766	0.994915	0.995060	0.995201
2.6	0.995339	0.995473	0.995604	0.995731	0.995855	0.995975	0.996093	0.996207	0.996319	0.996427
2.7	0.996533	0.996636	0.996736	0.996833	0.996928	0.997020	0.997110	0.997197	0.997232	0.997362

续表

u	0.00	0.01	0.02	0.03	0.04	0.05	0.06	0.07	0.08	0.09
2.8	0.997445	0.997523	0.997599	0.997673	0.997744	0.997814	0.997882	0.997948	0.998012	0.998074
2.9	0.998134	0.998193	0.998250	0.998305	0.998359	0.998411	0.998462	0.998511	0.998559	0.998605
3.0	0.998650	0.998694	0.998736	0.998777	0.998817	0.998856	0.998893	0.998930	0.998965	0.998999

注 （1）$\alpha = 0.05$，双侧：$\Phi(u) = 1 - \frac{\alpha}{2} = 1 - 0.025 = 0.975$，对应地，$u_{\frac{\alpha}{2}} = 1.96$；同理，单侧：$\Phi(u) = 1 - \alpha = 0.95$，对应地，$u_{\alpha} = 1.64$.

（2）$\alpha = 0.01$，双侧：$\Phi(u) = 1 - \frac{\alpha}{2} = 1 - 0.005 = 0.995$，对应地，$u_{\frac{\alpha}{2}} = 2.58$；同理，单侧：$\Phi(u) = 1 - \alpha = 0.99$，$u_{\alpha} = 2.33$.

附录4　*t* 分布表

自由度 f		概率 P							
	单侧	0.25	0.20	0.10	0.05	0.025	0.01	0.005	0.0005
	双侧	0.50	0.40	0.20	0.10	0.05	0.02	0.01	0.001
1		1.000	1.376	3.078	6.314	12.706	31.821	63.657	636.619
2		0.816	1.061	1.886	2.920	4.303	6.965	9.925	31.599
3		0.765	0.978	1.638	2.353	3.182	4.541	5.841	12.924
4		0.741	0.941	1.533	2.132	2.776	3.747	4.604	8.610
5		0.727	0.920	1.476	2.015	2.571	3.365	4.032	6.869
6		0.718	0.906	1.440	1.943	2.447	3.143	3.707	5.959
7		0.711	0.896	1.415	1.895	2.365	2.998	3.499	5.408
8		0.706	0.889	1.397	1.860	2.306	2.896	3.355	5.041
9		0.703	0.883	1.383	1.833	2.262	2.821	3.250	4.781
10		0.700	0.879	1.372	1.812	2.228	2.764	3.169	4.587
11		0.697	0.876	1.363	1.796	2.201	2.718	3.106	4.437
12		0.695	0.873	1.356	1.782	2.179	2.681	3.055	4.318
13		0.694	0.870	1.350	1.771	2.160	2.650	3.012	4.221
14		0.692	0.868	1.345	1.761	2.145	2.624	2.977	4.140
15		0.691	0.866	1.341	1.753	2.131	2.602	2.947	4.073
16		0.690	0.865	1.337	1.746	2.120	2.583	2.921	4.015
17		0.689	0.863	1.333	1.740	2.110	2.567	2.898	3.965
18		0.688	0.862	1.330	1.734	2.101	2.552	2.878	3.922
19		0.688	0.861	1.328	1.729	2.093	2.539	2.861	3.883

续表

自由度 f	概率 P 单侧	0.25	0.20	0.10	0.05	0.025	0.01	0.005	0.0005
	双侧	0.50	0.40	0.20	0.10	0.05	0.02	0.01	0.001
20		0.687	0.860	1.325	1.725	2.086	2.528	2.845	3.850
21		0.686	0.859	1.323	1.721	2.080	2.518	2.831	3.819
22		0.686	0.858	1.321	1.717	2.074	2.508	2.819	3.792
23		0.685	0.858	1.319	1.714	2.069	2.500	2.807	3.768
24		0.685	0.857	1.318	1.711	2.064	2.492	2.797	3.745
25		0.684	0.856	1.316	1.708	2.060	2.485	2.787	3.725
26		0.684	0.856	1.315	1.706	2.056	2.479	2.779	3.707
27		0.684	0.855	1.314	1.703	2.052	2.473	2.771	3.690
28		0.683	0.855	1.313	1.701	2.048	2.467	2.763	3.674
29		0.683	0.854	1.311	1.699	2.045	2.462	2.756	3.659
30		0.683	0.854	1.310	1.697	2.042	2.457	2.750	3.646
35		0.682	0.852	1.306	1.690	2.030	2.438	2.724	3.591
40		0.681	0.851	1.303	1.684	2.021	2.423	2.704	3.551
50		0.679	0.849	1.299	1.676	2.009	2.403	2.678	3.496
60		0.679	0.848	1.296	1.671	2.000	2.390	2.660	3.460
70		0.678	0.847	1.294	1.667	1.994	2.381	2.648	3.435
80		0.678	0.846	1.292	1.664	1.990	2.374	2.639	3.416
90		0.677	0.846	1.291	1.662	1.987	2.368	2.632	3.402
100		0.677	0.845	1.290	1.660	1.984	2.364	2.626	3.390
120		0.677	0.845	1.289	1.658	1.980	2.358	2.617	3.373

附录 5　秩和临界值表

n_1	n_2	$\alpha=0.025$ T_1	$\alpha=0.025$ T_2	$\alpha=0.05$ T_1	$\alpha=0.05$ T_2	n_1	n_2	$\alpha=0.025$ T_1	$\alpha=0.025$ T_2	$\alpha=0.05$ T_1	$\alpha=0.05$ T_2
2	4			3	11	5	5	18	37	19	36
	5			3	13		6	19	41	20	40
	6	3	15	4	14		7	20	45	22	43
	7	3	17	4	16		8	21	49	23	47
	8	3	19	4	18		9	22	53	25	50
	9	3	21	4	20		10	24	56	26	54
	10	4	22	5	21	6	6	26	52	28	50

续表

n_1	n_2	$\alpha=0.025$		$\alpha=0.05$		n_1	n_2	$\alpha=0.025$		$\alpha=0.05$	
		T_1	T_2	T_1	T_2			T_1	T_2	T_1	T_2
3	3			6	15		7	28	56	30	54
	4	6	18	7	17		8	29	61	32	58
	5	6	21	7	20		9	31	65	33	63
	6	7	23	8	22		10	33	69	35	67
	7	8	25	9	24	7	7	37	68	39	66
	8	8	28	9	27		8	39	73	41	71
	9	9	30	10	29		9	41	78	43	76
	10	9	33	11	31		10	43	83	46	80
4	4	11	25	12	24	8	8	49	87	52	84
	5	12	28	13	27		9	51	93	54	90
	6	12	32	14	30		10	54	98	57	95
	7	13	35	15	33	9	9	63	108	66	105
	8	14	38	16	36		10	66	114	69	111
	9	15	41	17	39	10	10	79	131	83	127
	10	16	44	18	42						

附录6　*t*分布的检验系数表

n	α		n	α	
	0.05	0.01		0.05	0.01
4	4.97	11.46	18	3.18	3.01
5	3.56	6.53	19	3.17	3.00
6	3.04	5.04	20	3.16	2.95
7	2.78	4.36	21	3.15	2.93
8	2.62	3.96	22	3.14	2.91
9	2.51	3.71	23	3.13	2.90
10	2.43	3.54	24	3.12	2.88
11	2.37	3.41	25	3.11	2.86
12	2.33	3.31	26	3.10	2.85
13	2.29	3.23	27	3.10	2.84
14	2.26	3.17	28	2.09	2.83
15	2.24	3.12	29	2.09	2.82
16	2.22	3.08	30	2.08	2.81
17	2.20	3.04			

附录 7　格拉布斯（Grubbs）检验临界值表

n	显著性水平 α				n	显著性水平 α			
	0.05	0.025	0.01	0.005		0.05	0.025	0.01	0.005
3	1.153	1.155	1.155	1.155	30	2.745	2.908	3.103	3.236
4	1.463	1.481	1.492	1.496	31	2.759	2.924	3.119	3.253
5	1.672	1.715	1.749	1.764	32	2.773	2.938	3.135	3.270
6	1.822	1.887	1.944	1.973	33	2.786	2.952	3.150	3.286
7	1.938	2.020	2.097	2.139	34	2.799	2.965	3.164	3.301
8	2.032	2.126	2.221	2.274	35	2.881	2.979	3.178	3.316
9	2.110	2.215	2.323	2.387	36	2.823	2.991	3.191	3.330
10	2.176	2.290	2.410	2.482	37	2.835	3.003	3.204	3.343
11	2.234	2.355	2.485	2.564	38	2.846	3.014	3.216	3.356
12	2.285	2.412	2.550	2.636	39	2.857	3.025	3.228	3.369
13	2.331	2.462	2.607	2.699	40	2.866	3.036	3.240	3.381
14	2.371	2.507	2.659	2.755	41	2.877	3.046	3.251	3.393
15	2.409	2.549	2.705	2.806	42	2.887	3.057	3.261	3.404
16	2.443	2.585	2.747	2.852	43	2.896	3.067	3.271	3.415
17	2.475	2.620	2.785	2.894	44	2.905	3.075	3.282	3.425
18	2.504	2.651	2.821	2.932	45	2.914	3.085	3.295	3.435
19	2.532	2.681	2.854	2.968	46	2.923	3.094	3.302	3.445
20	2.557	2.709	2.884	3.001	47	2.931	3.103	3.310	3.455
21	2.580	2.733	2.912	3.031	48	2.940	3.111	3.319	3.464
22	2.603	2.758	2.939	3.060	49	2.948	3.120	3.329	3.474
23	2.624	2.781	2.963	3.087	50	2.956	3.128	3.336	3.483
24	2.644	2.802	2.987	3.112	60	3.025	3.199	3.411	3.560
25	2.663	2.882	3.009	3.135	70	3.082	3.257	3.471	3.622
26	2.681	2.841	3.029	3.157	80	3.130	3.305	3.521	3.673
27	2.698	2.859	3.049	3.178	90	3.171	3.347	3.563	3.716
28	2.714	2.876	3.068	3.199	100	3.207	3.383	3.600	3.754
29	2.730	2.893	3.085	3.218					

附录 8 狄克逊（Dixon）检验临界值表

（1）单侧狄克逊检验临界值表

n	显著性水平 α			
	0.10	0.05	0.01	0.005
3	0.886	0.941	0.988	0.994
4	0.679	0.765	0.889	0.926
5	0.557	0.642	0.780	0.821
6	0.482	0.560	0.698	0.740
7	0.434	0.507	0.637	0.680
8	0.479	0.554	0.683	0.725
9	0.441	0.512	0.635	0.677
10	0.409	0.477	0.597	0.639
11	0.517	0.576	0.679	0.713
12	0.490	0.546	0.642	0.675
13	0.467	0.521	0.615	0.649
14	0.492	0.546	0.641	0.674
15	0.472	0.525	0.616	0.647
16	0.454	0.507	0.595	0.624
17	0.438	0.490	0.577	0.605
18	0.424	0.475	0.561	0.589
19	0.412	0.462	0.547	0.575
20	0.401	0.450	0.535	0.562
21	0.391	0.440	0.524	0.551
22	0.382	0.430	0.514	0.541
23	0.374	0.421	0.505	0.532
24	0.367	0.413	0.497	0.524
25	0.360	0.406	0.489	0.516
26	0.354	0.399	0.486	0.508
27	0.348	0.393	0.475	0.501
28	0.342	0.387	0.469	0.495
29	0.337	0.381	0.463	0.489
30	0.332	0.376	0.457	0.483

（2）双侧狄克逊检验临界值表

n	显著性水平 α	
	0.01	0.05
3	0.994	0.970
4	0.926	0.829
5	0.821	0.710
6	0.740	0.628
7	0.680	0.569
8	0.717	0.608
9	0.672	0.604
10	0.635	0.530
11	0.605	0.502
12	0.579	0.479
13	0.697	0.611
14	0.670	0.586
15	0.647	0.565
16	0.627	0.546
17	0.610	0.529
18	0.594	0.514
19	0.580	0.501
20	0.567	0.489
21	0.555	0.478
22	0.544	0.468
23	0.535	0.459
24	0.526	0.451
25	0.517	0.443
26	0.510	0.436
27	0.502	0.429
28	0.495	0.423
29	0.489	0.417
30	0.483	0.412

附录 9　相关系数 r 与 R 的临界值表

（1）$\alpha = 0.05$

自由度 $(n-p-1)$	自变量个数 p			
	1	2	3	4
1	0.997	0.999	0.999	0.999
2	0.950	0.975	0.983	0.987
3	0.878	0.930	0.950	0.961
4	0.811	0.881	0.912	0.930
5	0.754	0.836	0.874	0.898
6	0.707	0.795	0.839	0.867
7	0.666	0.758	0.807	0.838
8	0.632	0.726	0.777	0.811
9	0.602	0.697	0.750	0.786
10	0.576	0.671	0.726	0.763
11	0.553	0.648	0.703	0.741
12	0.532	0.627	0.683	0.722
13	0.514	0.608	0.664	0.703
14	0.497	0.590	0.646	0.686
15	0.482	0.574	0.630	0.670
16	0.468	0.559	0.615	0.655
17	0.456	0.545	0.601	0.641
18	0.444	0.532	0.587	0.628
19	0.433	0.520	0.575	0.615
20	0.423	0.509	0.563	0.604
21	0.413	0.498	0.552	0.593
22	0.404	0.488	0.542	0.582
23	0.396	0.479	0.532	0.572
24	0.388	0.470	0.523	0.562
25	0.381	0.462	0.514	0.553
26	0.374	0.454	0.506	0.545
27	0.367	0.446	0.498	0.536
28	0.361	0.439	0.490	0.529
29	0.355	0.432	0.483	0.521

（2）$\alpha = 0.01$

自由度 $(n-p-1)$	自变量个数 p			
	1	2	3	4
1	1.000	1.000	1.000	1.000
2	0.990	0.995	0.997	0.997
3	0.959	0.977	0.983	0.987
4	0.917	0.949	0.962	0.970
5	0.875	0.917	0.937	0.949
6	0.834	0.886	0.911	0.927
7	0.798	0.855	0.885	0.904
8	0.765	0.827	0.860	0.882
9	0.735	0.800	0.837	0.861
10	0.708	0.776	0.814	0.840
11	0.684	0.753	0.793	0.821
12	0.661	0.732	0.773	0.802
13	0.641	0.712	0.755	0.785
14	0.623	0.694	0.737	0.768
15	0.606	0.677	0.721	0.752
16	0.590	0.662	0.706	0.738
17	0.575	0.647	0.691	0.724
18	0.561	0.633	0.678	0.710
19	0.549	0.620	0.665	0.697
20	0.537	0.607	0.652	0.685
21	0.526	0.596	0.641	0.674
22	0.515	0.585	0.630	0.663
23	0.505	0.574	0.619	0.653
24	0.496	0.565	0.609	0.643
25	0.487	0.555	0.600	0.633
26	0.479	0.546	0.590	0.624
27	0.471	0.538	0.582	0.615
28	0.463	0.529	0.573	0.607
29	0.456	0.522	0.565	0.598

续表

自由度 ($n-p-1$)	自变量个数 p			
	1	2	3	4
30	0.349	0.425	0.476	0.514
31	0.344	0.419	0.469	0.507
32	0.339	0.413	0.462	0.500
33	0.334	0.407	0.456	0.494
34	0.329	0.402	0.450	0.488
35	0.325	0.397	0.445	0.482
40	0.304	0.373	0.419	0.455
45	0.288	0.353	0.397	0.432
50	0.273	0.336	0.379	0.412
60	0.250	0.308	0.348	0.380
70	0.232	0.286	0.324	0.354
80	0.217	0.269	0.304	0.332
90	0.205	0.254	0.288	0.315
100	0.195	0.241	0.274	0.299
200	0.138	0.172	0.196	0.215
300	0.113	0.141	0.160	0.176
400	0.098	0.122	0.139	0.153
500	0.088	0.109	0.124	0.137

续表

自由度 ($n-p-1$)	自变量个数 p			
	1	2	3	4
30	0.449	0.514	0.558	0.591
31	0.442	0.507	0.550	0.583
32	0.436	0.500	0.543	0.576
33	0.430	0.493	0.536	0.569
34	0.424	0.487	0.530	0.562
35	0.418	0.481	0.523	0.556
40	0.393	0.454	0.494	0.526
45	0.372	0.430	0.470	0.501
50	0.354	0.410	0.449	0.479
60	0.325	0.377	0.414	0.442
70	0.302	0.351	0.386	0.413
80	0.283	0.330	0.362	0.389
90	0.267	0.312	0.343	0.368
100	0.254	0.297	0.327	0.351
200	0.181	0.212	0.234	0.253
300	0.148	0.174	0.192	0.208
400	0.128	0.151	0.167	0.180
500	0.115	0.135	0.150	0.162

附录 10　正交表

10.1　常用等水平正交表

(1) $L_4(2^3)$

试验号	列号		
	1	2	3
1	1	1	1
2	1	2	2
3	2	1	2
4	2	2	1

注　任意两列间的交互作用出现于另一列.

(2) $L_8(2^7)$

试验号	列号						
	1	2	3	4	5	6	7
1	1	1	1	1	1	1	1
2	1	1	1	2	2	2	2
3	1	2	2	1	1	2	2
4	1	2	2	2	2	1	1
5	2	1	2	1	2	1	2
6	2	1	2	2	1	2	1
7	2	2	1	1	2	2	1
8	2	2	1	2	1	1	2

$L_8(2^7)$ 二列间的交互作用表

列号	1	2	3	4	5	6	7
1	(1)	3	2	5	4	7	6
2		(2)	1	6	7	4	5
3			(3)	7	6	5	4
4				(4)	1	2	3
5					(5)	3	2
6						(6)	1
7							(7)

(3) $L_{12}(2^{11})$

试验号	列号										
	1	2	3	4	5	6	7	8	9	10	11
1	1	1	1	1	1	1	1	1	1	1	1
2	1	1	1	1	1	2	2	2	2	2	2
3	1	1	2	2	2	1	1	1	2	2	2
4	1	2	1	2	2	1	2	2	1	1	2
5	1	2	2	1	2	2	1	2	1	2	1
6	1	2	2	2	1	2	2	1	2	1	1
7	2	1	2	2	1	1	2	2	1	2	1
8	2	1	2	1	2	2	2	1	1	1	2
9	2	1	1	2	2	2	1	2	2	1	1

续表

试验号	列号										
	1	2	3	4	5	6	7	8	9	10	11
10	2	2	2	1	1	1	1	2	2	1	2
11	2	2	1	2	1	2	1	1	1	2	2
12	2	2	1	1	2	1	2	1	2	2	1

（4）$L_{16}(2^{15})$

试验号	列号														
	1	2	3	4	5	6	7	8	9	10	11	12	13	14	15
1	1	1	1	1	1	1	1	1	1	1	1	1	1	1	1
2	1	1	1	1	1	1	1	2	2	2	2	2	2	2	2
3	1	1	1	2	2	2	2	1	1	1	1	2	2	2	2
4	1	1	1	2	2	2	2	2	2	2	2	1	1	1	1
5	1	2	2	1	1	2	2	1	1	2	2	1	1	2	2
6	1	2	2	1	1	2	2	2	2	1	1	2	2	1	1
7	1	2	2	2	2	1	1	1	1	2	2	2	2	1	1
8	1	2	2	2	2	1	1	2	2	1	1	1	1	2	2
9	2	1	2	1	2	1	2	1	2	1	2	1	2	1	2
10	2	1	2	1	2	1	2	2	1	2	1	2	1	2	1
11	2	1	2	2	1	2	1	1	2	1	2	2	1	2	1
12	2	1	2	2	1	2	1	2	1	2	1	1	2	1	2
13	2	2	1	1	2	2	1	1	2	2	1	1	2	2	1
14	2	2	1	1	2	2	1	2	1	1	2	2	1	1	2
15	2	2	1	2	1	1	2	1	2	2	1	2	1	1	2
16	2	2	1	2	1	1	2	2	1	1	2	1	2	2	1

$L_{16}(2^{15})$ 二列间的交互作用表

列号	1	2	3	4	5	6	7	8	9	10	11	12	13	14	15
1	(1)	3	2	5	4	7	6	9	8	11	10	13	12	15	14
2		(2)	1	6	7	4	5	10	11	8	9	14	15	12	13
3			(3)	7	6	5	4	11	10	9	8	15	14	13	12
4				(4)	1	2	3	12	13	14	15	8	9	10	11
5					(5)	3	2	13	12	15	14	9	8	11	10
6						(6)	1	14	15	12	13	10	11	8	9
7							(7)	15	14	13	12	11	10	9	8

续表

列号	1	2	3	4	5	6	7	8	9	10	11	12	13	14	15
8								(8)	1	2	3	4	5	6	7
9									(9)	3	2	5	4	7	6
10										(10)	1	6	7	4	5
11											(11)	7	6	5	4
12												(12)	1	2	3
13													(13)	3	2
14														(14)	1
15															(15)

(5) $L_9(3^4)$

试验号	列号			
	1	2	3	4
1	1	1	1	1
2	1	2	2	2
3	1	3	3	3
4	2	1	2	3
5	2	2	3	1
6	2	3	1	2
7	3	1	3	2
8	3	2	1	3
9	3	3	2	1

注　任意两列间的交互作用出现于另外两列．

(6) $L_{27}(3^{13})$

试验号	列号												
	1	2	3	4	5	6	7	8	9	10	11	12	13
1	1	1	1	1	1	1	1	1	1	1	1	1	1
2	1	1	1	1	2	2	2	2	2	2	2	2	2
3	1	1	1	1	3	3	3	3	3	3	3	3	3
4	1	2	2	2	1	1	1	2	2	2	3	3	3
5	1	2	2	2	2	2	2	3	3	3	1	1	1
6	1	2	2	2	3	3	3	1	1	1	2	2	2
7	1	3	3	3	1	1	1	3	3	3	2	2	2
8	1	3	3	3	2	2	2	1	1	1	3	3	3

续表

试验号	列号												
	1	2	3	4	5	6	7	8	9	10	11	12	13
9	1	3	3	3	3	3	3	2	2	2	1	1	1
10	2	1	2	3	1	2	3	1	3	3	1	2	3
11	2	1	2	3	2	3	1	2	1	1	2	3	1
12	2	1	2	3	3	1	2	3	2	2	3	1	2
13	2	2	3	1	1	2	3	2	1	1	3	1	2
14	2	2	3	1	2	3	1	3	2	2	1	2	3
15	2	2	3	1	3	1	2	1	3	3	2	3	1
16	2	3	1	2	1	2	3	3	2	2	2	3	1
17	2	3	1	2	2	3	1	1	3	3	3	1	2
18	2	3	1	2	3	1	2	2	1	1	1	2	3
19	3	1	3	2	1	3	2	1	2	2	1	3	2
20	3	1	3	2	2	1	3	2	3	3	2	1	3
21	3	1	3	2	3	2	1	3	1	1	3	2	1
22	3	2	1	3	1	3	2	2	3	3	3	2	1
23	3	2	1	3	2	1	3	3	1	1	1	3	2
24	3	2	1	3	3	2	1	1	2	2	2	1	3
25	3	3	2	1	1	3	2	3	1	1	2	1	3
26	3	3	2	1	2	1	3	1	2	2	3	2	1
27	3	3	2	1	3	2	1	2	3	3	1	3	2

$L_{27}(3^{13})$ 二列间的交互作用表

列号	1	2	3	4	5	6	7	8	9	10	11	12	13
(1)	(1)	3	2	2	6	5	5	9	8	8	12	11	11
		4	4	3	7	7	6	10	10	9	13	13	12
(2)		(2)	1	1	8	9	10	5	6	7	5	6	7
			4	3	11	12	13	11	12	13	8	9	10
(3)			(3)	1	9	10	8	7	5	6	6	7	5
				2	13	11	12	12	13	11	10	8	9
(4)				(4)	10	8	9	6	7	5	7	5	6
					12	13	11	13	11	12	9	10	8
(5)					(5)	1	1	2	3	4	2	4	3
						7	6	11	13	12	8	10	9
(6)						(6)	1	4	2	3	3	2	4
							5	13	12	11	10	9	8

续表

列号	1	2	3	4	5	6	7	8	9	10	11	12	13
(7)							(7)	3	4	2	4	3	2
								12	11	13	9	8	10
(8)								(8)	1	1	2	3	4
									10	9	5	7	6
(9)									(9)	1	4	2	3
										8	7	6	5
(10)										(10)	3	4	2
											6	5	7
(11)											(11)	1	1
												13	12
(12)												(12)	1
													11

(7) $L_{16}(4^5)$

试验号	列号				
	1	2	3	4	5
1	1	1	1	1	1
2	1	2	2	2	2
3	1	3	3	3	3
4	1	4	4	4	4
5	2	1	2	3	4
6	2	2	1	4	3
7	2	3	4	1	2
8	2	4	3	2	1
9	3	1	3	4	2
10	3	2	4	3	1
11	3	3	1	2	4
12	3	4	2	1	3
13	4	1	4	2	3
14	4	2	3	1	4
15	4	3	2	4	1
16	4	4	1	3	2

注　任意两列间的交互作用出现于其他三列.

（8）$L_{25}(4^6)$

试验号	列号					
	1	2	3	4	5	6
1	1	1	1	1	1	1
2	1	2	2	2	2	2
3	1	3	3	3	3	3
4	1	4	4	4	4	4
5	1	5	5	5	5	5
6	2	1	2	3	4	5
7	2	2	3	4	5	1
8	2	3	4	5	1	2
9	2	4	5	1	2	3
10	2	5	1	2	3	4
11	3	1	3	5	2	4
12	3	2	4	1	3	5
13	3	3	5	2	4	1
14	3	4	1	3	5	2
15	3	5	2	4	1	3
16	4	1	4	2	5	3
17	4	2	5	3	1	4
18	4	3	1	4	2	5
19	4	4	2	5	3	1
20	4	5	3	1	4	2
21	5	1	5	4	3	2
22	5	2	1	5	4	3
23	5	3	2	1	5	4
24	5	4	3	2	1	5
25	5	5	4	3	2	1

注 任意两列间的交互作用出现于其他三列.

10.2　部分混水平正交表

(1) $L_8(4\times2^4)$

试验号	列号				
	1	2	3	4	5
1	1	1	1	1	1
2	1	2	2	2	2
3	2	1	1	2	2
4	2	2	2	1	1
5	3	1	2	1	2
6	3	2	1	2	1
7	4	1	2	2	1
8	4	2	1	1	2

(2) $L_{12}(3\times2^4)$

试验号	列号				
	1	2	3	4	5
1	1	1	1	1	1
2	1	1	1	2	2
3	1	2	2	1	2
4	1	2	2	2	1
5	2	1	2	1	1
6	2	1	2	2	2
7	2	2	1	1	1
8	2	2	1	2	2
9	3	1	2	1	2
10	3	1	1	2	1
11	3	2	1	1	2
12	3	2	2	2	1

(3) $L_{12}(6^1\times2^2)$

试验号	列号		
	1	2	3
1	2	1	1
2	5	1	2

续表

试验号	列号		
	1	2	3
3	5	2	1
4	2	2	2
5	4	1	1
6	1	1	2
7	1	2	1
8	4	2	2
9	3	1	1
10	6	1	2
11	6	2	1
12	3	2	2

（4）$L_{16}(4^1 \times 2^{12})$

试验号	列号												
	1	2	3	4	5	6	7	8	9	10	11	12	13
1	1	1	1	1	1	1	1	1	1	1	1	1	1
2	1	1	1	1	1	2	2	2	2	2	2	2	2
3	1	2	2	2	2	1	1	1	1	2	2	2	2
4	1	2	2	2	2	2	2	2	2	1	1	1	1
5	2	1	1	2	2	1	1	2	2	1	1	2	2
6	2	1	1	2	2	2	2	1	1	2	2	1	1
7	2	2	2	1	1	1	1	2	2	2	2	1	1
8	2	2	2	1	1	2	2	1	1	1	1	2	2
9	3	1	2	1	2	1	2	1	2	1	2	1	2
10	3	1	2	1	2	2	1	2	1	2	1	2	1
11	3	2	1	2	1	1	2	1	2	2	1	2	1
12	3	2	1	2	1	2	1	2	1	1	2	1	2
13	4	1	2	2	1	1	2	2	1	1	2	2	1
14	4	1	2	2	1	2	1	1	2	2	1	1	2
15	4	2	1	1	2	1	2	2	1	2	1	1	2
16	4	2	1	1	2	2	1	1	2	1	2	2	1

注 $L_{16}(4^1 \times 2^{12})$、$L_{16}(4^2 \times 2^9)$、$L_{16}(4^3 \times 2^6)$、$L_{16}(4^4 \times 2^3)$ 均可由 $L_{16}(2^{25})$ 并列得到.

(5) $L_{16}(4^2 \times 2^9)$

试验号	列号										
	1	2	3	4	5	6	7	8	9	10	11
1	1	1	1	1	1	1	1	1	1	1	1
2	1	2	1	1	1	2	2	2	2	2	2
3	1	3	2	2	2	1	1	1	2	2	2
4	1	4	2	2	2	2	2	2	1	1	1
5	2	1	1	2	2	1	2	2	1	2	2
6	2	2	1	2	2	2	1	1	2	1	1
7	2	3	2	1	1	1	2	2	2	1	1
8	2	4	2	1	1	2	1	1	1	2	2
9	3	1	2	1	2	1	1	1	2	1	2
10	3	2	2	1	2	2	2	2	1	2	1
11	3	3	1	2	1	1	1	1	1	2	1
12	3	4	1	2	1	2	2	2	2	1	2
13	4	1	2	2	1	1	2	2	2	2	1
14	4	2	2	2	1	2	1	1	1	1	2
15	4	3	1	1	2	1	2	2	1	1	2
16	4	4	1	1	2	2	1	1	2	2	1

(6) $L_{16}(4^3 \times 2^6)$

试验号	列号								
	1	2	3	4	5	6	7	8	9
1	1	1	1	1	1	1	1	1	1
2	1	2	2	1	1	2	2	2	2
3	1	3	3	2	2	1	1	2	2
4	1	4	4	2	2	2	2	1	1
5	2	1	2	2	2	1	2	1	2
6	2	2	1	2	2	2	1	2	1
7	2	3	4	1	1	1	2	2	1
8	2	4	3	1	1	2	1	1	2
9	3	1	3	1	2	2	2	2	1
10	3	2	4	1	2	1	1	1	2
11	3	3	1	2	1	2	2	1	2
12	3	4	2	2	1	1	1	2	1

续表

试验号	列号								
	1	2	3	4	5	6	7	8	9
13	4	1	4	2	1	2	1	2	2
14	4	2	3	2	1	1	2	1	1
15	4	3	2	1	2	2	1	1	1
16	4	4	1	1	2	1	2	2	2

(7) $L_{16}(4^4 \times 2^3)$

试验号	列号						
	1	2	3	4	5	6	7
1	1	1	1	1	1	1	1
2	1	2	2	2	1	2	2
3	1	3	3	3	2	1	2
4	1	4	4	4	2	2	1
5	2	1	2	3	2	2	1
6	2	2	1	4	2	1	2
7	2	3	4	1	1	2	2
8	2	4	3	2	1	1	1
9	3	1	3	4	1	2	2
10	3	2	4	3	1	1	1
11	3	3	1	2	2	2	1
12	3	4	2	1	2	1	2
13	4	1	4	2	2	1	2
14	4	2	3	1	2	2	1
15	4	3	2	4	1	1	1
16	4	4	1	3	1	2	2

(8) $L_{16}(8 \times 2^8)$

试验号	列号								
	1	2	3	4	5	6	7	8	9
1	1	1	1	1	1	1	1	1	1
2	1	2	2	2	2	2	2	2	2
3	2	1	1	1	1	2	2	2	2
4	2	2	2	2	2	1	1	1	1
5	3	1	1	2	2	1	1	2	2

续表

试验号	列号								
	1	2	3	4	5	6	7	8	9
6	3	2	2	1	1	2	2	1	1
7	4	1	1	2	2	2	2	1	1
8	4	2	2	1	1	1	1	2	2
9	5	1	2	1	2	1	2	1	2
10	5	2	1	2	1	2	1	2	1
11	6	1	2	1	2	2	1	2	1
12	6	2	1	2	1	1	2	1	2
13	7	1	2	2	1	1	2	2	1
14	7	2	1	1	2	2	1	1	2
15	8	1	2	2	1	2	1	1	2
16	8	2	1	1	2	1	2	2	1

（9）$L_{18}(2^1 \times 3^7)$

试验号	列号							
	1	2	3	4	5	6	7	8
1	1	1	1	1	1	1	1	1
2	1	1	2	2	2	2	2	2
3	1	1	3	3	3	3	3	3
4	1	2	1	1	2	2	3	3
5	1	2	2	2	3	3	1	1
6	1	2	3	3	1	1	2	2
7	1	3	1	2	1	3	2	3
8	1	3	2	3	2	1	3	1
9	1	3	3	1	3	2	1	2
10	2	1	1	3	3	2	2	1
11	2	1	2	1	1	3	3	2
12	2	1	3	2	2	1	1	3
13	2	2	1	2	3	1	3	2
14	2	2	2	3	1	2	1	3
15	2	2	3	1	2	3	2	1
16	2	3	1	3	2	3	1	2
17	2	3	2	1	3	1	2	3
18	2	3	3	2	1	2	3	1

附录 11　均匀设计表

11.1　常用等水平均匀设计表

(1) $U_5(5^4)$ 均匀设计表

试验号	列号			
	1	2	3	4
1	1	2	3	4
2	2	4	1	3
3	3	1	4	2
4	4	3	2	1
5	5	5	5	5

$U_5(5^4)$ 使用表

因素数	列号			D
2	1	2		0.3100
3	1	2	4	0.4570

(2) $U_7(7^4)$ 均匀设计表

试验号	列号			
	1	2	3	4
1	1	2	3	6
2	2	4	6	5
3	3	6	2	4
4	4	1	5	3
5	5	3	1	2
6	6	5	4	1
7	7	7	7	7

$U_7(7^4)$ 使用表

因素数	列号				D
2	1	3			0.2398
3	1	2	3		0.3721
4	1	2	3	4	0.4760

注　$U_7(7^4)$ 均匀设计表去掉最后一行，即得 $U_6^*(6^4)$ 均匀设计表，因素数为2、3、4时，使用表的列号选择不变，只是对应的D值分别变为0.1875、0.2656、0.2990.

(3) $U_7^*(7^4)$ 均匀设计表

试验号	列号			
	1	2	3	4
1	1	3	5	7
2	2	6	2	6
3	3	1	7	5
4	4	4	4	4
5	5	7	1	3
6	6	2	6	2
7	7	5	3	1

$U_7^*(7^4)$ 使用表

因素数	列号			D
2	1	3		0.1582
3	2	3	4	0.2132

(4) $U_8^*(8^5)$ 均匀设计表

试验号	列号				
	1	2	3	4	5
1	1	2	4	7	8
2	2	4	8	5	7
3	3	6	3	3	6
4	4	8	7	1	5
5	5	1	2	8	4
6	6	3	6	6	3
7	7	5	1	4	2
8	8	7	5	2	1

$U_8^*(8^5)$ 使用表

因素数	列号				D
2	1	3			0. 1445
3	1	3	4		0. 2000
4	1	2	3	5	0. 2709

(5) $U_9(9^5)$ 均匀设计表

试验号	列号				
	1	2	3	4	5
1	1	2	4	7	8
2	2	4	8	5	7
3	3	6	3	3	6
4	4	8	7	1	5
5	5	1	2	8	4
6	6	3	6	6	3
7	7	5	1	4	2
8	8	7	5	2	1
9	9	9	9	9	9

$U_9(9^5)$ 使用表

因素数	列号				D
2	1	3			0. 1944
3	1	3	4		0. 3102
4	1	2	3	5	0. 4066

(6) $U_9{}^*(9^4)$ 均匀设计表

试验号	列号			
	1	2	3	4
1	1	3	7	9
2	2	6	4	8
3	3	9	1	7
4	4	2	8	6
5	5	5	5	5
6	6	8	2	4

续表

试验号	列号			
	1	2	3	4
7	7	1	9	3
8	8	4	6	2
9	9	7	3	1

$U_9{}^*(9^4)$ 使用表

因素数	列号			D
2	1	3		0. 1574
3	2	3	4	0. 1980

(7) $U_{10}{}^*(10^8)$ 均匀设计表

试验号	列号							
	1	2	3	4	5	6	7	8
1	1	2	3	4	5	7	9	10
2	2	4	6	8	10	3	7	9
3	3	6	9	1	4	10	5	8
4	4	8	1	5	9	6	3	7
5	5	10	4	9	3	2	1	6
6	6	1	7	2	8	9	10	5
7	7	3	10	6	2	5	8	4
8	8	5	2	10	7	1	6	3
9	9	7	5	3	1	8	4	2
10	10	9	8	7	6	4	2	1

$U_{10}{}^*(10^8)$ 使用表

因素数	列号						D
2	1	6					0. 1125
3	1	5	6				0. 1681
4	1	3	4	5			0. 2236
5	1	2	4	5	7		0. 2414
6	1	2	3	5	6	8	0. 2994

(8) $U_{11}(11^6)$ 均匀设计表

试验号	列号					
	1	2	3	4	5	6
1	1	2	3	5	7	10
2	2	4	6	10	3	9
3	3	6	9	4	10	8
4	4	8	1	9	6	7
5	5	10	4	3	2	6
6	6	1	7	8	9	5
7	7	3	10	2	5	4
8	8	5	2	7	1	3
9	9	7	5	1	8	2
10	10	9	8	6	4	1
11	11	11	11	11	11	11

$U_{11}(11^6)$ 使用表

因素数	列号						D
2	1	5					0.1632
3	1	4	5				0.2649
4	1	3	4	5			0.3528
5	1	2	3	4	5		0.4286
6	1	2	3	4	5	6	0.4942

(9) $U_{11}^*(11^4)$ 均匀设计表

试验号	列号			
	1	2	3	4
1	1	5	7	11
2	2	10	2	10
3	3	3	9	9
4	4	8	4	8
5	5	1	11	7
6	6	6	6	6
7	7	11	1	5
8	8	4	8	4
9	9	9	3	3
10	10	2	10	2
11	11	7	5	1

$U_{11}{}^{*}(11^{4})$ 使用表

因素数	列号			D
2	1	2		0. 1136
3	2	3	4	0. 2307

(10) $U_{12}{}^{*}(12^{10})$ 均匀设计表

试验号	列号									
	1	2	3	4	5	6	7	8	9	10
1	1	2	3	4	5	6	8	9	10	12
2	2	4	6	8	10	12	3	5	7	11
3	3	6	9	12	2	5	11	1	4	10
4	4	8	12	3	7	11	6	10	1	9
5	5	10	2	7	12	4	1	6	11	8
6	6	12	5	11	4	10	9	2	8	7
7	7	1	8	2	9	3	4	11	5	6
8	8	3	11	6	1	9	12	7	2	5
9	9	5	1	10	6	2	7	3	12	4
10	10	7	4	1	11	8	2	12	9	3
11	11	9	7	5	3	1	10	8	6	2
12	12	11	10	9	8	7	5	4	3	1

$U_{12}{}^{*}(12^{10})$ 使用表

因素数	列号							D
2	1	5						0. 1163
3	1	6	9					0. 1838
4	1	6	7	9				0. 2233
5	1	3	4	8	10			0. 2272
6	1	2	6	7	8	9		0. 2670
7	1	2	6	7	8	9	10	0. 2768

(11) $U_{15}(15^{8})$ 均匀设计表

试验号	列号							
	1	2	3	4	5	6	7	8
1	1	2	4	7	8	11	13	14
2	2	4	8	1	1	7	11	13

续表

试验号	列号							
	1	2	3	4	5	6	7	8
3	3	6	1	6	9	3	9	12
4	4	8	1	13	2	14	7	11
5	5	10	5	5	10	10	5	10
6	6	12	9	12	3	6	3	9
7	7	14	13	4	11	2	1	8
8	8	1	2	11	4	13	14	7
9	9	3	6	3	12	9	12	6
10	10	5	10	1	5	5	10	5
11	11	7	14	2	13	1	8	4
12	12	9	3	9	6	1	6	3
13	13	11	7	1	14	8	4	2
14	14	13	11	8	7	4	2	1
15	15	15	15	15	15	15	15	15

$U_{15}(15^8)$ 使用表

因素数	列号							
2	1	6						
3	1	3	4					
4	1	3	4	7				
5	1	2	3	4	7			
6	1	2	3	4	6	8		
7	1	2	3	4	6	7	8	
8	1	2	3	4	5	6	7	8

（12）$U_{17}(17^8)$ 均匀设计表

试验号	列号							
	1	2	3	4	5	6	7	8
1	1	4	6	9	10	11	14	15
2	2	8	12	1	3	5	11	13
3	3	12	1	10	13	16	8	11
4	4	16	7	2	6	10	5	9
5	5	3	13	11	16	4	2	7
6	6	7	2	3	9	15	16	5

续表

试验号	列号							
	1	2	3	4	5	6	7	8
7	7	11	8	12	2	9	13	3
8	8	15	14	4	12	3	10	1
9	9	2	3	13	5	14	7	16
10	10	6	9	5	15	8	4	14
11	11	10	15	14	8	2	1	12
12	12	14	4	6	1	13	15	10
13	13	1	10	15	11	7	12	8
14	14	5	16	7	5	1	9	6
15	15	9	5	16	14	12	6	4
16	16	13	11	8	7	6	3	2
17	17	17	17	17	17	17	17	17

$U_{17}(17^8)$ 使用表

因素数	列号						
2	1	6					
3	1	5	8				
4	1	5	7	8			
5	1	2	5	7	8		
6	1	2	3	5	7	8	
7	1	2	3	4	5	7	8

11.2 部分混水平均匀设计表

(1) $U_6(3\times2)$

试验号	1	2
1	1	1
2	1	2
3	2	2
4	2	1
5	3	1
6	3	2
D	0.3750	

(2) $U_6(6\times2)$

试验号	1	2
1	1	1
2	2	2
3	3	2
4	4	1
5	5	1
6	6	2
D	0.3125	

(3) $U_6(6\times3)$

试验号	1	2
1	3	3
2	6	2
3	2	1
4	5	3
5	1	2
6	4	1
D	0.2361	

(4) $U_6(6\times3^2)$

试验号	1	2	3
1	1	1	2
2	2	2	3
3	3	3	1
4	4	1	3
5	5	2	1
6	6	3	2
D	0.3634		

(5) $U_6(6\times3\times2)$

试验号	1	2	3
1	1	1	1
2	2	2	2
3	3	3	1
4	4	1	2
5	5	2	1
6	6	3	2
D	0.4271		

(6) $U_6(6^2\times3)$

试验号	1	2	3
1	2	3	3
2	4	6	2
3	6	2	1
4	1	5	3
5	3	1	2
6	5	4	1
D	0.2998		

(7) $U_6(6^2\times2)$

试验号	1	2	3
1	1	2	1
2	2	4	2
3	3	6	1
4	4	1	2
5	5	3	1
6	6	5	2
D	0.3698		

(8) $U_6(3^2\times2)$

试验号	1	2	3
1	1	1	1
2	1	2	2
3	2	3	1
4	2	1	2
5	3	2	1
6	3	3	2
D	0.4792		

(9) $U_6(6\times3^2\times2)$

试验号	1	2	3	4
1	1	1	2	2
2	2	2	3	2
3	3	3	1	2
4	4	1	3	1
5	5	2	1	1
6	6	3	2	1
D	0.5226			

(10) $U_6(6^2\times3\times2)$

试验号	1	2	3	4
1	1	2	2	2
2	2	4	3	1
3	3	6	1	1
4	4	1	3	2
5	5	3	1	2
6	6	5	2	1
D	0.3750			

(11) $U_6(6^3\times2)$

试验号	1	2	3	4
1	1	2	3	2
2	2	4	6	1
3	3	6	2	2
4	4	1	5	1
5	5	3	1	2
6	6	5	4	1
D	0.3125			

(12) $U_6(6^3\times3)$

试验号	1	2	3	4
1	1	2	3	2
2	2	4	6	1
3	3	6	2	3
4	4	1	5	1
5	5	3	1	3
6	6	5	4	2
D	0.3125			

(13) $U_8(8\times4)$

试验号	1	2
1	2	3
2	4	1
3	6	3
4	8	1

(14) $U_8(8\times2)$

试验号	1	2
1	7	2
2	5	2
3	3	2
4	1	2

(15) $U_8(8\times4^2)$

试验号	1	2	3
1	1	3	4
2	2	1	3
3	3	3	2
4	4	1	1

续表

试验号	1	2
5	1	4
6	3	2
7	5	4
8	7	2
D	0.3750	

续表

试验号	1	2
5	8	1
6	6	1
7	4	1
8	2	1
D	0.3125	

续表

试验号	1	2	3
5	5	4	4
6	6	2	3
7	7	4	2
8	8	2	1
D	0.3125		

(16) $U_8(8^2 \times 2)$

试验号	1	2	3
1	1	2	2
2	2	4	1
3	3	6	2
4	4	8	1
5	5	1	2
6	6	3	1
7	7	5	2
8	8	7	1
D	0.3408		

(17) $U_8(8 \times 4^3)$

试验号	1	2	3	4
1	1	1	2	4
2	2	2	4	4
3	3	3	2	3
4	4	4	4	3
5	5	1	1	2
6	6	2	3	2
7	7	3	1	1
8	8	4	3	1
D	0.3719			

(18) $U_8(8^2 \times 4 \times 2)$

试验号	1	2	3	4
1	1	2	2	2
2	2	4	4	2
3	3	6	2	1
4	4	8	4	1
5	5	1	1	2
6	6	3	3	2
7	7	5	1	1
8	8	7	3	1
D	0.4232			

(19) $U_8(8^2 \times 4^2)$

试验号	1	2	3	4
1	1	2	3	4
2	2	4	1	3
3	3	6	3	2
4	4	8	1	1
5	5	1	4	4
6	6	3	2	3
7	7	5	4	2
8	8	7	2	1
D	0.3271			

(20) $U_8(8^3 \times 4)$

试验号	1	2	3	4
1	1	2	4	3
2	2	4	8	1
3	3	6	3	3
4	4	8	7	1
5	5	1	2	4
6	6	3	6	2
7	7	5	1	4
8	8	7	5	2
D	0.2918			

(21) $U_8(8^3 \times 2)$

试验号	1	2	3	4
1	1	2	4	2
2	2	4	8	1
3	3	6	3	2
4	4	8	7	1
5	5	1	2	2
6	6	3	6	1
7	7	5	1	2
8	8	7	5	1
D	0.3820			

(22) $U_{10}(10 \times 5)$

试验号	1	2
1	8	5
2	5	4

(23) $U_{10}(10 \times 2)$

试验号	1	2
1	7	2
2	3	1

(24) $U_{10}(5 \times 2)$

试验号	1	2
1	4	2
2	2	2

续表

试验号	1	2
3	2	3
4	10	2
5	7	1
6	4	5
7	1	4
8	9	3
9	6	2
10	3	1
D	0. 1450	

续表

试验号	1	2
3	10	1
4	6	2
5	2	2
6	9	1
7	5	1
8	1	2
9	8	2
10	4	1
D	0. 2875	

续表

试验号	1	2
3	5	1
4	3	1
5	1	1
6	5	2
7	3	2
8	1	2
9	4	1
10	2	1
D	0. 3250	

(25) $U_{10}(10^2 \times 5^2)$

试验号	1	2	3	4
1	1	3	2	3
2	2	6	4	5
3	3	9	1	2
4	4	1	3	5
5	5	4	5	2
6	6	7	1	4
7	7	10	3	1
8	8	2	5	4
9	9	5	2	1
10	10	8	4	3
D	0. 2690			

(26) $U_8(10^2 \times 5 \times 2)$

试验号	1	2	3	4
1	1	2	2	1
2	2	4	3	2
3	3	6	5	1
4	4	8	1	1
5	5	10	2	2
6	6	1	4	1
7	7	3	5	2
8	8	5	1	2
9	9	7	3	1
10	10	9	4	2
D	0. 3908			

(27) $U_8(10^3 \times 5)$

试验号	1	2	3	4
1	1	3	8	5
2	2	6	5	4
3	3	9	2	3
4	4	1	10	2
5	5	4	7	1
6	6	7	4	5
7	7	10	1	4
8	8	2	9	3
9	9	5	6	2
10	10	8	3	1
D	0. 2284			

(28) $U_{12}(12 \times 6 \times 2)$

试验号	1	2	3
1	1	1	1
2	2	2	1
3	3	3	2
4	4	4	2
5	5	5	1
6	6	6	1
7	7	1	2
8	8	2	2

(29) $U_{12}(4^2 \times 3)$

试验号	1	2	3
1	1	1	1
2	1	2	2
3	1	3	3
4	2	4	1
5	2	1	2
6	2	2	3
7	3	3	1
8	3	4	2

(30) $U_{12}(12 \times 6 \times 3)$

试验号	1	2	3
1	7	5	3
2	1	3	2
3	8	1	1
4	2	5	1
5	9	3	3
6	3	1	2
7	10	6	2
8	4	4	1

续表

试验号	1	2	3
9	9	3	1
10	10	4	1
11	11	5	2
12	12	6	2
D	0. 3411		

续表

试验号	1	2	3
9	3	1	3
10	4	2	1
11	4	3	2
12	4	4	3
D	0. 3620		

续表

试验号	1	2	3
9	11	2	3
10	5	6	3
11	12	4	2
12	6	2	1
D	0. 2670		

(31) $U_{12}(12\times10^2\times5^2)$

试验号	1	2	3	4
1	1	2	3	3
2	2	3	5	3
3	3	5	1	3
4	4	6	4	3
5	5	1	6	2
6	6	3	2	2
7	7	4	5	2
8	8	6	1	2
9	9	1	3	1
10	10	2	6	1
11	11	4	2	1
12	12	5	1	1
D	0. 3289			

(32) $U_8(12\times6\times4\times3)$

试验号	1	2	3	4
1	1	1	1	3
2	2	2	2	3
3	3	3	3	3
4	4	4	4	3
5	5	5	1	2
6	6	6	2	2
7	7	1	3	2
8	8	2	4	2
9	9	3	1	1
10	10	4	2	1
11	11	5	3	1
12	12	6	4	1
D	0. 3594			

(33) $U_8(12\times6^2\times4)$

试验号	1	2	3	4
1	1	2	2	4
2	2	3	4	4
3	3	5	6	4
4	4	6	2	3
5	5	1	4	3
6	6	3	6	3
7	7	4	1	2
8	8	6	3	2
9	9	1	5	2
10	10	2	1	1
11	11	4	3	1
12	12	5	5	1
D	0. 2954			

11.3　部分混料均匀设计表

(1) $UM_7(7^3)$ 均匀设计表

试验号	x_1	x_2	x_3
1	0. 733	0. 172	0. 095
2	0. 537	0. 099	0. 364
3	0. 402	0. 470	0. 128
4	0. 293	0. 253	0. 455
5	0. 198	0. 745	0. 057
6	0. 114	0. 443	0. 443
7	0. 036	0. 069	0. 895

(2) $UM_7^*(7^3)$ 均匀设计表

试验号	x_1	x_2	x_3
1	0. 733	0. 095	0. 172
2	0. 537	0. 364	0. 099
3	0. 402	0. 043	0. 555
4	0. 293	0. 354	0. 354
5	0. 198	0. 745	0. 057
6	0. 114	0. 190	0. 696
7	0. 036	0. 619	0. 344

（3）$UM_8^*(8^3)$ 均匀设计表

试验号	x_1	x_2	x_3
1	0.750	0.141	0.109
2	0.567	0.027	0.406
3	0.441	0.384	0.175
4	0.339	0.124	0.537
5	0.250	0.609	0.141
6	0.171	0.259	0.570
7	0.099	0.845	0.056
8	0.032	0.424	0.545

（4）$UM_8^*(8^4)$ 均匀设计表

试验号	x_1	x_2	x_3	x_4
1	0.603	0.134	0.049	0.213
2	0.428	0.018	0.242	0.312
3	0.321	0.299	0.261	0.119
4	0.241	0.075	0.642	0.043
5	0.175	0.468	0.022	0.335
6	0.117	0.151	0.229	0.503
7	0.067	0.700	0.131	0.102
8	0.021	0.245	0.596	0.138

（5）$UM_9(9^3)$ 均匀设计表

试验号	x_1	x_2	x_3
1	0.056	0.389	0.764
2	0.167	0.833	0.592
3	0.278	0.278	0.473
4	0.389	0.722	0.376
5	0.500	0.167	0.293
6	0.611	0.611	0.218
7	0.722	0.056	0.150
8	0.833	0.500	0.087
9	0.944	0.944	0.028

（6）$UM_9(9^4)$ 均匀设计表

试验号	x_1	x_2	x_3	x_4
1	0.618	0.144	0.066	0.172
2	0.450	0.048	0.251	0.251
3	0.348	0.309	0.248	0.096
4	0.270	0.110	0.586	0.034
5	0.206	0.470	0.054	0.270
6	0.151	0.185	0.258	0.405
7	0.103	0.686	0.129	0.082
8	0.059	0.276	0.555	0.111
9	0.019	0.028	0.053	0.901

（7）$UM_9^*(9^3)$ 均匀设计表

试验号	x_1	x_2	x_3
1	0.764	0.170	0.065
2	0.592	0.159	0.249
3	0.473	0.029	0.498
4	0.376	0.520	0.104
5	0.293	0.354	0.354
6	0.218	0.130	0.651
7	0.150	0.803	0.047
8	0.087	0.558	0.355
9	0.028	0.270	0.702

（8）$UM_9^*(9^4)$ 均匀设计表

试验号	x_1	x_2	x_3	x_4
1	0.348	0.098	0.031	0.524
2	0.151	0.319	0.088	0.441
3	0.019	0.750	0.064	0.167
4	0.450	0.048	0.195	0.307
5	0.206	0.232	0.281	0.281
6	0.059	0.557	0.235	0.149
7	0.618	0.011	0.268	0.103
8	0.270	0.159	0.476	0.095
9	0.103	0.424	0.447	0.026

(9) $UM^*_{10}(10^3)$ 均匀设计表

试验号	x_1	x_2	x_3
1	0.776	0.078	0.145
2	0.613	0.290	0.097
3	0.500	0.025	0.475
4	0.408	0.266	0.325
5	0.329	0.570	0.101
6	0.258	0.111	0.630
7	0.194	0.443	0.363
8	0.134	0.823	0.043
9	0.078	0.230	0.691
10	0.025	0.634	0.341

(10) $UM^*_{10}(10^4)$ 均匀设计表

试验号	x_1	x_2	x_3	x_4
1	0.632	0.121	0.086	0.161
2	0.469	0.013	0.388	0.129
3	0.370	0.257	0.019	0.354
4	0.295	0.055	0.292	0.357
5	0.234	0.383	0.326	0.057
6	0.181	0.110	0.106	0.603
7	0.134	0.531	0.185	0.151
8	0.091	0.176	0.696	0.037
9	0.053	0.735	0.053	0.159
10	0.017	0.254	0.474	0.255

(11) $UM^*_{10}(10^5)$ 均匀设计表

试验号	x_1	x_2	x_3	x_4	x_5
1	0.527	0.175	0.122	0.097	0.079
2	0.378	0.112	0.068	0.022	0.419
3	0.293	0.037	0.520	0.097	0.052
4	0.231	0.486	0.093	0.029	0.162
5	0.181	0.242	0.045	0.399	0.133
6	0.139	0.115	0.457	0.072	0.217
7	0.102	0.015	0.228	0.556	0.098
8	0.069	0.436	0.013	0.169	0.313
9	0.040	0.224	0.368	0.350	0.018
10	0.013	0.090	0.174	0.325	0.398

(12) $UM^*_{10}(10^6)$ 均匀设计表

试验号	x_1	x_2	x_3	x_4	x_5	x_6
1	0.451	0.161	0.115	0.090	0.028	0.156
2	0.316	0.095	0.054	0.014	0.183	0.339
3	0.242	0.030	0.460	0.109	0.087	0.071
4	0.189	0.427	0.090	0.023	0.203	0.068
5	0.148	0.197	0.035	0.311	0.295	0.016
6	0.113	0.091	0.373	0.057	0.018	0.348
7	0.083	0.012	0.164	0.455	0.072	0.216
8	0.056	0.357	0.010	0.112	0.210	0.256
9	0.032	0.175	0.293	0.388	0.073	0.039
10	0.010	0.069	0.123	0.206	0.503	0.089

(13) $UM_{11}(11^3)$ 均匀设计表

试验号	x_1	x_2	x_3
1	0.787	0.087	0.126
2	0.631	0.285	0.084
3	0.523	0.065	0.412
4	0.436	0.282	0.282
5	0.360	0.552	0.087
6	0.293	0.161	0.546
7	0.231	0.454	0.314
8	0.174	0.788	0.038

(14) $UM_{11}(11^4)$ 均匀设计表

试验号	x_1	x_2	x_3	x_4
1	0.643	0.129	0.093	0.135
2	0.485	0.036	0.370	0.109
3	0.390	0.266	0.047	0.297
4	0.317	0.083	0.300	0.300
5	0.258	0.388	0.306	0.048
6	0.206	0.138	0.149	0.506
7	0.161	0.529	0.183	0.127
8	0.120	0.204	0.646	0.031

续表

试验号	x_1	x_2	x_3
9	0.121	0.280	0.599
10	0.071	0.634	0.296
11	0.023	0.044	0.933

续表

试验号	x_1	x_2	x_3	x_4
9	0.082	0.722	0.062	0.133
10	0.048	0.279	0.459	0.214
11	0.015	0.023	0.044	0.918

(15) $UM_{11}^{*}(11^3)$ 均匀设计表

试验号	x_1	x_2	x_3
1	0.787	0.126	0.087
2	0.631	0.050	0.319
3	0.523	0.368	0.108
4	0.436	0.179	0.385
5	0.360	0.611	0.029
6	0.293	0.354	0.354
7	0.231	0.035	0.0734
8	0.174	0.563	0.263
9	0.121	0.20	0.679
10	0.071	0.803	0.127
11	0.023	0.400	0.577

(16) $UM_{11}^{*}(11^4)$ 均匀设计表

试验号	x_1	x_2	x_3	x_4
1	0.258	0.172	0.026	0.545
2	0.048	0.601	0.048	0.304
3	0.390	0.074	0.122	0.415
4	0.120	0.384	0.158	0.339
5	0.643	0.008	0.143	0.206
6	0.206	0.232	0.281	0.281
7	0.015	0.775	0.124	0.086
8	0.317	0.119	0.384	0.179
9	0.082	0.480	0.338	0.099
10	0.485	0.036	0.413	0.065
11	0.161	0.302	0.512	0.024

(17) $UM_{11}(11^5)$ 均匀设计表

试验号	x_1	x_2	x_3	x_4	x_5
1	0.538	0.180	0.102	0.074	0.106
2	0.392	0.125	0.034	0.346	0.102
3	0.310	0.057	0.276	0.049	0.309
4	0.249	0.483	0.032	0.118	0.118
5	0.200	0.254	0.286	0.225	0.035
6	0.159	0.135	0.123	0.132	0.450
7	0.123	0.042	0.527	0.182	0.126
8	0.091	0.441	0.108	0.343	0.016
9	0.062	0.242	0.548	0.047	0.101
10	0.036	0.116	0.249	0.409	0.191
11	0.012	0.015	0.022	0.043	0.908

(18) $UM_{11}(11^6)$ 均匀设计表

试验号	x_1	x_2	x_3	x_4	x_5	x_6
1	0.461	0.211	0.128	0.072	0.052	0.076
2	0.329	0.167	0.104	0.028	0.287	0.085
3	0.256	0.118	0.051	0.250	0.044	0.280
4	0.205	0.073	0.465	0.031	0.113	0.113
5	0.164	0.030	0.256	0.288	0.227	0.036
6	0.129	0.469	0.065	0.059	0.063	0.215
7	0.100	0.279	0.030	0.373	0.129	0.089
8	0.074	0.185	0.359	0.088	0.280	0.013
9	0.050	0.117	0.215	0.486	0.042	0.090
10	0.029	0.061	0.109	0.235	0.386	0.180
11	0.009	0.011	0.015	0.022	0.043	0.899

(19) $UM_{12}^{*}(12^3)$ 均匀设计表

试验号	x_1	x_2	x_3
1	0.796	0.128	0.077
2	0.646	0.074	0.280
3	0.544	0.399	0.057
4	0.460	0.248	0.293
5	0.388	0.026	0.587
6	0.323	0.480	0.197
7	0.264	0.215	0.521
8	0.209	0.758	0.033
9	0.158	0.456	0.386
10	0.110	0.111	0.779
11	0.065	0.741	0.195
12	0.021	0.367	0.612

(20) $UM_{12}^{*}(12^4)$ 均匀设计表

试验号	x_1	x_2	x_3	x_4
1	0.653	0.112	0.049	0.186
2	0.500	0.011	0.224	0.265
3	0.407	0.230	0.257	0.106
4	0.337	0.043	0.594	0.026
5	0.279	0.332	0.049	0.341
6	0.229	0.085	0.257	0.429
7	0.185	0.443	0.233	0.140
8	0.145	0.135	0.630	0.090
9	0.109	0.576	0.013	0.302
10	0.075	0.194	0.213	0.518
11	0.044	0.761	0.106	0.089
12	0.014	0.260	0.574	0.151

(21) $UM_{12}^{*}(12^5)$ 均匀设计表

试验号	x_1	x_2	x_3	x_4	x_5
1	0.548	0.103	0.073	0.057	0.218
2	0.405	0.008	0.319	0.123	0.145
3	0.324	0.188	0.031	0.323	0.133
4	0.265	0.032	0.227	0.456	0.020
5	0.217	0.264	0.413	0.013	0.093
6	0.177	0.062	0.121	0.240	0.400
7	0.142	0.349	0.234	0.172	0.103
8	0.111	0.097	0.017	0.679	0.097
9	0.083	0.459	0.121	0.014	0.324
10	0.057	0.137	0.521	0.083	0.202
11	0.033	0.632	0.037	0.162	0.137
12	0.011	0.183	0.313	0.391	0.103

(22) $UM_{12}^{*}(12^6)$ 均匀设计表

试验号	x_1	x_2	x_3	x_4	x_5	x_6
1	0.470	0.172	0.121	0.038	0.008	0.191
2	0.340	0.117	0.079	0.180	0.036	0.249
3	0.269	0.060	0.009	0.526	0.028	0.107
4	0.218	0.008	0.315	0.051	0.119	0.289
5	0.178	0.333	0.090	0.129	0.101	0.169
6	0.144	0.186	0.029	0.414	0.104	0.123
7	0.115	0.098	0.393	0.025	0.199	0.169
8	0.090	0.030	0.202	0.179	0.312	0.187
9	0.067	0.512	0.032	0.212	0.126	0.052
10	0.046	0.253	0.458	0.005	0.188	0.050
11	0.026	0.138	0.233	0.126	0.417	0.060
12	0.008	0.056	0.102	0.383	0.431	0.019

(23) $UM_{12}^{*}(12^7)$ 均匀设计表

试验号	x_1	x_2	x_3	x_4	x_5	x_6	x_7
1	0.411	0.200	0.069	0.046	0.043	0.048	0.182
2	0.293	0.154	0.006	0.223	0.126	0.091	0.108
3	0.230	0.111	0.143	0.022	0.392	0.071	0.029
4	0.186	0.073	0.024	0.164	0.061	0.471	0.020

续表

试验号	x_1	x_2	x_3	x_4	x_5	x_6	x_7
5	0.151	0.039	0.215	0.389	0.067	0.017	0.122
6	0.122	0.007	0.049	0.089	0.473	0.097	0.162
7	0.097	0.425	0.155	0.109	0.014	0.125	0.075
8	0.075	0.249	0.056	0.009	0.161	0.394	0.056
9	0.056	0.168	0.315	0.085	0.204	0.007	0.165
10	0.038	0.111	0.094	0.378	0.008	0.108	0.262
11	0.022	0.065	0.500	0.031	0.080	0.163	0.138
12	0.007	0.026	0.137	0.231	0.275	0.256	0.067

（24）$UM_{13}(13^3)$ 均匀设计表

试验号	x_1	x_2	x_3
1	0.804	0.128	0.068
2	0.660	0.091	0.248
3	0.561	0.388	0.051
4	0.481	0.259	0.259
5	0.412	0.068	0.520
6	0.350	0.475	0.175
7	0.293	0.245	0.462
8	0.240	0.730	0.029
9	0.191	0.467	0.342
10	0.145	0.164	0.690
11	0.101	0.726	0.173
12	0.059	0.398	0.543
13	0.019	0.038	0.943

（25）$UM_{13}(13^4)$ 均匀设计表

试验号	x_1	x_2	x_3	x_4
1	0.662	0.118	0.059	0.160
2	0.513	0.029	0.229	0.229
3	0.423	0.238	0.248	0.091
4	0.354	0.065	0.558	0.022
5	0.298	0.338	0.070	0.294
6	0.249	0.109	0.272	0.370
7	0.206	0.446	0.28	0.120
8	0.168	0.159	0.595	0.078
9	0.132	0.573	0.034	0.261
10	0.099	0.217	0.237	0.447
11	0.069	0.749	0.105	0.077
12	0.040	0.281	0.548	0.131
13	0.013	0.019	0.037	0.931

（26）$UM_{13}^*(13^3)$ 均匀设计表

试验号	x_1	x_2	x_3
1	0.804	0.068	0.128
2	0.660	0.248	0.091
3	0.561	0.017	0.422
4	0.481	0.220	0.299
5	0.412	0.475	0.113
6	0.350	0.075	0.575
7	0.293	0.354	0.354

（27）$UM_{13}^*(13^4)$ 均匀设计表

试验号	x_1	x_2	x_3	x_4
1	0.662	0.065	0.052	0.220
2	0.513	0.234	0.107	0.146
3	0.423	0.011	0.370	0.196
4	0.354	0.155	0.434	0.057
5	0.298	0.394	0.012	0.296
6	0.249	0.045	0.190	0.516
7	0.206	0.232	0.281	0.281

续表

试验号	x_1	x_2	x_3
8	0.240	0.672	0.088
9	0.191	0.156	0.653
10	0.145	0.493	0.362
11	0.101	0.864	0.035
12	0.059	0.253	0.687
13	0.019	0.641	0.339

续表

试验号	x_1	x_2	x_3	x_4
8	0.168	0.550	0.207	0.076
9	0.132	0.088	0.750	0.030
10	0.099	0.315	0.068	0.518
11	0.069	0.749	0.063	0.119
12	0.040	0.139	0.473	0.347
13	0.013	0.406	0.469	0.112

(28) $UM_{13}(13^5)$ 均匀设计表

试验号	x_1	x_2	x_3	x_4	x_5
1	0.557	0.110	0.080	0.068	0.185
2	0.417	0.023	0.314	0.123	0.123
3	0.338	0.197	0.047	0.305	0.113
4	0.280	0.049	0.234	0.420	0.017
5	0.233	0.272	0.398	0.019	0.078
6	0.193	0.080	0.139	0.249	0.339
7	0.159	0.356	0.234	0.165	0.087
8	0.128	0.115	0.045	0.629	0.082
9	0.101	0.461	0.128	0.036	0.274
10	0.075	0.155	0.508	0.091	0.171
11	0.052	0.628	0.046	0.158	0.116
12	0.030	0.200	0.317	0.366	0.087
13	0.010	0.013	0.019	0.037	0.922

(29) $UM_{13}^*(13^5)$ 均匀设计表

试验号	x_1	x_2	x_3	x_4	x_5
1	0.557	0.132	0.060	0.048	0.203
2	0.417	0.058	0.253	0.115	0.157
3	0.338	0.439	0.004	0.143	0.076
4	0.280	0.180	0.130	0.363	0.047
5	0.233	0.053	0.401	0.012	0.301
6	0.193	0.414	0.023	0.099	0.270
7	0.159	0.173	0.195	0.236	0.236
8	0.128	0.035	0.552	0.208	0.077
9	0.101	0.380	0.053	0.449	0.018
10	0.075	0.155	0.269	0.058	0.443
11	0.052	0.012	0.752	0.064	0.120
12	0.030	0.344	0.091	0.309	0.226
13	0.010	0.131	0.354	0.408	0.097

(30) $UM_{13}(13^6)$ 均匀设计表

试验号	x_1	x_2	x_3	x_4	x_5	x_6
1	0.479	0.101	0.070	0.067	0.076	0.207
2	0.351	0.020	0.266	0.150	0.107	0.107
3	0.281	0.168	0.038	0.413	0.074	0.027
4	0.231	0.040	0.182	0.079	0.450	0.018
5	0.191	0.226	0.386	0.069	0.025	0.103
6	0.158	0.063	0.103	0.446	0.097	0.132
7	0.129	0.294	0.204	0.038	0.219	0.116
8	0.104	0.090	0.032	0.226	0.484	0.063
9	0.081	0.383	0.110	0.239	0.021	0.165

(31) $UM_{13}(13^7)$ 均匀设计表

试验号	x_1	x_2	x_3	x_4	x_5	x_6
1	0.419	0.204	0.073	0.051	0.048	0.055
2	0.302	0.161	0.016	0.220	0.124	0.088
3	0.240	0.120	0.149	0.034	0.367	0.065
4	0.196	0.084	0.037	0.170	0.074	0.421
5	0.162	0.051	0.220	0.376	0.067	0.024
6	0.134	0.021	0.064	0.103	0.448	0.098
7	0.109	0.427	0.157	0.109	0.020	0.117
8	0.088	0.256	0.066	0.024	0.166	0.354
9	0.068	0.178	0.314	0.091	0.196	0.018

续表

试验号	x_1	x_2	x_3	x_4	x_5	x_6
10	0.061	0.121	0.420	0.024	0.130	0.245
11	0.042	0.534	0.042	0.092	0.167	0.123
12	0.024	0.155	0.244	0.277	0.241	0.057
13	0.008	0.010	0.013	0.019	0.037	0.914

续表

试验号	x_1	x_2	x_3	x_4	x_5	x_6
10	0.051	0.123	0.106	0.370	0.021	0.114
11	0.035	0.079	0.494	0.039	0.085	0.155
12	0.020	0.041	0.149	0.235	0.267	0.232
13	0.007	0.008	0.010	0.013	0.019	0.036

(32) $UM_{14}^{*}(14^3)$ 均匀设计表

试验号	x_1	x_2	x_3
1	0.811	0.047	0.142
2	0.673	0.175	0.152
3	0.577	0.347	0.075
4	0.50	0.018	0.482
5	0.433	0.182	0.385
6	0.373	0.381	0.246
7	0.319	0.608	0.073
8	0.268	0.078	0.654
9	0.221	0.306	0.473
10	0.176	0.559	0.265
11	0.134	0.835	0.031
12	0.094	0.162	0.744
13	0.055	0.439	0.506
14	0.018	0.736	0.245

(33) $UM_{14}^{*}(14^4)$ 均匀设计表

试验号	x_1	x_2	x_3	x_4
1	0.671	0.165	0.088	0.076
2	0.525	0.127	0.012	0.335
3	0.437	0.053	0.310	0.201
4	0.370	0.511	0.013	0.106
5	0.315	0.297	0.264	0.125
6	0.268	0.162	0.102	0.469
7	0.226	0.043	0.549	0.183
8	0.188	0.546	0.066	0.199
9	0.153	0.316	0.436	0.095
10	0.121	0.155	0.233	0.491
11	0.091	0.016	0.797	0.096
12	0.063	0.541	0.155	0.240
13	0.037	0.307	0.633	0.023
14	0.012	0.132	0.397	0.458

(34) $UM_{14}^{*}(14^5)$ 均匀设计表

试验号	x_1	x_2	x_3	x_4	x_5
1	0.565	0.161	0.087	0.020	0.167
2	0.428	0.107	0.008	0.114	0.342
3	0.350	0.041	0.227	0.150	0.232
4	0.293	0.474	0.013	0.118	0.102
5	0.247	0.237	0.223	0.198	0.094
6	0.208	0.121	0.063	0.499	0.108
7	0.175	0.031	0.397	0.383	0.014
8	0.144	0.449	0.054	0.013	0.339
9	0.117	0.236	0.373	0.049	0.224
10	0.092	0.110	0.141	0.211	0.446

续表

试验号	x_1	x_2	x_3	x_4	x_5
11	0.069	0.011	0.618	0.140	0.161
12	0.048	0.416	0.118	0.254	0.164
13	0.028	0.219	0.610	0.107	0.036
14	0.009	0.091	0.241	0.588	0.071

(35) $UM_{15}(15^3)$ 均匀设计表

试验号	x_1	x_2	x_3
1	0.817	0.055	0.128
2	0.684	0.179	0.137
3	0.592	0.340	0.068
4	0.517	0.048	0.435
5	0.452	0.201	0.347
6	0.394	0.384	0.222
7	0.342	0.592	0.066
8	0.293	0.118	0.589
9	0.247	0.326	0.427
10	0.204	0.557	0.239
11	0.163	0.809	0.028
12	0.124	0.204	0.671
13	0.087	0.456	0.456
14	0.051	0.727	0.221
15	0.017	0.033	0.950

(36) $UM_{15}(15^4)$ 均匀设计表

试验号	x_1	x_2	x_3	x_4
1	0.678	0.166	0.088	0.067
2	0.536	0.136	0.033	0.295
3	0.450	0.068	0.305	0.177
4	0.384	0.503	0.019	0.094
5	0.331	0.303	0.257	0.110
6	0.284	0.177	0.126	0.413
7	0.243	0.066	0.530	0.161
8	0.206	0.543	0.075	0.176
9	0.172	0.326	0.418	0.084
10	0.141	0.175	0.251	0.433
11	0.112	0.046	0.758	0.084
12	0.085	0.542	0.162	0.212
13	0.059	0.322	0.599	0.021
14	0.035	0.158	0.404	0.404
15	0.011	0.017	0.032	0.940

(37) $UM^*_{15}(15^3)$ 均匀设计表

试验号	x_1	x_2	x_3
1	0.817	0.103	0.079
2	0.684	0.032	0.285
3	0.592	0.286	0.122
4	0.517	0.113	0.370
5	0.452	0.456	0.091
6	0.394	0.222	0.384
7	0.342	0.636	0.022
8	0.293	0.354	0.354
9	0.247	0.025	0.728

(38) $UM^*_{15}(15^4)$ 均匀设计表

试验号	x_1	x_2	x_3	x_4
1	0.678	0.146	0.029	0.147
2	0.536	0.095	0.135	0.234
3	0.450	0.009	0.307	0.234
4	0.384	0.318	0.228	0.069
5	0.331	0.166	0.487	0.017
6	0.284	0.037	0.068	0.611
7	0.243	0.448	0.093	0.216
8	0.206	0.232	0.281	0.281
9	0.172	0.072	0.529	0.227

续表

试验号	x_1	x_2	x_3
10	0.204	0.504	0.292
11	0.163	0.139	0.697
12	0.124	0.671	0.204
13	0.087	0.274	0.639
14	0.051	0.854	0.095
15	0.017	0.426	0.557

续表

试验号	x_1	x_2	x_3	x_4
10	0.141	0.587	0.244	0.027
11	0.112	0.303	0.019	0.565
12	0.085	0.114	0.187	0.614
13	0.059	0.769	0.074	0.097
14	0.035	0.381	0.370	0.214
15	0.011	0.162	0.689	0.138

(39) $UM_{15}(15^5)$ 均匀设计表

试验号	x_1	x_2	x_3	x_4	x_5
1	0.573	0.164	0.090	0.029	0.144
2	0.438	0.116	0.023	0.127	0.296
3	0.361	0.054	0.231	0.153	0.201
4	0.305	0.471	0.019	0.116	0.088
5	0.260	0.245	0.224	0.190	0.081
6	0.222	0.134	0.080	0.470	0.094
7	0.189	0.048	0.395	0.357	0.012
8	0.159	0.451	0.064	0.033	0.294
9	0.132	0.247	0.367	0.059	0.194
10	0.108	0.126	0.156	0.224	0.386
11	0.085	0.032	0.604	0.140	0.140
12	0.064	0.421	0.127	0.246	0.142
13	0.045	0.232	0.591	0.101	0.031
14	0.026	0.109	0.253	0.550	0.061
15	0.008	0.011	0.016	0.032	0.932

(40) $UM_{15}^*(15^5)$ 均匀设计表

试验号	x_1	x_2	x_3	x_4	x_5
1	0.573	0.141	0.071	0.036	0.179
2	0.438	0.079	0.330	0.056	0.097
3	0.361	0.007	0.103	0.300	0.229
4	0.305	0.267	0.221	0.158	0.048
5	0.260	0.128	0.053	0.540	0.019
6	0.222	0.027	0.296	0.045	0.409
7	0.189	0.365	0.008	0.132	0.307
8	0.159	0.173	0.195	0.236	0.236
9	0.132	0.051	0.667	0.104	0.045
10	0.108	0.478	0.085	0.297	0.033
11	0.085	0.223	0.410	0.009	0.273
12	0.064	0.079	0.107	0.175	0.575
13	0.045	0.648	0.139	0.073	0.095
14	0.026	0.277	0.036	0.419	0.242
15	0.008	0.111	0.301	0.483	0.097

(41) $UM_{15}^*(15^6)$ 均匀设计表

试验号	x_1	x_2	x_3	x_4	x_5	x_6
1	0.214	0.148	0.110	0.086	0.015	0.427
2	0.087	0.024	0.476	0.163	0.025	0.225
3	0.007	0.258	0.082	0.534	0.020	0.099
4	0.253	0.048	0.269	0.054	0.088	0.289
5	0.107	0.322	0.034	0.183	0.106	0.247
6	0.021	0.106	0.248	0.427	0.072	0.125
7	0.301	0.400	0.003	0.026	0.117	0.153

续表

试验号	x_1	x_2	x_3	x_4	x_5	x_6
8	0. 129	0. 139	0. 151	0. 170	0. 205	0. 205
9	0. 036	0. 008	0. 648	0. 182	0. 071	0. 054
10	0. 369	0. 140	0. 069	0. 022	0. 253	0. 147
11	0. 154	0. 038	0. 363	0. 110	0. 234	0. 100
12	0. 052	0. 289	0. 056	0. 312	0. 223	0. 068
13	0. 494	0. 043	0. 153	0. 005	0. 254	0. 051
14	0. 182	0. 358	0. 016	0. 091	0. 318	0. 035
15	0. 069	0. 123	0. 197	0. 277	0. 324	0. 011

(42) $UM_{16}^{*}(16^3)$ 均匀设计表

试验号	x_1	x_2	x_3
1	0. 823	0. 072	0. 105
2	0. 694	0. 258	0. 048
3	0. 605	0. 086	0. 309
4	0. 532	0. 307	0. 161
5	0. 470	0. 017	0. 514
6	0. 414	0. 275	0. 311
7	0. 363	0. 578	0. 060
8	0. 315	0. 193	0. 492
9	0. 271	0. 524	0. 205
10	0. 229	0. 072	0. 698
11	0. 190	0. 430	0. 380
12	0. 152	0. 821	0. 026
13	0. 116	0. 304	0. 580
14	0. 081	0. 718	0. 201
15	0. 048	0. 149	0. 803
16	0. 016	0. 584	0. 400

(43) $UM_{16}^{*}(16^4)$ 均匀设计表

试验号	x_1	x_2	x_3	x_4
1	0. 685	0. 148	0. 089	0. 078
2	0. 546	0. 104	0. 011	0. 339
3	0. 461	0. 026	0. 304	0. 208
4	0. 397	0. 364	0. 022	0. 216
5	0. 345	0. 207	0. 294	0. 154
6	0. 299	0. 081	0. 097	0. 522
7	0. 259	0. 610	0. 094	0. 037
8	0. 223	0. 321	0. 100	0. 356
9	0. 190	0. 154	0. 513	0. 144
10	0. 160	0. 013	0. 233	0. 595
11	0. 131	0. 463	0. 343	0. 064
12	0. 104	0. 243	0. 224	0. 428
13	0. 079	0. 075	0. 767	0. 079
14	0. 055	0. 656	0. 118	0. 172
15	0. 032	0. 351	0. 598	0. 019
16	0. 011	0. 151	0. 393	0. 446

(44) $UM_{16}^{*}(16^5)$ 均匀设计表

试验号	x_1	x_2	x_3	x_4	x_5
1	0. 580	0. 145	0. 114	0. 086	0. 076
2	0. 447	0. 088	0. 071	0. 012	0. 382
3	0. 371	0. 020	0. 501	0. 064	0. 044
4	0. 316	0. 316	0. 134	0. 022	0. 213

(45) $UM_{16}^{*}(16^6)$ 均匀设计表

试验号	x_1	x_2	x_3	x_4	x_5	x_6
1	0. 500	0. 136	0. 109	0. 080	0. 038	0. 136
2	0. 377	0. 076	0. 057	0. 008	0. 226	0. 256
3	0. 310	0. 017	0. 461	0. 077	0. 097	0. 038
4	0. 262	0. 274	0. 120	0. 017	0. 317	0. 010

续表

试验号	x_1	x_2	x_3	x_4	x_5
5	0.272	0.163	0.066	0.328	0.172
6	0.234	0.060	0.489	0.034	0.182
7	0.202	0.547	0.079	0.124	0.048
8	0.173	0.248	0.047	0.116	0.416
9	0.146	0.112	0.449	0.229	0.064
10	0.122	0.009	0.235	0.178	0.455
11	0.100	0.358	0.026	0.436	0.081
12	0.079	0.175	0.397	0.120	0.229
13	0.060	0.052	0.204	0.620	0.064
14	0.042	0.523	0.007	0.174	0.254
15	0.024	0.253	0.339	0.371	0.012
16	0.008	0.103	0.169	0.337	0.382

续表

试验号	x_1	x_2	x_3	x_4	x_5	x_6
5	0.224	0.134	0.051	0.245	0.054	0.293
6	0.192	0.048	0.414	0.028	0.129	0.188
7	0.165	0.484	0.078	0.128	0.095	0.050
8	0.141	0.201	0.036	0.072	0.498	0.052
9	0.119	0.088	0.366	0.227	0.019	0.181
10	0.099	0.007	0.170	0.110	0.211	0.403
11	0.081	0.291	0.020	0.368	0.143	0.098
12	0.064	0.137	0.318	0.091	0.329	0.061
13	0.048	0.040	0.146	0.532	0.007	0.227
14	0.033	0.432	0.006	0.121	0.115	0.293
15	0.019	0.198	0.270	0.422	0.048	0.042
16	0.006	0.079	0.120	0.216	0.453	0.127

（46）$UM_{16}^{*}(16^7)$ 均匀设计表

试验号	x_1	x_2	x_3	x_4	x_5	x_6	x_7
1	0.439	0.147	0.097	0.051	0.022	0.023	0.222
2	0.326	0.095	0.046	0.246	0.055	0.051	0.182
3	0.266	0.047	0.398	0.023	0.084	0.063	0.120
4	0.224	0.005	0.156	0.184	0.203	0.107	0.122
5	0.191	0.251	0.033	0.006	0.360	0.094	0.065
6	0.163	0.138	0.312	0.074	0.005	0.222	0.087
7	0.139	0.070	0.137	0.357	0.035	0.222	0.041
8	0.119	0.017	0.036	0.086	0.170	0.554	0.018
9	0.100	0.339	0.208	0.122	0.084	0.005	0.143
10	0.083	0.176	0.108	0.020	0.326	0.045	0.241
11	0.068	0.092	0.020	0.183	0.524	0.032	0.081
12	0.054	0.032	0.289	0.429	0.009	0.076	0.111
13	0.040	0.480	0.059	0.055	0.056	0.165	0.145
14	0.028	0.218	0.006	0.297	0.122	0.216	0.113
15	0.016	0.117	0.236	0.035	0.247	0.273	0.077
16	0.005	0.048	0.095	0.221	0.382	0.226	0.023